天球回転論

付 レティクス『第一解説』

ニコラウス・コペルニクス
高橋憲一 訳

講談社学術文庫

学術文庫版まえがき

本書は、ニコラウス・コペルニクス（一四七三―一五四三年）の『天球回転論』第I巻とレティクスの『第一解説』を収めている。前者の第1章―第11章にはコペルニクスの太陽中心説の宇宙論的基本事項、そして第12章以降には弦の表（三角関数表）、および平面と球面の三角法の諸定理が収められ、第II巻以降の数値計算の基礎を与えている。一五三九年、ドイツのウィッテンベルク大学・数学教授ゲオルク・ヨアキム・レティクス（一五一四―七四年）は（恐らく遊学遍歴の途上でコペルニクス説の噂を聞いたのであろう）、ポーランドの彼の居住地フロンボルク（北部の小都市）まで遠路はるばる訪問し、太陽中心説を詳しく学ぶとともに、著書の出版を慫慂（しょうよう）した。コペルニクスは、太陽中心説が一般大衆と神学者と哲学者に及ぼす影響を憂慮して、長い間著書の出版を躊躇っていたのだが、レティクスの努力が実り、彼はコペルニクスの原稿を読むことを許され、短期間のうちに、コペルニクスの太陽中心説のエッセンスの簡潔な解説を書き上げた（一五三九年）。

コペルニクスの唯一の直弟子となった人物の手になる書物が、本書後半の『第一解説』（グダニスク、一五四〇年）である。それが見事な出来栄えであったことは、『天球回転論』（初版のニュルンベルク版は一五四三年の出版）の第二版・バーゼル版（一五六六年）にコペルニクスの主著と共に採録され、さらにヨハネス・ケプラーの『宇宙誌の神秘』(一五九六年)にも、その師メストリンの注釈付きで採録されたことからも知られる。コペルニクス説への入門的概説として、本書は高い評価を得ていたのである。

『天球回転論』の一部分であるとはいえ、『第一解説』と併せて出版する本書は、歴史の先例に倣っていると言えるだろう。長大な『天球回転論』全六巻を読破するのは困難だとしても、この二著を併せ読むことで、読者はコペルニクスによる太陽中心説の全体像をより深く理解できるはずである。

本書の『天球回転論』第I巻は、『完訳 天球回転論――コペルニクス天文学集成』(みすず書房、二〇一七年)から採録されたものであって、その翻訳には、二〇一〇年から一七年までの長い年月が必要であった。「まえがき」にはそのときの感慨が次のように述べられており、その思いは今も変わらない(一部加筆した)。

二〇一〇年から七年間、主要三著作(執筆順にあげると、「コメンタリオルス」「ヴェルナー論駁書簡」『天球回転論』)の翻訳・修訂に没頭した私の脳裏にはさまざまな思いが浮かんできた。ここでは二つのことを記しておきたい。その一つは、天動説と地動説という大きな違いはあるものの、コペルニクスの主著は、その構成法、古代の観測データの尊重と継承、理論構成の原理的な構えと技法において、天動説の大成者プトレマイオス(一〇〇頃―一七〇年頃)の『アルマゲスト』といかに似ていたかということである。コペルニクスの主著を熟読した人のうちに、コペルニクスを「天文学を再興した第二のプトレマイオス」（ティコ・ブラーエ）とか「われらの世紀における卓越した天文学の再興者」（クラヴィウス）と称えた人物がいるのも不思議ではない。時代が下ってケプラーに至ると、「コペルニクスは自然というよりもプトレマイオスを模倣しようとした」と評価されてしまうのも、ナルホドと思わされる面がある。

そして、この関連でもう一つの思いも浮かんでくる。物事の劇的変化や一八〇度の転換を、哲学者カントの表現を受けて「コペルニクス的転回」と称することがある。また地動説の提唱を「コペルニクス革命」と称して、その革命的性格を強調することもしばしばなされる。しかし、もしコペルニクスの科学上の「転回」を「革命」と言ってよいとすれば、その革命は静かに始まったのである。革命の喧騒とは無縁に、そして人々の気づかないままに、そしてさらに重要なことに、当人もその帰趨を自覚しないままに、それは始まったのである。科学における革命というのは、伝統に沈潜し、自らの問題を新たに発見する者がなすからではないだろうか。伝統を打ち破る革新は、ここからしか生まれようがないのではなかろうか。そんな思いがしきりに浮かんできたのである。

そして科学の歴史を学ぶ意義はおそらくここにあるのではないだろうか。現代の最先端の科学理論を学ぶことだけが「科学リテラシー」ではない。今では廃れてしまった科学理論を学ぶことによる恩恵は、虚飾に彩られた教訓ではなく、科学活動や理論的革新の実例を知り、そこから学ぶことにあるだろう。それは通常われわれが科学とその発展の経緯について教えられ想像するよりも遥かに豊かなイメージを与えてくれる。古典に触れる意義を、本書の読者が味わってくれることを切に願う。そして、科学と人類の未来について思いを馳せていただければ幸いである。

この願いの実現を期待しつつ、
コペルニクス生誕五五〇年の記念の年に、埼玉の地にて、

高橋憲一

目次

凡例

(1) 翻訳はすべてラテン語原典に基づいている。

(2) コペルニクスの『天球回転論』については、全集版*G*（略記号については、『天球回転論』解題を参照）に基づいて翻訳したが、構成については初版本*N*に従っている。但し、天文表の構成は例外であり、見やすさを考慮して、初版本*N*ではなく自筆原稿*Ms*の構成に従った。全集版*G*には各版の異読が網羅されているが、本訳では自筆原稿*Ms*の異読のうちやや長いものや特に重要と思われるものを訳注に採録した。また異読を採用したときは、その都度、訳注に明示した。

(3) 『第一解説』の底本としては、*Georgii Joachimi Rhetici Narratio Prima*, ed. Henri Hugonnard-Roche and Jean-Pierre Verdet (with Michel-Pierre Lerner and Alain Segonds), *Studia Copernicana* XX, Ossolineum, Wrocław, 1982を用いた。また、初版本（グダニスク、一五四〇年）も参照した。
翻訳にあたっては、底本に所収の仏訳、ローゼン（Edward Rosen）の英訳（*Three Copernican Treatises: The Commentariolus of Copernicus; The Letter Against Werner; The Narratio Prima of Rheticus*, New York, Columbia University Press, 1939）を随時参照した。

(4) 『天球回転論』の段落の分け方は全集版*G*に従っている。ときに議論の流れが明快でない場合があるが了承願いたい。ただし句読点は必ずしも全集版*G*に従ってはいない。『第一解説』は、訳者の判断で適宜段落を分けた。

(5)『天球回転論』でコペルニクスがラテン語ではなくギリシャ語で表記しているものは、すべて明示しておいた。『第一解説』で、レティクスはラテン語文中にかなり長いギリシャ語表現をちりばめているので、邦訳では原語を示さず、その箇所を山括弧〈 〉で示した。

(6) エウクレイデス『原論』への命題番号の指示は、直訳を避け、巻数（ローマ数字）－命題番号（算用数字）の形式で略記した。たとえばVI－16は第6巻命題16を意味する。

(7) 訳文における括弧等の使用については、以下の通りである。

〔 〕 訳者による文意の補足

〔＝ 〕 直前の言葉を明確にするために訳者が補足したもの

（ ） 原典で（ ）で記されているもの。あるいは原典の原語表記を示した

―― 訳者によるもので、原文にはない

『 』 著作名を示すもの

【 】 自筆原稿*Ms*での削除部分

《 》 数値が紛らわしい場合に読みやすさを考慮して訳者が挿入したもの

(8) 訳注において使用する六〇進法の表記は、セミコロン「；」で整数部と小数部を分かち、a, b; c, d, e, f, g……とし、$60a+b+60^{-1}c+60^{-2}d+60^{-3}e+60^{-4}f+60^{-5}g+$……を表わす。角度の場合、整数部には「度」（長さの場合は「単位」）、その小数第一位と第二位には「分」「秒」の定訳があ

るが、第三位以下には定訳がないので、試みに第三位に「毛」の語を充てた。また便宜上、整数部に一〇進法表記も用いた。

(9) 主に訳注においては、慣例に従って、次表の記号を用いる。

α：アノマリ、直立上昇
β：緯度
δ：差分　赤緯
Δ：差分　太陽との離角
ε：黄道傾斜角
η：太陽と月の離角
θ：黄道傾斜と歳差のアノマリ
κ：離心円アノマリ、遠地点からの離角
λ：経度
π：歳差
φ：地理上の緯度
ω：軌道の北限点からの離角
$\bar{\ }$：平均（例えば、$\bar{\lambda}$は平均経度）
$*$：恒星座標（例えば、$\lambda*$は恒星座標での経度）
e：離心値
r：周転円の半径
R：導円の半径
i：惑星軌道の傾斜角
D：距離
p：視差
c：補正値、表の欄

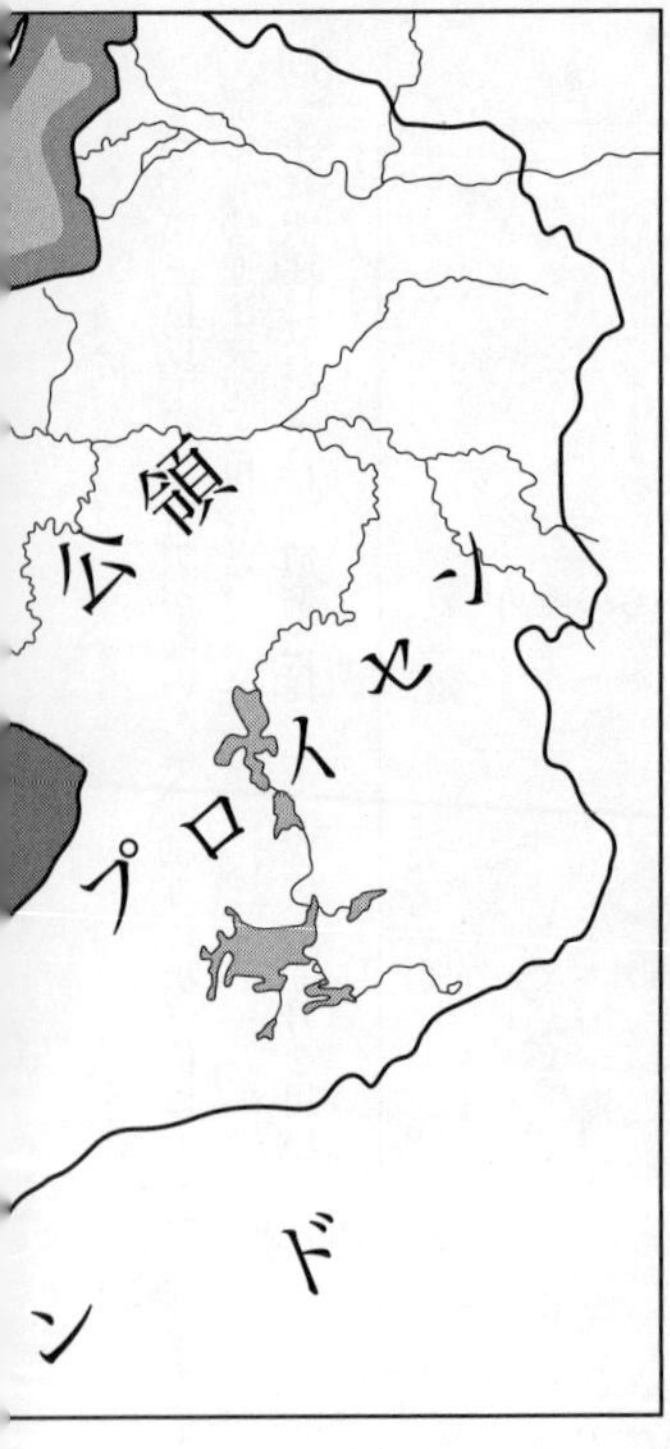

ドイツ語（ポーランド語）
①ケーニヒスベルク
②トルン（トルニ）
③ダンツィヒ（グダニスク）
④エルムラント（ワルミア）
⑤マリエンブルク（マルボルク）
⑥エルビング（エルブロング）
⑦クルム（ヘウムノ）
⑧フラウエンブルク（フロンボルク）
⑨レーバウ（リュバワ）
⑩ハイルスベルク（リズバルク）
⑪アレンシュタイン（オルシチン）

コペルニクス時代のプロシャの地図（1525年以降）

天球回転論

付　レティクス『第一解説』

コペルニクス『天球回転論』

解題

一 テクストについて

科学革命という歴史的事件を起こす引き金となったのが、コペルニクスの主著『天球回転論』の出版であったことは衆目の一致するところである。科学革命を主題とする科学史の成書は、天動説（地球中心説）から地動説（太陽中心説）への理論転換を重要な出来事として説き起こすのが慣例となっている。この「革命的」書物は、一五四三年に初版が出版されて以来、今までにいくつかの版が出ている。しかしすべての版で同一のテクストが提供されているわけではない。諸テクストの関連を知るために、まず各版を（略記号とともに）年代順に列挙してみよう。

(1) *N*：ニュルンベルク版（一五四三年、ペトレイウス社刊）。初版本（editio princeps）である。正誤表（*E*と略記）が付されている。原題：*Nicolai Copernici Torinensis De revolutionibus orbium cœlestium, Libri VI*（トルンの人ニコラウス・コペルニクスの天球の回転についての六巻本)。

(2) *B*：バーゼル版(一五六六年)。*N*を再版したもの。レティクスの『第一解説(*Narratio Prima*)』付き。

(3) *A*：アムステルダム版(一六一七年)。編者ニコラウス・ムレリウス(Nicolaus Mulerius)。*N*の数値の誤りを大幅に訂正(*Ac*と略記)したテクスト。編者による見本計算、観測一覧表、天文学史付き。原題：*Astronomia instaurata, Libris sex comprehensa, qui de Revolutionibus orbium coelestium inscribuntur*(天球の回転についてと題された六巻からなる革新的天文学)。

(4) *W*：ワルシャワ版(一八五四年)。編者はワルシャワ天文台長ヤン・バラノフスキ(Jan Baranowski)。テクストは*A*に従うが、一七八八年に発見されたコペルニクスの自筆原稿(*Ms*と略記)を初めて参照したもの。『第一解説』の他に、コペルニクスの自筆原稿にあった最初の序文、コペルニクスの書簡・論文等を含む。原題：*Nicolai Copernici Torunensis de revolutionibus orbium coelestium libri sex, Accedit G. Joachimi Rhetici narratio prima, cum Copernici nonnullis scriptis minoribus nunc primum collectis, ejusque vita*(トルニの人ニコラウス・コペルニクスの天球の回転についての六巻、G・ヨアキム・レティクスの第一解説と今回初めて収録されたコペルニクスの若干の小作品と彼の伝記付き)。

(5) *T*：トルン版(一八七三年)。トルンのコペルニクス協会編(主にM・クルツェ

(Curtze）による)。テクストの基礎に*Ms*を使用。原題：*Nicolai Copernici Thorunensis De revolutionibus orbium caelestium libri VI...Accedit Georgii Ioachimi Rhetici de libris revolutionum Narratio prima*（トルンの人ニコラウス・コペルニクスの天球の回転についての六巻、回転の書についてのゲオルク・ヨアキム・レティクスの第一解説付き)。

(6) *M*：ミュンヘン版（一九四四、四九年）。ドイツ科学連合コペルニクス委員会編のコペルニクス全集。第I巻（一九四四年）は*Ms*のファクシミリ版。第II巻（一九四九年）は『天球回転論』の自称「批判版（Textkritische Ausgabe）」であり、テクストは*Ms*によっている。編者はツェラー（F. Zeller）とツェラー（K. Zeller）。

(7) *P*：ポーランド科学アカデミー版（一九七三、七五年）。第I巻、第II巻の構成は*M*に同じ。第II巻（一九七五年）はまずガンシニェツ（R. Gansiniec）が部分的に編纂し、没後はドマンスキ（J. Domański）とドブルジツキ（J. Dobrzycki）が引き継いだ。ビルケンマイヤー（A. Birkenmajer）とドブルジツキの注釈付き（前者は第I巻第1章－第11章まで、残りは後者による）。

(8) *G*：ドイツのコペルニクス全集委員会（Kommission für die Copernicus-Gesamtausgabe）の編集したもの（一九七四年—）。基本的には*P*の独語版と考えてよい。第II巻は『天球回転論』の最も新しい版（*Nicolaus Copernicus Gesamtausgabe* II *De revolutionibus*, Kritischer Text besorgt von H. M. Nobis und B. Sticker, Hildesheim, Gerstenberg, 1984）であり、批判版の名にふさわしく*N*を基礎テクストとして前記(1)

—(7)のすべての異読を網羅している（前出の略記号は*G*を踏襲したものである）。全一〇巻刊行予定。

なおこの全集版で、一九七四年）に、*Ms*のファクシミリ版は第I巻（ノービス（Heribert M. Nobis）の編纂で、注釈とドイツ語訳はそれぞれ第III-1巻（シュマイトラー（Felix Schmeidler）の編纂で、一九九八年）と第III-3巻（キューネ（Andreas Kühne）とユルゲン（Hamel Jürgen）の編纂で、二〇〇七年）に収録されている。最新の詳しい書誌情報は、参考文献のCopernicus（1974-2019）の項目を参照。

コペルニクスの主著のテクスト編纂の点からみると、自筆原稿*Ms*（Codex Cracoviensis Bibliothecae Iagellonicae 10000）の発見は重要であったとはいえ、不幸な結果をもたらしたといえる。初版本*N*と*Ms*とにはかなりの相違が存する。周知のように、*N*にはコペルニクス自身に由来しない箇所（その典型は、*N*の巻頭を飾るアンドレアス・オジアンダー（一四九八―一五五二年）の無記名序文）があり、正しいテクストは*Ms*に即して編纂されるべきだ、との判断に導かれてしまったことである（上記リストの(5)—(7)）。しかし*Ms*はコペルニクス自身に遡るとしても、それは彼自身の最終的成果ではなく、むしろ*N*の方こそコペルニクスの成熟した考えが表現された決定稿であることが明らかになった。スワードローの研究（N. M. Swerdlow, "On Establishing the Text of 'De Revolutionibus'," *Journal for the History of Astronomy* 12 (1981): 35-46）によれば、*Ms*と*N*の関連は次のよう

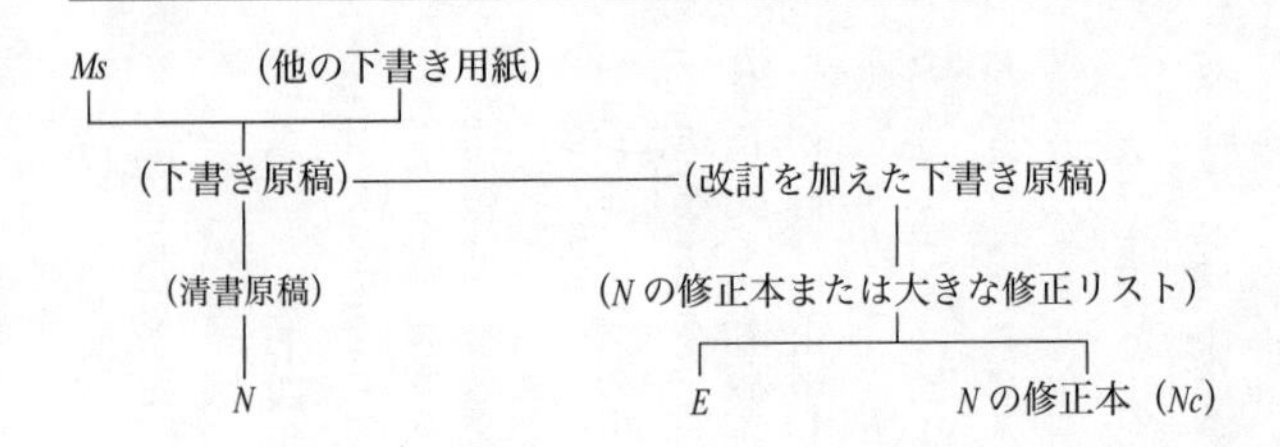

に図式化される。図中（ ）で括ったものは、散佚文書を示す。また本節の叙述全体は、N. M. Swerdlow and O. Neugebauer, *Mathematical Astronomy in Copernicus's De Revolutionibus*, 2 parts, New York-Berlin-Heidelberg-Tokyo, Springer, 1984 に多く負っている。

Ms：一五三〇年代初め頃に執筆され、一五三九年には実質的に完成していたが（レティクスが読んだ事実から）、一五四一年まで朱筆が加えられたと思われる。

N：基礎テクストとすべきもの。*Ms*との相違は数百にものぼる。二〇〇―三〇〇の誤植があり、*Ms*、*E*、*Nc*で訂正する必要がある。

E：*N*の fol. 146r まで一〇八箇所に及ぶ訂正一覧表（ちなみに、*N*の末尾は fol. 196r）。そのうち八〇箇所は*Ms*に一致し、二八箇所は不一致。

Nc：*E*以外に九四箇所を訂正した*N*の修正本（数種類知られている）。

二　邦訳について

『天球回転論』の学問的な邦語訳は、矢島祐利氏のもの（『天体の回転について』岩波文庫、一九五三年）が唯一存するのみである（青少年向けに翻案したものが、広瀬秀雄『天動説から地動説へ――コペルニクス伝』（「世界を動かした人びと」10、国土社、一九七九年）にある。またトーマス・クーン『コペルニクス革命――科学思想史序説』（常石敬一訳、紀伊國屋書店、一九七六年、のち講談社学術文庫、一九八九年）にも第Ⅰ巻の主要部分の訳があるが、クーンの原書からの訳というよりも、岩波文庫版の訳に依拠しすぎてしまった点は惜しまれる）。訳者序によれば、コイレによる原典対仏訳を底本とし（*Nicolas Copernic: Des Révolutions des Orbes Célestes*, Textes et traduction par Alexandre Koyré, Paris, Félix Alcan, 1934）、全六巻中の第Ⅰ巻の訳文が与えられている（ただし、三角法に関する第12―第14章は抄訳）。

コイレが依拠した原典テクストは*T*によるものであり、前節で述べたように、これを底本とすることはもはやできない。*N*を底本とする翻訳が必要とされる。また本邦初訳が出て以来すでに七〇年余が経過し、また『完訳 天球回転論』の旧版（『コペルニクス・天球回転論』高橋憲一訳、みすず書房、一九九三年）の部分訳が出版されてからでも三〇年が経った。この半世紀余りにわたるコペルニクス研究を踏まえた新しい邦訳を文庫という形で広く読んでいただく機会をここに得た。私が近代の幕開けを告げる科学史の古典をあえて全訳しようと試みたのも、諸外国との研究落差を幾分なりとも埋めるとともに、原典に触れることで科学革命発端の現場の雰囲気を味わってほしいと念願したからにほかならない。

以下の翻訳では、底本として、*N*に基づく批判版*G*を利用した。ただし、*G*をそのまま踏襲してはいないことを付言せねばならない。*G*では、コペルニクス自身の筆によらないオジアンダーの序文、シェーンベルクの書簡を付録にまわしている。コペルニクス全集の編纂からすると、これも一つの方針であろうが、科学史の古典として『天球回転論』は著者自身とは独立した歩みを辿ったし、また科学革命の過程で果たした歴史的影響を考慮して、本訳では基本的に*N*の構成に従った。

以下の訳文において使用する記号については、凡例に示してあるので、そちらを参照願いたい。

翻訳および注釈にあたって、前出の独語訳およびコイレの書物の他に、次の近代語訳を随時参照した。

Nicolaus Copernicus: *On the Revolutions of the Heavenly Spheres*, trans. C. G. Wallis, Great Books of the Western World, 16, Chicago, Encyclopædia Britannica, 1952.

Copernicus: *On the Revolutions of the Heavenly Spheres*, trans. A. M. Duncan, Newton Abbot, David and Charles, 1976.

Nicholas Copernicus: *On the Revolutions*, ed. J. Dobrzycki, trans. and comm. E. Rosen, Warsaw-Cracow, Polish Scientific Publishers, 1978.

なお、コペルニクスの生地であるトルン市と同市のニコラウス・コペルニクス大学の共同プロジェクトNicolaus Copernicus Thorunensis Portalのウェブサイト（http://copernicus.torun.pl/）中のアーカイブス（Archiwum）には、自筆原稿*Ms*、一五四三年版*N*、一五六六年版*B*それぞれの写真版が収蔵されている。

NICOLAI CO-
PERNICI TORINENSIS
DE REVOLVTIONIBVS ORBI-
um cœleſtium, Libri VI.

Habes in hoc opere iam recens nato, & ædito, ſtudioſe lector, Motus ſtellarum, tam fixarum, quàm erraticarum, cum ex ueteribus, tum etiam ex recentibus obſeruationibus reſtitutos: & nouis inſuper ac admirabilibus hypotheſibus ornatos. Habes etiam Tabulas expeditiſſimas, ex quibus eoſdem ad quoduis tempus quàm facillime calculare poteris. Igitur eme, lege, fruere.

Ἀγεωμέτρητος οὐδεὶς εἰσίτω.

Norimbergæ apud Ioh. Petreium,
Anno M. D. XLIII.

『天球回転論』初版の扉

トルンの人ニコラウス・コペルニクスの『天球回転論』[*1]六巻

好学なる読者よ、新たに生まれ、刊行されたばかりの本書において、古今の観測によって改良され、斬新かつ驚嘆すべき諸仮説によって用意された恒星運動ならびに惑星運動が手に入る。加えて、きわめて便利な天文表も手に入り、それによって、いかなる時における運動もまったく容易に計算できるようになる。だから、買って、読んで、お楽しみあれ。

幾何学ノ素養ナキ者、入ルベカラズ。

ニュルンベルク、ヨハネス・ペトレイウス刊
一五四三年

読者へ　この著述の諸仮説について[*1]

動く地球と、さらに宇宙の中心にある不動の太陽とを打ち立てたこの著述の仮説の新奇さについてすでに噂も広まっているので、ある学者たちはひどく憤慨し、またすでに長らく正当に打ち立てられている自由学芸[*2]を混乱に陥れるべきではないと考えるであろうことを私は疑わない。しかしもし彼らが事柄を厳密に熟考しようとするならば、この著述の著者が叱責に値することを何もしなかったことを見出すであろう。なぜなら、天文学者の任務は、〔1〕細心の熟達した観測により諸天界の運動誌を蒐集することに、次に〔2〕天界運動の真なる原因や仮説を〔天文学者は〕どんな方法によっても決して獲得することはできないのであるから、過去および未来にわたってそれらの運動が幾何学の諸原理から正確に計算されるような類の前提なら何であれ、そうしたものを考案し虚構することにある。さて、本作者はそのいずれをも見事に成し遂げた。なぜなら、それらの仮説が真である必要はなく、また本当らしいということさえなく、むしろ観測に合う計算をもたらすかどうかという一事で十分だからである。ただし、金星の周転円を本当らしい〔＝実在的だ〕と見なしたり、あるいは金星が40度またはそれ以上も太陽より先になったり後になったりする原因がこれだと信じてしまうほど幾何学と光学とに無知な人でないとすれば の話である。もしそうだとすると、近地点においては〔περιγείῳ〕この星〔＝金星〕の直径が遠地点における〔ἀπογείῳ〕よりも四倍以上にも、そして本体そのものは一六倍にも大きく現われることが必然的に帰結するが、[*3] それに対してはあらゆる時代の経験が抗言していることを見て取らない人がいるだろうか。[*4]

この学問には少なからず不合理なことが他にもあるが、それをここで隈なく究める必要はない。というのは、その学術が見かけの不等な運動の諸原因をまったくかつ端的に知っているわけではないことは十分明らかだからである。そうして、もし諸原因を虚構することによって工夫を凝らすとしても——確かにこの上ないほど工夫するのであるが——、事実そうであるということを誰かに納得させるためでは決してなく、ただそれらが計算を正しく定めてくれるというためにだけ、工夫を凝らすのである。しかし、一つの同一な運動についてさまざまな仮説が時折互いに対立するとき（たとえば、太陽の運動における離心円〔モデル〕と周転円〔モデル〕）[*5]、天文学者なら、理解するのに最も容易なものの方を特に取り上げるであろう。おそらく哲学者なら、本当らしい方をむしろ要求するであろう。しかし、もし神から啓示されたのでないならば、天文学者も哲学者も、確実なことを何ほどか理解することも、あるいは取り扱うこともないであろう。したがって、古代の少しも本当らしくない諸仮説と並んで、これらの新しい諸仮説も知られるようになることをわれわれは許すことにしよう。ことに、それらは賛嘆すべきであると同時に容易なものであり、またきわめて学識に満ちた観察の巨大な宝庫を自ら携えてくるからである。誰であれ、諸仮説に関連することで何か確実なことを天文学に期待することがないように。天文学は決してそうしたものを提供することができないからである。別の用途のために作られたものを真なるものととってしまって、入ったときよりもずっと愚かになってこの学問から出てゆくことのないように。さようなら。

カプアの枢機卿ニコラウス・シェーンベルク〔の書簡〕[*1]

ニコラウス・コペルニクス様

拝啓

数年前、すべての人が異口同音にあなたの才能について私に語ってくれましたので、あなたのことをもっとよくご理解申し上げ、またこれほどまでにあなたの栄誉を称えている私どもにおいても祝辞を申し上げようとする次第です。と申しますのは、私の理解したところでは、あなたは古代の数学者たちの諸々の発見をすばらしくよくご存じであるばかりではなく、宇宙の新理論をも打ち立てられました。それによってあなたが説いておられるのは、〔1〕地球が動くこと、〔2〕太陽は宇宙の最も低いところ、したがって中央の位置を占めていること、〔3〕第八天は永遠に不動で固定されたままであること、〔4〕月は、その天球に包み込まれた諸元素と一緒になって、火星天と金星天の間に置かれ、一年周期で太陽の周囲をめぐること、です。また天文学のこの理論全体についてあなたによって注釈が書き上げられ、さらに諸惑星の運動を計算してあなたが表におまとめになり、万人のこの上ない称賛を博されたことです[*2]。

そこで、学識あふれるお方よ、もしあなたにとってご迷惑でなければ、ひたすら強く私はあなたにお願いしたいのですが、あなたのこの発見を好学の者たちにお知らせ下さり、宇宙の天球についてのあなたの労作を表と一緒に、そしてもし同じ事柄に関連するようなものを何か他におもちでしたらそれをも、できるかぎり早く私宛てにお送り下さいますように。ところで、私はレーデンのテオドリク[*3]に、「私の費用ですべてをそちらで書き写して私のところへ送られてくるように」と依頼しておきました。さて、もしこのことであなたが私にご親切下さいますならば、あなたの名に好意を寄せ、しかもこれほどの才能に満足を与えたいと望んでいる人間と関係をもつに至ったとお考え下さいますように。

敬　具

一五三六年一一月一日ローマにて

最も聖なる主・教皇パウルス三世宛て回転論諸巻へのニコラウス・コペルニクスの序文[*1]

　最も聖なる父よ、宇宙の諸球の回転について書き上げたこの私の諸巻において、私が地球にいくつかの運動[*2]を与えていることを伝え知った人々がおりましたら、その人たちはただちにそうした意見ともどもも私を排斥すべきだと叫び出すことになるだろう、と私としましても十分予測できます。なぜなら、他の人々がそれらについてどんな判断を下すだろうかと私が考えないほど、私は自分の諸巻に満足しているわけではないからです。そして、哲学者たる人の考察が一般の人の判断からかけ離れており、それゆえに、哲学者の仕事は、神によって人間理性に許されたかぎりで、すべての事柄において真理を探求することであると私は知っておりますけれども、正しさにはまったくふさわしくないような意見を避けるべきだと私は思います。したがって、もし反対に〔そういう〕この私が地球は動くと主張したとすると、不動の地球が天の真中に、いわばその中心に置かれているという意見が幾世紀もの判断に一致していることを知っている人々が馬鹿馬鹿しくてとても聞いていられない〔quam absurdum ἀκρόαμα〕と判断するだろう、と私自身としても考えましたので、その諸運動の論証のために書かれた私の諸注釈をはたして公表すべきなのか、それとも、ヒッパルコス宛てのリュシスの手紙[*3]が示しているように、哲学の諸々の秘密をただ身近な人たちや友人たちにだけ、文書によってではなく、手ずから伝える〔＝口伝〕のを常としたピュタゴラス派やその他の人々の模範に従うので十分ではないか、私としても長い間決めかねておりました。私の見るところ、彼らがそうしたのは、ある人々の考えているように、教説が伝えられるのを惜しんだからではなく、むしろ偉大な人々の長年の研究によって探求されたきわめて麗わしい事柄が、利益をもたらす以外のどんな学問研究にも熱心に取り組みたがらない人々や、またたとえ他の人々の模範によって励ましを受け哲学の自由な研究へと駆りたてられても、精神の愚かさゆえに、いわば蜜蜂の中の雄蜂のように、哲学者たちの中をあちこち歩きまわる〔だけの〕ような人々によって、軽蔑されないようにするためなのです。それゆえ、以上のことを考えまして、見解の新奇さと不条理さのゆえに私は軽蔑されるのを恐れて、企てた著述[*4]をまったく中止してしまおうかと思ったほどでした。

しかし、長い間ためらい、それればかりか抵抗すらしていた私を友人たちが引き戻してくれました。そのうちの最初の人は、あらゆる学問分野で高名なカプアの枢機卿ニコラウス・シェーンベルクでした。彼に次ぐのは、私の大親友であるクルムの司教ティーデマン・ギーゼ[*5]です。現在は神学のよき研究者ですが、またあらゆるよき学問のきわめて熱心な研究者でもあります。実に彼こそしばしば私を励まし、また時には非難を加えるほど強く迫って、「本書を出し与え、ついには出版するのに同意するように」と要望しました。もしそうでなかったなら、本書は私のところに押し込められたまま九年目どころではなく、すでに第四・九年期も隠れたままであったでしょう。[*6] きわめて卓越し学識に満ちた数少なからぬ他の人々も私[*7]に同じことを要望し、数学を研究する人々の公益のために、私が恐怖にかられてしまってこれ以上長く私の仕事を伝えるのを拒絶することのないように励ましてくれました。つまり、「大地の運動についての私のこの学説が今は多くの人々に不条理と思われれば思われるほど、私の諸注釈の出版により、[*8] きわめて明瞭な諸論証によって不条理の霧がぬぐいさられていると判った後では、ますます大きな称賛と感謝を得るであろう」と。そこでこのように説得する人々および同じ希望によって私は気持ちを動かされ、友人たちが私に長い間乞い求めていた著述の出版をついに私は彼らに許したのです。

大地の運動に関する私の諸々の考察をさらに文字にも委ねる〔＝文書で公表する〕のをためらわなくなった後では、それらを推敲するという仕事を私としてはするだけでしたので、あえてこれらの私の労作を出版して世に出すことに、聖下はおそらくそれほど驚かれませんでしょう。むしろ私から聞きたいと望んでおられることは、私がどんなことを思いついたために、数学者たちの受け入れている見解に反し、またほとんど常識に反してまでも、あえて大地のある種の運動を私が想定するに至ったかということでしょう。そこで私は聖下に隠そうとは思いません。宇宙の諸天球の諸々の運動を計算する別の理論の構想へと私を駆りたてたのは、まさに、「それらを探求するのに数学者たちが互いに一致していない」と理解したこと以外に何もありません。というのは、第一に、彼らは巡ってくる一年〔＝回帰年〕のあまねく通用する長さを論証することも観測することもできないほど、太陽と月の運動について確実ではありません。次に太陽と月の、また他の五惑星の運動を打ち立てる際に、彼らは同一の諸原理と同一の諸仮定、また見かけの諸回転と運動について同一の諸論証を使ってはおりません。[*9]すなわち、ある人々は同心円のみであり、他の人々は離心円と周転円ですが、それらによって彼らは求められているものを十全には獲得しておりません。なぜなら、同心的諸円を頼りにする人々は、たとえそれらからいくつかのさまざまな運動が合成され得ることを論証したとしても、天象と確かに対応するような確実なことを何一つ彼らはそこから打ち立てることができなかったからです。[*10]しかるに、離心的諸円を考案した人々も、たとえ見かけの運動を大部分それらによって数値的に一致するように解決したと思われるにせよ、運動の一様性に関する第一の諸原理[*11]に矛盾するように思われる多くの事柄を彼らはそうこうするうちに容認してしまいました。重大な事柄、すなわち、宇宙の姿とその諸部分の確固たる均斉[*12]をもまた、彼らは発見することも、それから結論することもできなかったのです。むしろ彼らに生じたことといえば、あたかもある人がさまざまな場所から、たしかにきわめてよくできてはいるが一個の人体をなす比率で描かれていない手・足・頭・その他の肢体をとってきてしまい、互いに釣り合いがまったくとれていないため、それらから人間というよりむしろ怪物が組み立てられてしまうのと同然なのです。[*13]したがって、彼らが方法〔μέθοδος〕と呼んでいる論証の過程で、彼らは必要な何かを顧りみなくなってしまったり、あるいは、事柄にまったく関係ない異質な何かを認めてしまったりしたように思われます。それは、もし彼らが確固たる諸原理に従っていたとしたら、決して起こるはずのなかったことなのです。なぜなら、もし彼らの仮定した諸仮説〔＝モデル〕が間違っていなかったなら、それらから帰結されることはすべて疑いなく検証されるはずだからです。私がいま申し上げましたことが判りにくいとしましても、然るべきところでもっと明白になるでありましょう。

さて、天空の諸天球の運動を結論づけることに関する数学的諸伝統のこの不確実さについて長い間私も思いめぐらしておりましたので、万物の最善にして最も規則的な制作者〔＝神〕によってわれわれ〔人間〕のために創造された宇宙という機構の諸運動のいっそう確実な理論が何一つ哲学者たちのもとに成立しておらず、要するに、彼らはこの天空に比べるとごく小さな事柄についてかくも正確に精しく探求している〔だけだという〕ことに私は嫌気がさし始めました。そういうわけで、「学校で数学を専門としている人々が措定するのとは違った宇宙の諸球の運動がある」と誰か考えはしなかったかどうかを調べようとして、私は入手しうるかぎりすべての哲学者たちの書物を読み返してみようという仕事に着手しました。そしてまず初めにキケロにおいて、ニケタス[*14]が大地は動くと考えていたことを私は見出しました。その後、プルタルコスにおいても[*15]、他の幾人かの人々が同じ見解であったことを私は発見しました。すべての人の便宜を考えて、彼の言葉を〔ギリシャ語のまま〕ここに書き写しておくのがよいでしょう。

他の人々は、大地は動かない〔と考えた〕。しかしピュタゴラス派のピロラオスは、太陽や月の場合と同じように、斜めの円を描いて〔中心〕火の周りを回転する〔と主張した」。ポントスのヘラクレイデスとピュタゴラス派のエクパントスは大地を動かしたが、それは併進運動ではなく、むしろ車輪のように、縛られて西から東へとそれ自身の固有の中心の周りにであった。[*16]

そこでこの機会を捉えて、私もまた大地の可動性を考え始めました。そしてたとえこの見解が不条理に思われたとしても、星々の現象を論証するためにどんな円でも虚構してよいという自由が私より以前の他の人々には認められていたのを知ったのですから、「大地の何らかの運動が仮定されると、彼らのものよりもいっそう確固とした諸論証が諸天球の回転について発見されうるのかどうか」を検討することが私にも容易に許されるだろうと考えました。

こうして以下著述の中で私が大地に与えている諸運動をまさに私が仮定して、長年にわたる数多くの観測[*17]によってついに発見したのは、もし残りの諸惑星[*18]の運動が大地の回転運動に関連させられ、それらがおのおのの星の回転に応じて計算されるならば、それらの現象がそこから帰結するのみならず、またあらゆる星と天球の順序と大きさおよび天そのものが、そのどの部分においても、他の諸部分と宇宙全体の混乱を引き起こさずには、何ものも決して移しえないほど〔緊密〕に結合されていること[*19]です。そういうわけでまた、本書を〔書き〕進める際に、私は次の順序に従いました。すなわち、第Ⅰ巻では、私が大地に与えている諸運動に加えて、諸天球のあらゆる位置を叙述し、その巻がいわば宇宙の一般的構成を含むようにしました。そののち残りの諸巻で、私は残りの星々とあらゆる天球の運動を大地の可動性と関連させていますが、それは「残りの星々と諸天球との運動および現象が、もし大地の諸運動と関連させられるならば、どの程度まで救われうるか」がそこから結論されうるかを見るためです。才能も学識もある数学者たちが、もし――この哲学〔＝天文学〕がまず第一に要請していることですが――お座なりではなく徹底的に深く、これらのことを論証するために私によってこの著述で提出されている事柄を知ろうとし、また熟考しようとするならば、彼らが私に賛同するであろうことを私は疑いません。私が何人(なんぴと)の判断をもまったく回避しようとしてはいないことを、学識ある人にもない人にも等しく見て取っていただくために、私は他の誰よりもまず聖下に私のこれらの労作を献呈したいと思いました。加えて、私の住んでおりますこの地の最果ての一隅でもまた、聖品の威厳においてもあらゆる文学とさらに数学への愛好においても、あなたは最も卓越しておられると見なされておりますので、あなたの権威と判断とによって、讒訴(ざんそ)する人々の諸々の咬みつきをあなたは容易に撃退することがおできになるからです。たとえ「阿諛(あゆ)者の咬むことに対しては治療なし」と諺(ことわざ)にあるとしても。

おしゃべり屋ども[20]〔ματαιολόγοι〕がいて、数学のことなどまるで知らないのに、それについて自ら判断を下し、聖書のある箇所を楯にして自分の都合のよいように悪く捩じ曲げて[21]、私のこの企てをあえて非難し嘲弄することがたとえあったとしても、私は彼らにはまったく構わないでおき、むしろ彼らの判断をいわば無分別として軽蔑することにします。なぜなら、他の点では有名な著述家ではあれ数学者とはいえないラクタンティウス[22]が、大地は球形をしていることを公けにした人々を嘲笑したとき、大地の形について子供じみた仕方で語ったことが知られていないわけではないからです。それゆえ、そうした人々がわれわれをもまた笑い物にするとしても、学者にとって驚くべきものとみる必要はないのです。数学は数学者のために書かれているのです。もし私の意見が誤っていなければ、数学者たちにあっては、われわれのこれらの苦労が、いま聖下がその最高位を占めておられるキリスト教界にもまた、何かをもたらすことを見て取られるでありましょう。なぜなら、それほど以前ではありませんが、レオ一〇世の治下、ラテラノ公会議[23]において教会暦改革の問題が扱われたとき、年・月の大きさおよび太陽と月の運動がまだ十分には測られていなかったという唯一の原因のために、それが当時未解決のままに留まったからです。当時その任に当たっておられ、非常に秀でた人であるセンプローニアの司教パウルス氏に勧められて、そのとき以来、私としてもそれらをもっと正確に観測すべく心を向けておりました。そのことにおいて私が何を成し遂げたかは、とりわけ聖下ならびにあらゆる他の学識ある数学者たちの判断に私は委ねます。本著述の有用性について、私が成し遂げうる以上のことを聖下にお約束していると思われるといけませんので、今や私は〔独自の〕企てに移りましょう。

ニコラウス・コペルニクスの『天球回転論』六巻各章の目次

第Ⅰ巻

第1章　宇宙は球形であること
第2章　大地もまた球形であること
第3章　どのようにして大地は水とともに一つの球状をなすのか
第4章　諸天体の運動は均等で円状、永続的であり、ないし複数の円〔運動〕から合成されていること
第5章　大地に円運動がふさわしいかどうか、および大地の位置について
第6章　地球の大きさに対する天の広大性について
第7章　地球が、いわば中心として、宇宙の真中に静止しているとなぜ古代の人たちは考えたのか
第8章　前述の諸論拠への論駁およびそれらの不十分性
第9章　地球に複数の運動が付与されうるか、および宇宙の中心について
第10章　天球の順序について
第11章　地球の三重運動についての論証

第12章　円内の直線〔＝弦〕の大きさについて
第13章　平面の直線三角形の辺と角について
第14章　球面三角形について

第II巻

第1章　諸円とそれらの名称について
第2章　黄道の傾斜、回帰点間の距離、その把握の仕方について
第3章　互いに交わる諸円〔つまり〕赤道円・黄道円・子午線円の弧と角、およびそこから出てくる赤緯と直立上昇について
第4章　獣帯の中央に沿って置かれた円〔＝黄道〕の外にあって、緯度と経度〔＝黄緯と黄経〕が確定している任意の星の傾き〔＝赤緯〕と直立上昇〔＝赤経〕は、どのようにして明らかになるか、およびその星は黄経何度で南中するか
第5章　地平線との交点について
第6章　正中時の影の違いはどれほどあるか
第7章　最長の日、日の出の幅、球の傾斜は互いにどのように決定されるか。および日々のその他の差異について
第8章　時間および昼夜の区分について
第9章　黄道部分の傾斜上昇について、および昇ってくる任意の角度に対して、南中するも

のはどのように与えられるか
第10章　黄道と地平線の交角について
第11章　前出の表の使用法について
第12章　地平線の両極〔＝天頂と天底〕を通り、十二宮の同一円〔＝黄道〕に対して生ずる円の角度と円弧について
第13章　星々の出と没について
第14章　星々の位置の探求および恒星表による記述

第Ⅲ巻

第1章　二分二至点の西進〔anticipatio, ＝歳差運動〕について
第2章　二分二至点の不均等な歳差を論証する観測誌
第3章　二分点・黄道傾斜・赤道の変化を論証するための諸仮説
第4章　反転運動つまり振動が複数の円〔運動〕からどのようにして成り立つか
第5章　分点と〔黄道〕傾斜の西進の非均等性の証明
第6章　分点歳差と黄道傾斜の均等運動について
第7章　分点の均等歳差と見かけ上の歳差の間の最大の差はどれほどあるか
第8章　それら二つの運動の個々の差について、および表によるそれらの説明
第9章　分点歳差に関して説明された事柄の検討と修正について

第Ⅳ巻

第28章　太陽と月の平均的な合と衝〔＝朔望〕について
第29章　太陽と月の真の合と衝〔＝実朔と実望〕を詳しく研究することについて
第30章　太陽と月の蝕となる合と衝は、他の〔合や衝〕とはどのようにして識別されるか
第31章　日食と月食はどれほどの大きさであったか
第32章　蝕がどれほど長く継続するかを予知するために

第V巻

第1章　それら〔＝諸惑星〕の回転と平均運動について
第2章　古人たちの見解によるそれらの星々の〔運動の〕均等性と視〔運動の〕論証
第3章　地球の運動の結果としての現象的不均等性の一般的証明
第4章　諸惑星の固有運動はどのような仕方で不均等に現われてくるのか
第5章　土星の運動の証明
第6章　土星に関し最近観測された他の三つのアクロニュクスについて
第7章　土星の運動の検討について
第8章　土星の位置を確定することについて〔＝元期における土星の位置決定、以下同様〕
第9章　地球の年周天球に由来する土星の共変量について、およびその距離はどれほどであるか
第10章　木星の運動の証明

第11章　最近観測された木星の他の三つのアクロニュクスについて
第12章　木星の均等運動の確証
第13章　木星の運動の位置を指定すること
第14章　木星の共変量の認識、および地球回転〔＝公転〕の天球との比率におけるその高さについて
第15章　火星について
第16章　火星に関し新たに観測された他の三つの深夜の輝きについて
第17章　火星の運動の確証
第18章　火星の位置を前もって定めておくこと
第19章　地球の年周天球を一とした単位で、火星の天球はどれだけ大きな単位か
第20章　金星について
第21章　地球天球の直径と金星天球の直径の比率はどれほどあるか
第22章　金星の対運動（geminus motus）について
第23章　金星の運動についての検討
第24章　金星のアノマリの位置について
第25章　水星について
第26章　水星の長軸最上点と最下点の位置について
第27章　水星の離心値はどれほどあるか、および水星は諸天球のどのような均斉（symmetria）

を保っているか

第28章　水星のズレは、近地点〔＝近日点〕において生ずるものよりも、〔正〕六角形の辺のあたり〔＝近日点から60度ずれた位置〕でなぜ最も大きく現われるのか
第29章　水星の平均運動の検討
第30章　最近観測された水星の運動について
第31章　水星の位置を前もって決定すること
第32章　接近と退却のもう一つの理論的仕組み
第33章　五惑星のプロスタファイレシスの表について
第34章　これら五つの星の経度位置はどのように計算されるか
第35章　五惑星の留と逆行について
第36章　逆行の時間、位置、逆行弧はどのように識別されるか

第VI巻

第1章　五惑星の緯度方向へのズレについての一般的説明
第2章　これらの星を緯度方向へ運んでいく諸円の仮説
第3章　土星・木星・火星の各天球の傾斜はどれほどの大きさか
第4章　これら三星の任意の他の緯度〔運動〕の一般的説明について
第5章　金星と水星の緯度について

第Ⅰ巻[1]

第1章　宇宙は球形であること[2]

まず第一にわれわれが注意すべきは、宇宙が球形をしていることである。その理由としては、〔1〕その形があらゆるもののうちでもっとも完全であり、何らの接合も要せず、全体が統合されているからであるとしても、あるいは〔2〕それが〔等周〕図形のうちで最も容積が大きく、万物を含み最大のものを保持するのにふさわしいからであるとしても、あるいはまた〔3〕宇宙の最も完結した任意の部分――私は、太陽・月・星々のことを言っているのだが――がそうした形に認められるからであるとしても、あるいは〔4〕水滴やその他の流体において明らかなように、宇宙全体は、おのずから限界づけられようと望むかぎりにおいて、この形体に限界づけられることを欲求するからである、としてもよい。したがって、〔根拠づけの如何を問わず〕そのような形が天体[3]に帰されることを誰一人疑ったことはなかったとしてよい。

第2章　大地もまた球形であること

大地の全体としての丸さを決して変えるものではないが、山々が非常に高く、谷も深いから、完全な球であることがただちに明らかにはならないとしても、その中心にあらゆる方向から寄り添っているので、大地もまた球状であることは、次のことから明白である。[*1] なぜならば、どこからであれ北斗七星の方〔=北方〕へ行く人々にとって、日周回転の一方の極〔=北極〕は次第に高くなり、他方の極は逆に同じだけ沈んでゆき、北斗七星の周囲の多くの星が沈まなくなり、南ではいくつかの星がもはや出てこなくなるのが見られるからである。だから、エジプトでは出てくるカノープスをイタリアは見ないことになる。[*2] そしてフルヴィウス〔=エリダヌス座〕の最後の星をイタリアは見るが、凍てつくような地帯にあるわれわれの地方はそれを知らないのである。逆に南に行く人々にとってそれらは高くなり、われわれのところで昇っているものは沈んでゆく。さらに、両極の傾斜〔=地平面に対する自転軸の傾斜角〕は大地を進んだ隔たり〔=走行距離〕に対し、至るところで同じ比をもっており〔=傾斜角は走行距離に比例する〕、このことは球形以外のどんな形でも起こらない。したがって、大地もまた両頂点で囲まれ、このゆえに球状であることは明白である。さらに次のことを付け加えよ。すなわち、夕方の日食や月食を東側の住人たちは体験せず、朝方のものを西側に住んでいる人々は体験しないが、中間のものを前者〔＝東側の住人〕は〔時刻が〕ずっと遅れて、後者はずっと早目に見ることである。[*3]水もまた〔地と〕同じ形に寄り添うことは船乗りたちによって認められている。[*4]というのは、船体からでは認められない陸地がマストの頂きからは大概眺められるからである。逆に、もしマストの頂きに何か輝くものが据え付けられるならば、陸地から船が離れてゆくと、岸に留まっている人々にはそれが少しずつ下降してゆくように見え、ついには沈んだように隠されてしまうのである。またその本性上からして流れゆく水が、地と同じように、常により低いところを求めること、また岸から離れてその凸面〔＝水の凸表面〕が許容しうる以上に高いところへ行こうとしないことは広く認められている。それゆえ、大地が大洋から隆起している分だけ大地はより高くなっていることになるのである。

第3章　どのようにして大地は水とともに一つの球状をなすのか[*1]

そこで、大地を取り囲む大洋は至るところに諸々の海を生じさせて、大地の急傾斜した下降部を満たしている。それゆえ、水は陸地よりも少なくなければならなかった。それは、〔水と地の〕いずれもその重さによって同一の中心へ向かっていって、水が地全体を飲み込んでしまうことがないようにし、そこかしこに現われている島々と並んで、あるいくつかの部分の陸地を生き物の安全のために残しておくようにするためである。[*2]なぜならば、大陸そのものや諸々の陸地界は、他のものよりは大きい島以外の何ものであろうか。また、水の総体は陸地全体よりも一〇倍大きいと公言してきたペリパトス派のある人々[*3]に耳を傾けるべきではない。すなわち、元素の変換に際し、ある部分の地からその一〇倍の水が分解して生ずるということを彼らは推測として認めて、〔1〕地球は窪んでいるので、重さの点で至るところで釣り合いを保っているのではないほどに、ある程度突き出ており、そして〔2〕重さの中心と大きさの中心は異なる、と彼らは言っている。しかし、幾何学という学術に無知なために彼らは誤りを犯している。もし仮に、〔大地の〕全体が重さの中心を明け渡して、あたかもそれ自身よりも重いかのようにその場所を水に与えるのでないとすれば、地球のある部分が乾いているためには、水は〔地より〕七倍よりは大きくなりえないことを彼らは知らないのである。というのは、球〔の体積〕は互いに直径の三倍比[*4]〔＝三乗比〕になっているからである。したがって、もし仮に水の七部分〔＝全体の八分の七〕に対して地が第八部分〔＝八分の一〕であるとすれば、地の直径は中心から水の周まで〔＝水の球の半径〕よりも大きくなることは不可能であろう。なおさら、水が一〇倍も大きいことはない。[*5]

また大地の重さの中心とその大きさの中心の間には何もない〔＝両中心は一致する〕ことは、大洋から顔を出している大地の凸面は〔水際から〕遠ざかるにつれて常に連続的に膨れあがっているわけではないことから認められうる。もし連続的に膨張しているのであれば、海水をこの上なくよく塞き止めることになろうし、また内海や巨大な湾が押し入ってくるのを決して許さないことになろう。さらに、大洋の岸から離れると深淵の深さは常に増大するのを止めなくなるだろうし、そのゆえに船乗りたちが遥か遠くへ進み出ても島や岩礁や何であれ地的なものに出くわすこともないことになってしまうであろう。しかし、エジプトの海とアラビア湾の間では、陸地界のほぼ中央でほとんど一五スタディア〔の狭い陸地〕しか残っていないことが知られている。[*6]また一方プトレマイオスはその『地理学』の中で、居住可能な陸地を半分の円〔＝経度180度の幅〕に至るまで拡張し、さらに未知の陸地を残している。[*7]そこに近頃の人々はカタイやきわめて広大な地域を経度で60度に至るまで付け加えてしまい、[*8]その結果今では残りの大洋よりも大きな経度にわたって大地は居住しうるであろう。このことはもっと明らかになるだろう、もしもわれわれの時代にスペインとポルトガルの支配者たちによって発見された島々、特に、発見者たる船隊指揮官にちなんで名づけられたアメリカを加えてよいならば。今もって不確かなその大きさのゆえに、以前は知られていなかった他の多くの島々とは別に、人々はそれをもう一つの陸地界と見なしている。対蹠人あるいは対蹠地[*9]が存在することにわれわれはもはや驚かないだろう。というのは、まさにアメリカが、その位置からしてガンジス河のあるインドと正反対の位置にあることを幾何学的推論からして信じざるをえないからである。[*10]

以上すべてのことから結局明らかなことと私が見なすのは、〔1〕大地と水は重さの単一の中心に身を支えており、〔2〕大地の大きさの中心とは別のものではなく、〔3〕地は〔水よりも〕いっそう重いので、その裂けた部分は水で満たされており、それゆえ〔4〕たとえ表面上ではおそらくたくさんの水が目に見えるにせよ、地と比較すると水はわずかしかないことである。周囲を流れる水と一緒になった大地は、もちろん、その影が示すような形をもっていなければならない。というのは、それは完全な円のもつ円周で月を欠けさせるからである。[*11] したがって、エンペドクレスやアナクシメネスの考えたように、大地は平らであるのではない。またレウキッポスのように太鼓状でもなく、ヘラクリトスのように舟状でもなく、デモクリトスのように別様に窪んでいるのでもない。さらに、アナクシマンドロスのように円筒状でもなく、クセノパネスのように、下に行くほど濃密になって地下の無限の彼方で根づいている、のでもない。むしろ、哲学者たちが判断しているように、完全な丸さをもっているのである。[*12]

第4章　諸天体の運動は均等で円状、永続的であり、ないし複数の円〔運動〕から合成されていること

次に諸天体の運動が円状であることをわれわれは思い起こすことにしよう。[1] というのは、現に自らの形を最も単純な立体〔＝球〕として表現している天球のもつ可動性は、円状に回転することであり、等しく自らのうちへ動くかぎりにおいて、そこには始めも終わりも見出せず、一方を他方から区別することもできないからである。しかし、天球の数が多いゆえに、その運動は複数である。すべてのもののうちで最も明瞭なのは日周回転であり、ギリシャ人たちはそれをニュクテーメロン〔νυχθήμερον〕、すなわち、昼夜の時の隔たりと呼んでいる。[2] これによって、地球を除く宇宙の全体が東から西へ滑りゆくと見なされる。これはあらゆる運動の共通尺度と考えられる。時間そのものでさえ主として日数によって測られるからである。次に、いわば反対に向かおうとする、つまり、西から東へ向かう他のいくつかの運動を——私は太陽・月・五惑星の〔固有運動の〕ことを言っているのだが、——われわれは見ている。われわれのために、ちょうど太陽と月が最もありふれた時間たる年月を区分しているのと同じように、他の五惑星もそれぞれ固有の巡回をなしている。しかしそれらには多様な差異がある。まず第一に、あの第一運動〔＝日周回転〕が回転しているのと同じ極に

おいてなされるのではなく、獣帯〔＝黄道〕の傾斜に沿って運行していること〔である〕。第二に、その固有の回転そのものにおいて、それらは一様に運ばれているようには見えないこと〔である〕。なぜなら、太陽と月はその回転においてあるときは遅く、あるときは速くなるのが認められ、他の五惑星はさらにあるときは逆行し、その前後で留となることをわれわれは認めているからである。そして太陽は常にその固有の真っ直ぐな行程をまっとうする〔＝黄道上を順行〕のに対し、それらはさまざまな仕方で惑いゆき、あるときは〔黄道の〕南へ、あるときは北へと逸れてゆく。そのゆえにそれらは惑星（プラネータエ）といわれるのである。さらに付け加えるべきは、それらはあるときは地球にずっと近づき、近地点のところにあると呼ばれ、他のときにはずっと遠くにあって、遠地点のところにあるといわれることである。それにもかかわらず、諸運動は円状である、あるいは複数の円〔運動〕から合成されている、と認めねばならない。それらはこうした不均等性〔＝変則的運動〕を一定の法則と確固たる回帰とによって守っているからであり、もし仮にそれらが円状でないとしたら、このことはなされえないことになるからである。というのは、過ぎ去ったものを元へ戻すことができるのはただ円のみだからだ。それは、たとえば、太陽が複数の円の合成運動によって昼夜の不等性と年間の四季をわれわれのために元へ戻してくれるようなものであり、そこには複数の運動が了解されている。というのは、天界の単純物体がたった一つの天球で不等に動かされることはなされえないからである。なぜなら、それが起こりうるとすれば、〔1〕偶発的であれ内在的本性からであれ、動かす力が恒常でないからであるか、あるいは〔2〕動かされる物体が斉一でなくなるからである、としなければならないであろう。[*3] しかし、知性はそのいずれをも忌み嫌い、最善の秩序づけで構成されているもののうちに何かそうしたものを考えるのはふさわしくないので、それらの均等運動がわれわれには不均等に見えるのは、〔1〕それらの円の極が相違しているからであるか、ないしはさらに〔2〕それらが回転している諸円の真中に地球が存在せず、地球からこれらの星々の運行を眺めているわれわれには、（『オプティカ』において論証されているように[*4]）不等な距離のゆえに、それ自らが遠くにあるときよりも近くにあるときの方がずっと大きく見えることになってしまう、とするのが理にかなっている。かくして球の等しい円弧においては、視線の多様な距離のゆえに、等しい時間において運動が不均等に現われるであろう。

この理由から、すべてに先立って必要なことと私が見なすのは、至高なるもの〔＝天界〕をわれわれが精査しようとするかぎり、われわれに最も近いもの〔＝地球〕にわれわれが無知であったり、また同じ誤謬によって、地球に属するものを天にわれわれが帰属させたりしないようにするためには、天に対する地球の関係は何であるか、に注意深く心を向けることである。

第5章　大地に円運動がふさわしいかどうか、および大地の位置について

大地もまた球形をもつことがすでに論証されたのだから、[*1]〔1〕その形にまた運動が従っているかどうか、および〔2〕それが宇宙のどの場所を占めているか、を見て取るべきであると思う。それらなくしては、天界における諸現象の確実な理論を見出すことはできないからである。一方、大地が宇宙の真中に静止していることは、一般に多くの著者たちの間に一致を見ており、彼らは、その反対の想像をすることが考えられないこと、あるいは笑うべきことさえ見なしているほどである。しかし、[*2]もしわれわれが物事をいっそう注意深く考察してみるならば、この問題がまだ解決されておらず、それゆえ少しも軽蔑すべきでもないことが見て取られるだろう。というのは、場所的変化であると見なされるものはすべて、見られるものあるいは見る者の運動のゆえであるか、あるいは当然ながら両者の不等な変化のゆえに起こるからである。なぜなら、同一方向へ等しく動かされるものどもの間では――私が言っているのは、見られるものと見る者の間のことであるが――、運動は知覚されないからである。[*3]しかるに、大地とは、天界のあの回転が眺められ、われわれの眼に再現されるような場所である。したがってもし何らかの大地の運動が大地に認められるならば、外側に存在

するものすべてのうちにそれと同じものが現われるであろう。ただし、通り過ぎゆくものの如ものごとく、方向は逆である。日周回転はことにそのようなものである。というのは、日周回転は、大地およびその周囲に存するものすべてを除けば、宇宙全体を取り込んでいるように思われるからである。しかしもし天界はこの運動をまったくもたず、むしろ大地が西から東へと回転していることを読者が容認したならば、太陽・月・星々における見かけの出と没に関するかぎり、真面目に検討する人であれば、これらが実際そのようになっていることを見出すであろう。万物を含みまた浮き彫りにしている天はあらゆるものの共通の場所であるから、含むものよりむしろ含まれるものに、場所づけるものよりむしろ場所づけられるものに、なぜ運動が帰属されるべきでないか、はただちに明らかとなるわけではない。[*4] 実際ピュタゴラス派のヘラクリデス〔ヘラクレイデス〕とエクパントスはこうした考えであったし、キケロによるとシュラクサ人ニケタス[*5]もまたそうであり、彼らは宇宙の真中に大地を回転させたのである。というのは、大地が邪魔立てするので星々は没してゆき、大地が退くので星々が出てくる、と彼らは考えたからである。

このように仮定すると、たとえ大地は宇宙の真中であるとほとんどすべての人々によってすでに受け入れられまた信じられているにしても、大地の場所に関し少なからぬ他の疑念もまた出てくる。なぜなら、もし大地が宇宙の真中つまり中心を占めることを否定する人がおり、しかも〔中心からのその〕距離が惑わない星々〔＝諸恒星〕の天球に対しては比較可能なほどの大きさではないにしても、太陽やその他の星々〔＝月や諸惑星〕の天球に対しては著しく、しかも明白なほどの大きさをもっていることをその人が是認し、さらに、あたかも大地の中心とは別の中心に対して規定されているかのように、それらの運動がさまざまに現われるのはそのゆえにであると考えるならば、見かけのさまざまな運動について不適切ではない理論をおそらくその人は提出できるであろう。というのは、諸惑星が大地に近づいたり遠ざかったりするのが認められるということ〔＝経験事実〕は、大地の中心がそれらの円の中心ではないことを必然的に立証しているからである。〔しかし距離の増減を〕是認したり拒絶したりするのが、はたして大地がそれらに対してであるのか、それともそれらが大地に対してであるのか〔つまり、運動の主体について〕は依然として明らかでない。それゆえ、あの日周回転以外に大地の何らかの他の運動を考えた人がいたとしても、それは驚くべきことではなかった。なぜなら、「大地は回転し〔＝自転〕、しかもさらに複数の運動をして巡回する〔＝公転など〕、星の一つである」とピュタゴラス派のピロラオスは考えたと伝えられている。[*6] 彼は凡庸ならざる数学者であり、プラトン伝を書いた人々が伝えているように、彼と会うためにプラトンはイタリアへ馳せ参ずるのをためらわなかったほどである。[*7]

しかし多くの人々は、[*8]「〔1〕大地が宇宙の真中にあり、〔2〕天の広大さと比べると点の如きであるから中心同然となり、〔3〕しかも宇宙が動くと中心は不動のままであり、中心に近いものほどゆっくりと運ばれているというまさにその理由によって、大地は不動である」ということが、幾何学的推論によって論証されうると考えてきた。

第6章　地球の大きさに対する天の広大性[1]について

　実際、地球というこれほど大きな塊りが天の大きさに対してはまったく取るに足りないということは、次のことから理解できる。[2] すなわち、限界円（ギリシャ人たちのいうホリゾンタス〔ὁρίζοντας, 地平線〕は実際このように訳されている）が天の球全体を真っ二つに切っており、もし仮に地球の大きさあるいは宇宙の中心からの距離が天〔の大きさ〕に比べて著しかったとすれば、こうしたことはなされえなかったであろうから。というのは、球を真っ二つに切る円は球の中心を通り、周囲を囲む最大の円だからである。なぜなら、地平線をＡＢＣＤとし、われわれの視線が発している地球をＥとし、点Ｅは現われているものが現われていないものから区切られるような地平線の中心とする〔図1〕。さて、Ｅに置かれたディオプトラあるいはホーロスコピウムあるいはコーロバテースによって、[3] 点Ｃに出現してくる巨蟹宮(きょかいきゅう)の初端が眺められると、それと同時に磨羯宮(まかつきゅう)の初端がＡに沈むのは明らかである。したがって、Ａ、Ｅ、Ｃはディオプトラによって一直線上にあったのだから、その直線は獣帯〔＝黄道〕の直径である。なぜなら、六つの宮は半円を限界づけており、また中心Ｅは地平線の中心と同一だ〔とした〕からである。さらに、磨羯宮の初端がＢに現われ出るように回転が変えられると、そのときにはまた巨蟹宮の没がＤに見られるであろう。そしてＢＥＤは

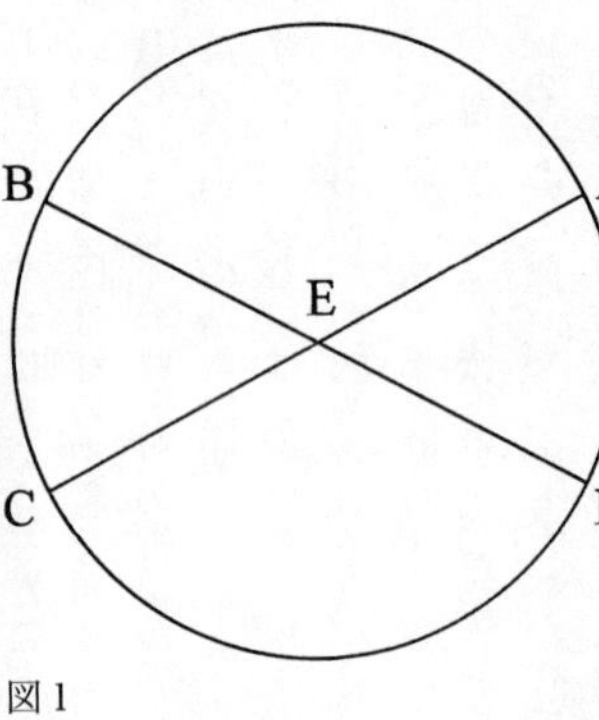

図1

直線となり、それが黄道の直径となろう。しかるにAECもまた同じ円の直径であることはすでに明らかであった。したがって、共通切片〔＝交点〕上のこのEが〔黄道の〕中心であることは明らかである。かくして、地平線という円が、球の大円である黄道を常に真っ二つに分割している。しかるに球において、もし真中を通る円がある大円を切るならば、切る方それ自体もまた大円であり、したがって地平線は大円のうちの一つであり、またその中心は、見かけ上に関するかぎり、黄道のそれと同一である。しかし、地球の表面から出る直線と〔地球の〕中心から出る直線とが異なっていることは必然であるとしても、地球〔の半径〕に対する〔二直線の〕広大性のゆえに、それらはある意味で平行線のようなものとなり、端点の距離が膨大となるゆえに、それらは見かけ上一本の線となるから、そのときには、それらが含む[*4]双方の空間〔＝二直線で挟まれた空間〕[*5]は、それら二直線の長さと比べると、光学において論証されているのとまったく同様に、感覚的には比較不可能となる。

当然ながらこうした論議によって十分明らかになるのは、〔1〕天は地球と比較して広大であること、〔2〕そして無限の大きさという種類のごとき観を呈するが、感覚の判断上では、天と比べて地球は、大きさの点では、立体に対する点や無限に対する有限のごとくになることである。[*6] しかし他のこと〔まで〕を論証したとは思われない。というのは「宇宙の真中に地球が静止していなければならない」ことは帰結しないからである。地球という宇宙の中のきわめて小さなものよりも、むしろ宇宙というあれほど巨大なものの方が二四時間で回転するとしたら、われわれはむしろそのことに驚きさえ覚えないであろうか。[*7] なぜなら、人々が「中心は不動であり、中心に近いものはほとんど動かない」と言っていることは、「地球が宇宙の真中で静止している」ことを立証しないからであり、また「天が回転し、両極は静止し、両極の近くにあるものはほとんど動かない」という場合と何ら異なっていないからである。それはちょうど、鷲座や天狼星よりも小熊座の方がずっとゆっくりと動くのが認められるのと同じである。なぜなら、極に近いものどもは、それらすべてが一つの球に属しているので、いっそう小さな円を描くからである。自分の軸に対するその可動性は、あらゆる諸部分相互の固有な運動をやめさせると、等しい運動を許さず、全体の回転は諸部分を〔通過〕空間の等しさによってではなく、〔通過〕時間の等しさによって元へ戻すのである。

したがって、特にこのために試みられる立証の根拠づけは、いわば（アド・ホック）「地球は天球の部分であり、同一の種と運動のものであり、その結果中心に近いものはわずかながら動く。したがって、中心ではない物体たるそれ自体〔＝地球〕も、同一時間に、天球の円の対応する円弧だけ――たとえ小さなものにせよ――動くであろう」ことである。これがいかに誤りであるかは白日よりも明らかである。というのは、ある場所では常に昼であり、他の場所では常に真夜中であらねばならなくなってしまい、その結果日ごとの出没は起こりえなくなるであろう。全体と部分の運動は一つであり分離できないからである。

しかし、諸事物の差異が分離しているようなもの〔=種差の異なるもの〕の根拠は遥かに異なっている。すなわち、いっそう短い周囲によって囲まれたものほど、いっそう大きな円を囲むものよりもより速く回転する。かくして、「諸惑星のうちで最も高い土星という星は三〇年で回転し、また疑いもなく地球に最も近い月は一ヵ月で回転を完了し、最後に地球自体は一昼夜という時間間隔で回転する」と考えられることになろう。したがって、日周回転に関して〔第5章におけるのと〕同じ疑問が再びもち上がってくることになろう。

しかしその場所については、前述のことからも明らかとならず[*8]、依然として問題とされる。というのは、先の論証は、地球に対する天の無際限の大きさ以外の何事をも示さないからである。この広大性がどこまで広がっているのかは、まったく不明である。[*9]

第7章　地球が、いわば中心として、宇宙の真中に静止していると なぜ古代の人たちは考えたのか

そこで古代の哲学者たちは、「地球が宇宙の中心にじっとしている」ことを他のいくつかの根拠によってさらに築き上げようと試みて、重さと軽さという最も強力な原因を彼らは言い立てた。たしかに、〔四元素のうちで〕地という元素は最も重く、重さをもつものはすべて大地へと運ばれ、真中をめざしてその最低部に至る。なぜなら、大地は球であるので、重いものはまさにその本性によって至るところで表面と直角に運ばれるものだが、もし重いものが表面のところに止められないならば、その中心へと至るからである。球に接する地平面に直角になる直線は中心へ達するからである。真中へと運ばれるものは、引き続いて真中に静止するように思われる。[*1] したがってなおさら地球全体は真中に静止するであろうし、落下するすべてのものを自らのうちに迎え入れ、自らの重さのゆえに不動にとどまり続けるであろう。

同様にまた彼らは運動の理論とその本性から確証しようと試みた。たしかに、アリストテレスの言い分では、[*2] 一つの単純物体の運動は単純である。単純運動の一つは直線運動であり、もう一つは円運動である。しかるに、直線運動の一つは「上へ」であり、もう一つは

「下へ」である。それゆえ、単純運動はすべて、〔1〕真中へ向かう、すなわち、下か、〔2〕真中から離れる、すなわち、上か、〔3〕真中をめぐる、つまり円的であるか、のいずれかである。さて、〔四元素のうち〕重いものと考えられる地と水には、下へ運ばれること、つまり真中を求めることがふさわしく、一方、軽さをもつ空気と火には、上へと真中から離れてゆくことがふさわしい。これら四元素には直線運動が認められ、一方、天界の物体には、真中の周りを球状に回転することが適切だと思われている。以上、アリストテレス〔の主張である〕。

そこでもし仮に――アレクサンドリアのプトレマイオスが言っているのであるが[*3]――地球が、少なくとも日周回転で回転するならば、前述のこととは反対のことが起こるはずであることになる。たしかに、その運動はきわめて激しく、地球の周囲全体を二四時間で通過させることになるその速さはこの上ないものになるにちがいないからである。しかし、突然の旋回で激しく動かされるものは集まったままでいることはまったくできず、凝集物が何らかの堅固さで結合されている場合以外は、むしろ結合物が散り散りになるのが見られるのである。そして、彼が言うには、すでにもう地球は散り散りになり天そのものを突き破って出ていってしまったであろう（これはまったくのお笑い種である）。まして生物や他の何であれ〔地球という船に〕結ばれていない積荷は決して揺るがないままであったはずがないのである。また、真っ直ぐに落下するものは、その定められた場所がその間にあまりにも急速に運び去られるので、そこへ垂直に突き進まないことになろう。また、雲やその他何であれ空中に浮いているものは、常に西に運ばれるのをわれわれは見ることになろう。

第8章　前述の諸論拠への論駁およびそれらの不十分性[*1]

たしかに、以上およびそれに類する諸原因によって、彼らは「地球が宇宙の中心に静止し、疑いもなくそのようになっている」と言っている。しかしもし「地球は回転する」と考える人が誰かいるならば、その人はとにかく「その運動は強制的ではなく、自然本性的である」と言うであろう[*2]。しかるに、自然本性に即してあるものは、強制に従っているものとは反対の諸結果を惹き起こす。というのは、力あるいはインペトゥス[*3]が籠められているものにあっては、〔力やインペトゥスが〕なくなるのが必然であり、それらは永い間持続することはできないからである。一方、自然本性によって生ずるものは、良い状態にあり、その最善の構成において保存されている。したがって、技術あるいは人間の精神によって達しうるものとは遥かに異なる自然の作用によってなされる回転において、地球や地上のあらゆるものが散り散りになるのではないか、とプトレマイオスが心配するのは無用なのである[*4]。

しかしそのこと〔＝回転によって散り散りになること〕は、天が地球より大きくなっている分だけその運動がいっそう大きくなっているはずの宇宙に関してむしろなぜ疑われてはならないのだろうか。したがって、運動の言いようもない激しさによって真中〔＝宇宙の中心〕から引き離されている天は広大になっており、もし仮にそれが静止したならば、とにかく崩れてしまうようになっているのであろうか。たしかに、もし仮にこの理論が妥当するならば、天の大きさもまた無限に離れ去ってゆくであろう。なぜなら、高いところでは運動そのものがインペトゥスによって速められれば速められるほど、ますますその運動は速くなるであろうし、そして逆に、二四時間間隔で通過せねばならない円周は常に増大するゆえに、運動が増大するので、天の広大性も増大することになってしまうからである。その結果、速さが大きさを、また大きさが速さを相互に無限に拡大してゆくことになってしまう。しかし自然学のあの公理、つまり「無限なるものは通過されず、また決して動かされえない」[*5]によれば、天は必然的に静止するであろう。

しかし彼らは「天の外側には物体もなく、場所もなく、空虚もなく、まったくの無であり、それゆえ天が逃れゆくことができる手段はない」と言っている。[*6]その場合、〔1〕あるものが無によって固く閉じこめられうるかどうかはまったく不可思議である。[*7]しかし〔2〕もし天が無限であって、ただ内側の凹みによってだけ限界づけられているならば、どれほどの大きさを占めたとしてもおのおののものは天の中にある〔はずである〕のだから、天の外側には何もないことがおそらく〔〔1〕の想定より〕むしろ真とされるであろうが、天は不動のままであることになるだろう。なぜなら、彼らが「宇宙は有限である」ことを主張しようと試みる手段で最も強力なものは運動だからである。[*8]

それゆえ「両極で挟まれた大地は球状の表面で限界づけられている」ことをわれわれは確実なことと主張しておき、「宇宙は有限であるのか、それとも無限であるのか」をわれわれは自然学者たちの討論に任せておくことにしよう。したがって、[*9] その境界がわからず、また知られる可能性もない宇宙全体が揺れ動くということ〔を認める〕よりも、むしろ、大地の形そのものに自然本性的に適合している可動性を認めるのをわれわれはなぜまだためらい、また「天には日周回転そのものの見かけ〔だけ〕があり、地球にはその真実性がある」ことをわれわれはなぜ認めてはならないのであろうか。そして、このようになっていることはウェルギリウスの『アエネイス』がいうごとくである。[*10]

われらが港を出てゆくと、陸地や町は退いてゆく。

なぜなら、船が静かに流れゆくとき、その運動の反映のために、その外側に存するものがことごとく船乗りたちには動いていると認められ、逆に自分たちは、自分と一緒にあるすべてのものともども、静止していると彼らは見なしているからである。だから、地球の運動において、「〔外側にある〕宇宙全体が回っている」と考えられることが起こりうるのも少しも不思議ではない。

それでは、雲やその他どのような仕方であれ空中に浮かぶもの、落ちてゆくもの、さらには高いところへと上昇してゆくものについて、われわれは何と言うべきであろうか。「大地と結びついている元素の水と一緒に大地のみならず、また空気の少なからぬ部分も、また何であれ同様に大地と類縁関係をもつものは、そのように動く」以外にない。[*11]〔その理由としては、〕〔1〕地的あるいは水的な質料と混合している〔地表面〕近くの空気が地と同じ本性に従っているためであるとしても、あるいは〔2〕空気の運動はより獲得されやすいものであり、空気は、近接していることと抵抗を欠いていることのゆえに、永続的な回転によって大地からそれを分有しているためであるとしてもよい。逆に、それに劣らず驚くべきことであるが、彼らは「空気の最も高い領域は天界の運動につき従っている」と言っている。[*12] 突然に現われるあの星々――私は、ギリシャ人たちのいうコメーテース〔彗星〕やポーゴーニアス〔ほうき星、直訳では、ひげ星〕のことを言っているのだが[*13]――はそれを示唆しており、それらの生成が起こるのはまさにこの「空気の最も高い領域」だと彼らは見なしており、[*14] それらは他の星々と同じように出没するのである。われわれとしては、「大地からの大きな距離のゆえに、最も高い領域の空気はあの大地の運動を欠いてしまう」と言うことができる。それゆえ、大地に最も近い空気はじっとしているように見えるだろうし、また、その中に浮かんでいるものも、もし風やその他何であれインペトゥスによってあちこちに動かされる――これはよく起こることだが――のでないならば〔同様である〕。実際、空気中の風は水中の流れ以外の何ものであろうか。[*15]

しかし、われわれは「落下するものと上昇するものの運動は、宇宙に関しては二重であり、すべて直線運動と円運動とから合成されている」と認めねばならない。[*16] 自らの重さによって押し下げられるものは、特に地的なものであるから、諸部分がその全体と同一の本性を保持していることは疑いない。火の力によって高いところへ奪い去られるものにおいても、それは他の根拠によって起こるのではない。なぜなら、この地的な火は地的な質料によって最も強力に養い育てられ、また「焰は燃える煙に他ならない」と彼らは定義しているからである。[*17] しかるに火の特性は、それが襲いかかるものを押し拡げてゆくことであって、囲いが破られて燃え盛ってしまうと、どんな方法によってもどんな道具によっても閉じこめられなくなるほどの大きな力で作用を及ぼすのである。拡張する運動は中心から周縁へと向かうのであり、それゆえ、もし地的な諸部分のあるものが火をつけられたならば、それは真中から高いところへと運ばれる。

したがって、彼らが「単純運動は単純物体に属する」[*18]と言っていることは（まず第一に円運動について真とされるのであるが）、それは単純物体がその自然本性的な場所とその統一性にとどまり続けるかぎりにおいてである。たしかに、その場所においては、運動は円的である以外の何ものでもなく、静止するもののように全体が自らのうちにとどまっている。[*19] しかし、その自然本性的な場所から離れ去り、あるいは追い出され、あるいはどのような仕方であれその外側に存しているものには、直線運動が付け加わってくる。あるものが固有な場所の外にあるということ以上に、宇宙全体の秩序と姿に（ordinationi totius et formae mundi）敵対するものはない。したがって、直線運動が生ずるのは、まさに、自然本性に即してなされているのではなく良い状態にもない諸事物における場合のみであり、それらがその全体から分離され、その統一性を放棄する場合にかぎられるのである。さらに、上下に動くものは、たとえ円運動を欠いたとしても、一様で均等な単純運動をするのではない。というのは、軽さあるいは自らの重さのインペトゥスによって統制されえないからである。何であれ落下するものは、最初はゆっくりとした運動をするが、落下するにつれて速さを増してゆく。逆に、この地的な火（というのは、われわれはそれ以外のものを見ることはないから）[*20]は、高いところへ奪い去られると、あたかも地的な質料という強制の原因を告白するかのように、ただちに衰退してゆくのをわれわれは認識している。さて、円運動は常に均等に回転する。というのは、尽きることのない〔一定の〕原因をもっているからである。しかし、かのもの[*21]〔＝直線運動〕は迅速に動かす原因を放棄してしまい、その運動によって固有の場所に到達したものは、重いものあるいは軽いものであることを止め、その運動も止むのである。したがって、円運動はすべてのものに属し、諸部分にはさらに直線運動が属しているのであるから、われわれは「円運動は直線運動と共存する」と言うことができる。[*22]それは、「生きていること」[*23]が「病むこと」と共存するのと同じである。もちろん、アリストテレスが単純運動を三つの類――真中〔＝宇宙の中心〕から、真中へ、真中の周り――に分類したということも、[*24]ただ単に理性の働きにすぎないと見なされよう。それはちょうどわれわれが線・点・面に区分するのと同じであって、それにもかかわらずその一方が他方のものなしで存続することはできず、またそれらのどれも立体なしには存続しえないのと同じである。

以上のことに加えてさらに、不動性という状態は変化と不安定性という状態よりもいっそう高貴で神聖であると考えられ、後者の状態はこのゆえに宇宙よりもむしろ地球にふさわしいはずである。「含まれ場所づけられるもの、つまり地球、にではなく、むしろ含むものあるいは場所づけるものに運動が帰属させられるのは、まったく馬鹿げたことのように思われる」ことを私はさらに付け加えよう。[*25] 結局、諸惑星が地球に近づいたり遠ざかったりするのは明白であるから、真中――それは地球である、と彼らは主張しているが――の周りのもの〔＝惑星運動〕が、同時に真中から離れ、かつそこへ向かう単一物体の運動であることになるであろう。したがって、真中の周りになされる運動をもっと一般的なものととり、おのおのの運動はそれ自らの真中〔＝中心〕に対してなされさえすればそれで十分であるとしなければならない。[*26]

したがって、以上すべてのことから、地球の可動性はその静止よりももっと蓋然性の高いものであり、特に日周回転においてはそれがいわば地球に最も固有なものであることを読者は見て取られるであろう。[*27]

第9章　地球に複数の運動が付与されうるか、および宇宙の中心について

そこで地球の可動性を禁ずるものは何もないのであるから、今や見て取らるべきであると私が思うのは、複数の運動がまた地球に適合し、その結果、地球を惑星の一つと考えうるかどうかである。[*1] というのは、諸惑星の見かけの不等運動および地球からのそれらの変化する距離——後者は地球と同心的な円では理解不可能である——が明らかにしているのは、あらゆる回転の単一の中心ではないことである。したがって、中心は複数存在するのだから、宇宙の中心についても疑いを抱くであろう人がいても根拠がないわけではない。すなわち、「はたして宇宙の中心は地表での重さの中心であるのか、それとも他のものであるのか」と。[*2]「重さとは、万物の制作者の神的な摂理によって諸部分に与えられたある自然的欲求に他ならず、諸部分はおのずとその単一性と統合性に至って球という形へ凝集することになる」と私としては考える。このような性質は太陽にも月にも諸惑星という他の輝くものにも内在すると信ずべきであり、たとえそれらはさまざまな仕方で自らの回転を行っているにせよ、それらが姿を現わす通りのあの丸さのうちにその効果がとどめられているのである。[*3]

したがって、もし地球も他の諸運動を——たとえば、中心に即して——なすならば、外側

で多くのもののうちに同じように現われているもの〔＝見かけの諸運動〕が存在することは必然であろうし、そうしたものの一つにわれわれは年周回転を見出すのである。なぜならば、太陽に不動性を容認して、もし年周回転が太陽の回転から地球の回転へと移されたとしても、獣帯と諸恒星の出と没――これによって朝と夕の星々になる――は同じように現われるであろう。諸惑星のさまざまな留や逆行や順行も、それらの固有な運動ではなく、地球の運動であることが見て取れよう。諸惑星はそれぞれの現象において地球の運動を借り受けているのである。最後に、太陽そのものは宇宙の真中を占めていると考えられることになろう。もし今やわれわれが事柄そのものを（人々の言うごとく）両の眼（まなこ）でしっかり眺めさえするならば、諸惑星が互いに続いている順序の根拠および宇宙全体の調和[*4]がわれわれに教えているのは、すべて以上のことなのである。

第10章　天球の順序について

「見られるすべてのもののうち最も高いのは恒星天である」ことは誰一人疑っていないと私は思う。しかし諸惑星の配列については、古代の哲学者たちは、エウクレイデスにおいて『オプティカ』で論証されているように、「等速で運ばれるもののうち、遠くに隔たっているものほどいっそうゆっくりと運ばれるように見える」という理論を仮定して、それらの回転の大きさに関するかぎりでその配列を把握しようとしたように思われる[*1]。したがって、彼らは、「月は最も短い時間間隔でひとめぐりする」と考えた。地球に最も近く、最も小さな円で回転しているからである。そして、最も長い時間で最大の周をめぐる土星を最も高いもの、その下に木星を、その次に火星を〔彼らは考えた〕。しかし、金星と水星については、さまざまな見解が見出せる。なぜなら、それらは前三者と違って太陽からまったく離れるわけではないからである。それゆえ、プラトンの『ティマイオス』のごとく[*2]、それらを太陽の上に置いた人々もいれば、プトレマイオス[*3]や近頃の大部分の人々のように、その下に置いた人々もいる。アルペトラギウス[*4]は金星を太陽より上のものとし、水星を太陽より下のものとした。

　そこで、プラトンを踏襲する人々は「すべての星、要するに、暗い物体は太陽の光を受胎して輝いている」と考えるだろうから、[*5]もし仮に水星と金星が太陽の下にあるならば、それからあまり引き離されていないために、それらは半分あるいは少なくとも丸さを欠いていると認識されることになってしまうであろう。なぜなら、新月あるいは欠けきった月においてわれわれが見るごとく、それらは受け入れた光をほぼ上へ、すなわち太陽の方へ戻すからである。さらに彼らの言い分では、それらが立ちはだかるので、ある場合に太陽は妨げを受け、それらの大きさの分だけその光が欠けるはずである。[*6]〔しかし〕以上のことは決して現象しないので、それらが太陽の下に来ることは決してないと彼らは考えている。

しかし反対に、金星と水星を太陽の下に置く人々は、太陽と月の間に見出している空間の十分な大きさ（amplitudine）から、その理論を正当化している。[*7]というのは、彼らが発見したことだが、月の最大地心距離である64と6分の1単位――地球半径を1として――が、太陽の最小〔地心〕間隔に至るまでに約一八回含まれ、太陽と地球の間隔は１１６０単位あり、したがって太陽と月の間には１０９６単位ある。[*8]したがって、これほど巨大なもの〔＝太陽と月の間の空間〕が無駄になっているはずはないので、彼らはそれらの天球の厚みを計算する手段となる長軸両端点の間隔から、[*9]それらの数を次のようにうまく満たしていることを見出している。すなわち、最も高いときの月〔＝月の遠地点〕の次に水星の最下部〔＝近地点〕が続き、それの最も高いところの次に最も近いときの金星が続き、それがついにその最も高い端点〔＝遠地点〕に来ると太陽の最下部にほぼ到達する。たしかに、彼らは、水星の長軸両端点の間に前述部分の約１７７半を置き、次に残りの空間は９１０単位の金星間隔でうまく満たされているとしている。[*10] したがって、彼らは、[*11] 星々には月と似た何らかの不透明さがあるとは認めず、むしろ固有の光あるいは〔星の〕本体全体に浸透している太陽光によって輝いているとし、それゆえ太陽が妨げを受けることはなく、金星と水星は緯度上も大いにずれているので、太陽を眺める際にその間に入ってくることは結果的にもきわめて稀であるとしている。[*12] さらに、それらは太陽と比較すると小さな物体であり、太陽の〔視〕直径を〔金星のそれより〕一〇倍大きいと考えたマコメトゥス・アレケンシス[*13]が主張しているように、水星より大きな金星でさえ太陽の一〇〇分の一をほとんど蔽い隠しえないのであるから、きわめて眩しい光の下ではごく小さな斑点が見られるのは容易ではない。ただし、アヴエロエスは、太陽と水星の数値的に公表された結合〔＝天文表で計算された合〕を探しあてたときに、何か黒いものをこの目で見たと『プトレマイオス釈義』の中で言及しているけれども。[*14] こういうわけで彼らは「この二つの星は太陽円の下を動いている」と判断している。

しかし、この理論もまたいかに薄弱であり不確実であるかは、次のことから明白である。すなわち、〔1〕プトレマイオスによると、[*15] 最も近いときの月〔＝月の近地点〕に至るまでに、地球の中心から〔地〕表面までの三八〔倍〕あるが、もっと正確な見積りでは（以下で明らかになるように）五二より大[*16]であるにもかかわらず、これほど大きな空間には、ただ空気と——もしお気に召すなら——彼らが火の元素と呼んでいるもの[*17]としか含まれていないことをわれわれは知っている。さらに、〔2〕太陽の両側に45部分〔＝45度〕前後ずれる原因となる金星の〔周転〕円の直径は、然るべき箇所で論証されるように、地球の中心から金星の下側の極点までよりも六倍大きくなければならない[18]。したがって、もし仮に静止している地球の周りを金星が回転しているとすれば、地球・空気・エーテル・月そして水星を収容していることになる空間よりも遥かに大きく、またさらにあの並外れて大きな金星の周転円が占めていることになるその空間全体に、一体何が含まれていると彼らは言うのだろうか。

また「太陽からあらゆるところにずれてゆく〔＝任意の離角をもつ〕ものとずれてゆかないものの真中を太陽が運ばれねばならなかった」というプトレマイオスのこの立証[19]がいかに説得力に欠けているかは、〔金星・水星と同様に太陽の下にあるとされながら〕あらゆるところにそれ自体ずれてゆく月がその虚偽性を暴露していることから明白である。しかるに、もし遅速の理論〔＝軌道半径の大きいものほど周期が大きいとする前出の考え方〕がいまも〔諸惑星の〕順序〔の考察〕をあざむいてはいないとするならば、残りの諸惑星のように太陽から離れてゆく別個の巡回を金星と水星は同じようになしているわけではないのだから、太陽の下に〔まず〕金星を、次に水星を置いたり、あるいは他の順序で分離する人々は、どんな原因を言い立てるのであろうか。

したがって、〔1〕地球は星々と諸天球の順序が指示される起点となる中心ではないとするか、あるいは〔2〕少なくとも順序の理論根拠は存在せず、なぜ木星や他のどんな惑星よりも土星に最も高い場所が与えられねばならないかは明らかではないとするか、のいずれかでなければならないことだろう〔〔2〕の選択肢は不可知論に導くので明らかに不当である〕。このゆえに、百科全書を書いたマルティアヌス・カペッラ[20]や幾人かの他のラテン人が熟知していたことは少しも軽視すべきことではないと私は考える。というのは、彼らは「真中に存在する太陽の周りを金星と水星はめぐる」と考え、それらの天球の凸面が許容する以上に先へ太陽からずれてゆくことにならないのはそのためであると彼らは考えたからである。なぜならば、他の惑星のようにそれらは地球をめぐっているのではなく、〔太陽を〕旋回する長軸両端点をもっているからである。[*21] したがって、「それらの天球の中心は太陽の近くにある」ということ以外の何を彼らは意味しようとしているであろうか。かくして、〔水星天球より〕二倍強大きいとされている金星天球の内側に水星天球が本当に含まれているだろうし、またそれに十分な場所をその大きさの中に占めているであろう。

ここでこの機会を捉え、もし誰かがさらに土星と木星と火星をまさにあの中心に関連づけ、その人が「それらの天球の大きさは金星と水星と共に地球をも内側に含んで回っているほどに大きい」と考えさえすれば、その人は誤っていないであろう。[*22] 土星・木星・火星の運動についての天文表使用規則の理論がこのことを明らかにしている。[*23] というのは、それらは夕方の出の頃、すなわち、それらと太陽の間に地球が来て太陽と衝〔つまり180度反対の位置〕になるときは常に地球に最も近いが、それらが太陽付近で隠されるとき、すなわち、それらと地球の間に太陽をわれわれがもつかぎり、夕方の没では地球から最も遠くにあることが知られているからである。以上のことは、「それらの中心はむしろ太陽に関連しており、また金星と水星がその回転を関連づけている起点〔＝中心〕と同一の点である」ことを十分よく示している。

しかるに、これらすべての惑星は単一の真中〔＝中心〕で身を支えているので、必然的に金星の凸天球面と火星の凹天球面との間に一つの空間が残され、さらにまたその天球あるいは球は、地球の従者である月および月という球体の下に含まれ、あらゆるものと共に地球を受け入れているはずのそれぞれの面のところで、金星の凸天球面と火星の凹天球面とに同心的であると認められねばならない。というのは、議論の余地なく地球に最も近いところにある月をわれわれは地球から分離することは決してできず、ことに、それに十分ふさわしくまた十分すぎるほどの場所をその空間の中にわれわれは見出すからである。したがって、われわれは次のことを認めても恥ずかしいとは思わない。[*24] すなわち、〔1〕月〔の天球〕が包み込むすべてのものおよび地球の中心は、他の諸惑星の間をあの偉大な天球[*25]に沿って年周回転で太陽の周りを移動し、太陽の近くに宇宙の中心が存在すること。[*26] さらに〔2〕その太陽は不動のままであり、太陽の運動と見えるものが何であろうと、それはむしろ地球の可動性において真とされること。[*27]〔3〕太陽から地球までのあの距離は惑う星々のどんな他の天球に対しても、それらの大きさの比率としては十分明白になる大きさをもつが、惑わない星々の天球と比較すると現われなくなってしまうほどに、宇宙の大きさは巨大であること。以上のことは、ほとんど無限個の天球に精神を悩ます――これは宇宙の真中に地球を引き留めていた人々がせざるをえなかったことだが[*28]――よりもずっと容易に認められるはずだと私は思う。しかし、自然の賢慮にむしろ従うべきである。それは何か余計なものや無用なものを生み出してしまうのを最も警戒するかのように、多くの結果のためにむしろ一つのものをしばしば富ませている[illegible]ある。

以上すべてのことは困難であり、ほとんど考え難い、すなわち、多くの人々の見解に反しているのだが、それにもかかわらず、〔本書が〕進むにつれて、神の加護により、少なくとも数学的学問に無知でない人々に対して、われわれは白日そのものよりもいっそう明白にするであろう。したがって、最初の理論が健全であるとすると——というのは、「時間の多さが天球の大きさを測る」ことよりも適切なものを誰一人言い立てないであろうから[29]——、天体の順序は、最も高いものから始めて、次の仕方で続いている〔図2〕[30]。

あらゆるもののうち恒星天球が最初で最も高く、自らと万物を含み、またそれゆえに不動である。すなわち、残りすべての星々の運動と位置がそれに関連させられるようなあらゆるものの場所である。なぜなら、恒星天球もまた何らかの仕方で変化していると考える人々もいるが、われわれは地球の運動を導出する際に、それがなぜそのように現われることになるかの別な原因を指定するであろうから。最初の惑星たる土星がそれに続き、三〇年でその一巡を完了する。その後には、一二年の回転で動きうる木星。その次は火星で、二年でひとめぐりする。順序で第四番目の場所を年周回転が占め、月の天球円をいわば周転円としてもつ地球がそこに含まれていることをわれわれはすでに述べた。第五番目の場所では、金星が九ヵ月[31]で元に戻る。最後に、第六番目の場所を水星が保有し、八〇日間でめぐっている。

そしてあらゆるものの真中に太陽が座している。というのは、一体誰が、この最も美しい神殿の中で、全体を一度に照らすことができる場所とは別の、あるいはもっと良い場所に、この炬火を置けようか。たしかに、宇宙の灯火、宇宙の精神、宇宙の支配者と人さまざまに呼んでいる[32]のは不適切ではない。トリメギストスは見える神[33]、ソポクレスの『エレクトラ』は万物を見[illegible]の[34]〔と呼んだ〕。かくして、いわば玉座に坐すごとく、本当に太陽は周りをめぐる星々の一族を[illegible]りである。地球もまた月という侍従を決して奪い取られ

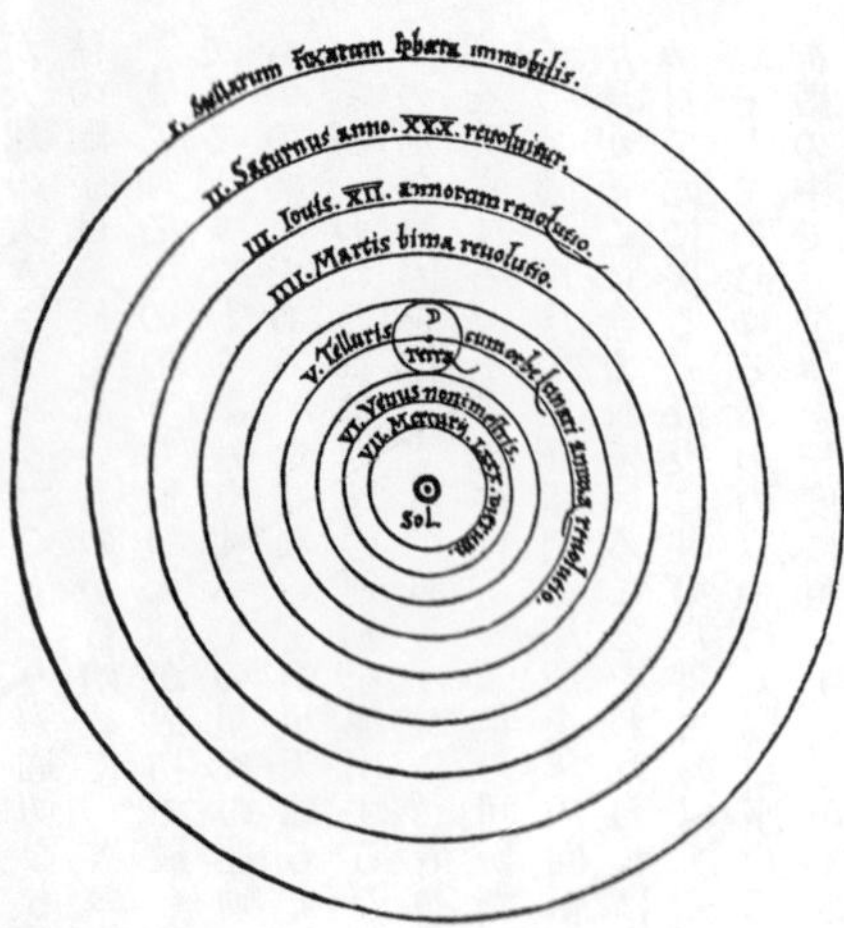

Ⅰ．不動の恒星天球。Ⅱ．土星は30年で１回転する。Ⅲ．木星の12年の回転。Ⅲ．火星の２年の回転。Ｖ．月の天球を伴った大地の年周回転〔・地球、☽月〕。Ⅵ．金星は９ヵ月で。Ⅶ．水星の80日間の〔回転〕。⊙太陽。

図２

ていない。むしろアリストテレスが『動物論』[*35]でいうごとく、月は地球と最も近い血縁関係をもっている、そうしながら、地球は太陽によって受胎し、年ごとの出産のために身籠るのである。

したがって、われわれは、この順序づけの下に、〔1〕宇宙の驚くべき均斉と、〔2〕諸天球の運動と大きさの〔間の〕調和の確固たる結合を見出す。こうしたものは他の仕方では〔決して〕見出されえないのである。というのは、怠惰に考察するのでない人は、ここで次のことに注意を向けることができるからである。[*36]すなわち、〔1〕なぜ木星においては、順行と逆行が土星におけるよりも大きく現われ、火星におけるよりも小さいのか。そのうえまた、金星においては、水星におけるよりも大きいのか。〔2〕なぜ土星において、そのような逆行が木星におけるよりも頻繁に現われ、火星と金星においては、水星におけるよりも稀なのか。さらに〔3〕なぜ土星・木星・火星は、それらが日の出と共に現われる合〔太陽と同一方向の位置〕となる頃よりも、日没と共に出てくるときの方が地球にいっそう近づいているのか。ことに、火星は一晩中現われる〔後者の〕場合、光度上は木星に等しいように見え、赤味がかった色で識別されるが、前者の場合には、かろうじて二等星の一員に見出され、火星を注意深い観測で追跡している人々には認識される。以上すべてのことは、大地の運動に存する同一の原因から出てくるのである。

しかし、以上の何一つとして諸々の恒星中には現われないことは、年周運動の天球あるいはその反映すらも眼から消失させてしまうほどのそれらの広大な高さを立証している。なぜならば、あらゆる可視的なものは、『オプティカ』において論証されているように[37]、そこを越えるともはや眺められなくなってしまうようなある距離の長さをもっているからである。というのは、最も高い惑星である土星から恒星天球まで依然として非常に多く〔の空間が〕介在していることを[38]、諸恒星の瞬く光が示しているからである。その手がかりによって、それらは最もよく惑星と識別される。動くものと動かないものの間には、きわめて大きな差異が存在すべきであったからである。至高至善〔なる宇宙制作者〕の神聖なこの建築物は当然ながら巨大である[39]。

第11章　地球の三重運動についての論証[*1]

それゆえ、これほどたくさんの重要な諸惑星の証拠が地球の可動性に一致しているのであるから、その運動自体をいわば仮説とすることによって諸現象が論証されるかぎりで、われわれはそれを今や概略的に解説することにしよう。全部で三重の運動を認めねばならない。第一は、ギリシャ人たちによってニュクテーメリノン〔νυχθημερινόν, 昼夜〕と呼ばれているとわれわれがすでに述べたものであり、[*2] 昼と夜の固有回転である。地軸の周りに西から東へ向かい、それに応じて宇宙は逆方向に運ばれるように思われる。等夜円〔aequinoctialem circulum, 昼夜平分円、赤道〕を描いており、ギリシャ人たちにはイセーメリノス〔ἰσημερινός, 〔夜と〕等しい昼〕と呼ばれるが、[*3] 彼らの意味づけを真似て、等昼円〔aequidialem〕と言う人々もいる。第二は、〔地球の〕中心の年周運動であり、それは同じように西から東へ、すなわち、順方向に、太陽の周りに黄道円を描いている。われわれがすでに述べたように、[*4] それに身を投ずるものども〔＝月と元素圏〕と一緒に金星と火星の間を進んでいる。それによって、太陽自身が類似の運動で獣帯を通過しているように見えることになる。たとえば、われわれが述べたように、[*5] 地球の中心が磨羯宮にあると太陽は巨蟹宮を、宝瓶宮（ほうへいきゅう）からは獅子宮を、以下同様に、通過すると見なされることになる。獣帯の真中を通る円とその面に対して、赤道と地軸は変化する傾きをもつと理解されねばならない。なぜならば、もし仮にそれらが固定されて、中心の運動にのみ従っているとするならば、昼夜の不等性は決して現われなくなってしまい、むしろいつも夏至、冬至、春分、秋分、あるいは夏、冬、何であれ季節の同じ性質のままであり続けることになってしまうであろう。したがって、第三に傾斜の運動がなければならず、[*6]それは同じく一年で回転するが、逆の方向、つまり〔地球の〕中心の運動とは反対の方向へ向かっている。かくして、二つの運動は互いにほぼ等しく、向きが反対である結果、地軸とそこにおける平行圏中で最大の昼夜平分円〔＝赤道〕とは宇宙のほぼ同じ方向を向くことになり、それゆえそれらはあたかも動かないままであるかのようになる。その間、太陽は黄道の傾きに沿って地球の中心と同じ運動で動くのが認められる。そして、太陽と地球の距離が恒星天球においてはわれわれの視覚からすでに消え失せてしまっていることを読者が銘記しているかぎり、地球の中心が宇宙の中心であるとした場合と何ら異ならないのである。[*7]

以上のことは、〔言葉で〕言うよりもむしろ眼に委ねる〔＝図解する〕方が望ましい類のものであるから、黄道面における地球中心の年周回転を表わす円ABCDをわれわれは描こう〔図3〕。そしてその中心付近のEを太陽としよう。直径AECとBEDを張って、その円を私は四等分しよう。点Aは巨蟹宮の、Bは天秤宮の、Cは磨羯宮の、Dは白羊宮の初端をもつとする。さて、地球の中心をまずAに仮定し、その上に地球の赤道FGHIを描こう。しかし、直径GAIが二つの円——赤道と黄道のことを私は言っているのだが——の共通切片〔＝交線〕であることを除けば、同一平面上にないとする。またＧＡＩと直径ＦＡＨを引き、Ｆを傾斜の最南端、Ｈを最北端とする。たしかに以上のように設定すると、中心Ｅにある太陽が磨羯宮のところで冬至の方向転換を行っているのを地球上の人々は見るであろう。北側の最大傾斜Ｈが太陽に向かい合って、それを引き起こしているのである。というのは、線ＡＥに対する赤道〔面〕の傾きは、日周回転によって、〔黄道〕傾斜角ＥＡＨが含む距離に対応する分だけそれに平行な冬の回帰線〔＝南回帰線〕をまわすことになるからである。さて地球の中心が順方向に進められると、最大傾斜点Ｆも同じだけ逆方向に進められ、ついにいずれもＢでは四分円だけ移動することになる。その間、二つの回転が等しいゆえに、角ＥＡＩは常に角ＡＥＢに等しく、また直径同士、つまりＦＡＨはＦＢＨに対し、ＧＡＩはＧＢＩに対し、また赤道は赤道に対し常に平行なままである。

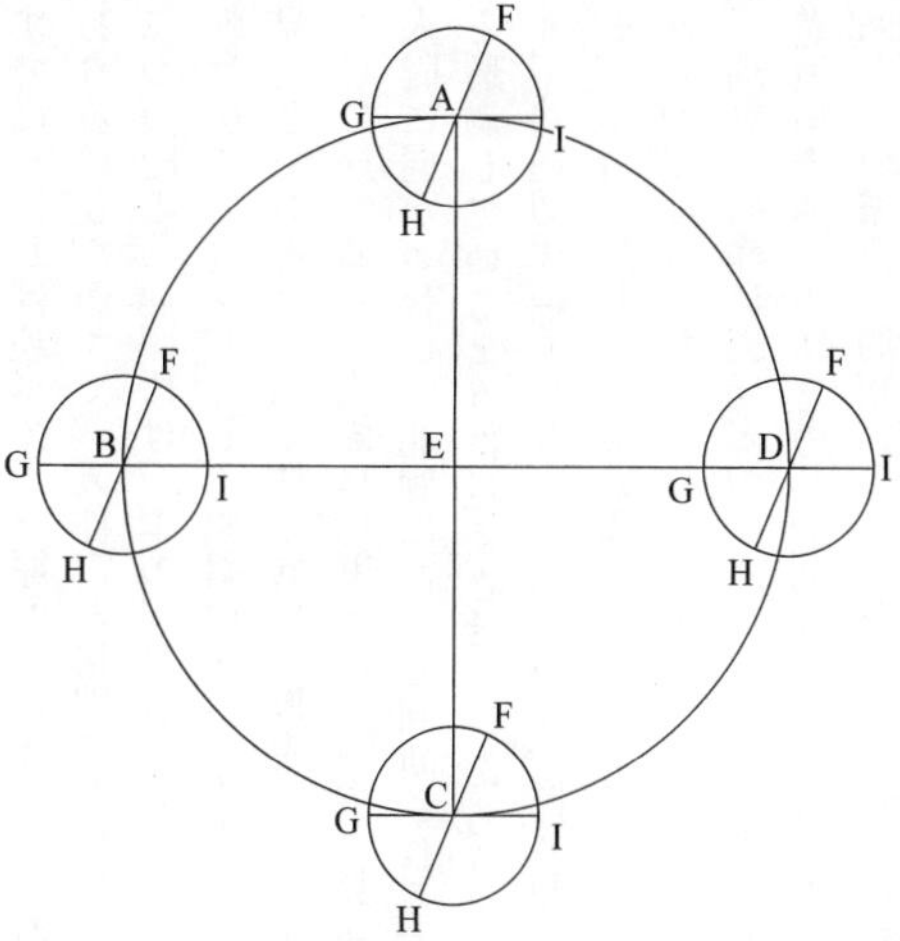

図3

すでにしばしば述べてきた原因のゆえに、それらは天の広大性にあっては同じものとして現われる。したがって、天秤宮の初端Bからは、Eは白羊宮のところに現われるであろうし、二つの円の共通切片は一本の線GBIEに一致し、その線に対してはどんな傾斜をも日周回転は引き入れず、むしろ傾斜はすべて横方向に生ずるであろう。したがって太陽は春分点に見えるであろう。諸条件を同じに仮定したまま、地球の中心が移動したとし、半円を移動してCに達すると、太陽は巨蟹宮に入るのが見られるだろう。しかし赤道円の南側の傾斜Fは太陽に向かい合い、北側にあると判断される太陽を、〔黄道〕傾斜角ECFの割合で回帰線を通過しているように見えさせるであろう。さらにF自身が第三・四分円へと逸れてゆくと、共通切片〔＝交線〕GIはもう一度EDに重なり、そこから天秤宮に太陽が眺められると、秋分に達したと見えるであろう。そして次に同じ過程を経てHは少しずつ太陽の方へ向き直ってゆき、われわれが初めにずらし始めたときと同じことをなすであろう。[8]

別証。同様に先ほどの面〔＝黄道面〕内に直径AECがあり、その面に対する直立円〔＝黄道極を通る円〕との共通切片〔＝交線〕とする〔図4〕。その上のAとCのところ、すなわち、巨蟹宮と磨羯宮のところに、順に、両極を通る地球の円DGFIを書き写し、地軸をDFとする。北極はD、南極はF、GIは赤道円の直径とする。[9] したがって、Eにある太陽の方へFが向き、赤道円のもつ北側の〔黄道〕傾斜が角IAEだけあるときには、地軸の周りの運動は赤道の南側の平行圏を描き、直径KL・距離LIの南回帰線を太陽において現わしている。あるいはもっと正確に言えば、軸の周りのかの運動は、視線AEに対しては、地

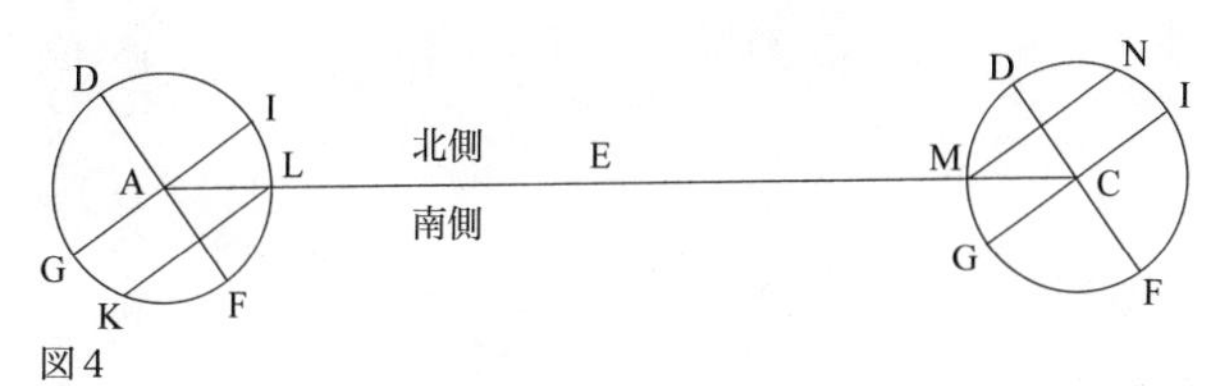

図4

球の中心に頂点をもち・赤道に平行な円を底面とする円錐面を向けており、また反対側の宮Cでもすべては同じように起こるが、向きは逆である。したがって明白なことは、互いに〔同時に〕生起する二つながらの運動——私は〔地球〕中心の年周運動と〔地軸〕傾斜の運動のことを言っているのだが——が、どのようにして地軸を同じ勾配に保ったままにさせ、また同じような位置にあるために、あたかもすべてが太陽の運動であるかのように現われるかということである。

ところが、中心の年周回転と傾斜の年周回転はほぼ等しい、とわれわれは〔前に〕述べた[*10]。というのは、もし仮にそれが正確にそうであるとすると、二分二至点、黄道の全傾斜は恒星天球のもとでは決して変化しないはずであることになろう。しかし、そのズレは〔存在するが〕わずかしかないので、時と共に大きくなっていってはじめて明らかになる。プトレマイオスからわれわれ〔の時代〕に至るまでに、約21部分だけ二分二至点は先に行っている〔＝歳差約21度〕。この理由から、ある人々は「恒星天球もまた動いている」と信じてしまい、このゆえに第九番目の上位天球が彼らの思召しにかなっている。だがそれでも十分ではなかったので、今や近頃の人々はさらに第一〇番目を加えているが、それでも目的を達していない[*11]。これこそわれわれが地球の運動によって達成するだろうと期待していることである。[*12] その他諸々の事柄の論証において、われわれは地球の運動をいわば原理や仮説として使用するであろう。[*13]

第12章　円内の直線〔＝弦〕の大きさについて[*1]

本書のほとんどすべてで使うことになる証明は、直線と円弧、平面三角形と凸面三角形に関わっているので、これらのことについては、たとえエウクレイデスの『原論』において多くのことがすでに明らかになっているとはいえ、ここで最も必要とされていることについて、つまり、角から辺が、また辺から角がどのように認識できるかについては扱われていない。角はそれに対する弦の尺度とはならないので――角を〔測るのは〕弦ではなく、円弧であるので――、このゆえに、任意の円弧に対する弦を導き出せる方法が発見され、その補助手段によって角に対応する円弧そのものと、また逆に円弧からその角に対する弦を認識できるようになる。このゆえに、弦についてわれわれがここで取り扱ったとしても場違いではないと思われる。平面三角形ならびに球面三角形の辺と角についてプトレマイオスがバラバラにしかもいくつかの例示を通して取り扱った事柄[*2]および以下でわれわれの取り扱おうとする事柄は、ここでひとまとめにしておくならば、もっと明らかになるだろう。

さて、われわれは数学者の共通合意にしたがって円を３６０単位[*3]〔＝３６０度〕に分けた。しかるに古人は直径を１２０単位に切っていた。しかし大抵の場合、長さにおいては非共測[*4]となり、平方においてもしばしばそうなるそれらの弦に関し、後代の人々は数の乗除において小数部[*5]が入ってくるのを避けようとして、インド数字の使用が受け入れられた時代以降、人によっては比をもつ直径を構成するためにそれを120万とも、2万とも、その他のものともした。たしかにその数字は、ギリシャ〔数字〕であれラテン〔数字〕であれ他のどんな数字をも格別な迅速さという点で凌駕しており、あらゆる種類の計算に最も効果的に適合している。その理由からわれわれもまた直径として20万単位を、明らかな誤差を排除しうるのに十分なものとして認めることにした。数が数に対するようには関係しないものでも、以下では、近似値に達することで十分である。プトレマイオスにほぼ従いながら、われわれはこのことを六つの定理とひとつの問題で説明することにしよう。

定理Ⅰ

円の直径が与えられると、同一の円が外接している〔正〕三角形、〔正〕四角形、〔正〕六角形、〔正〕五角形、〔正〕十角形の辺は与えられること。[*6]

半径つまり直径の半分は六角形の辺に等しく、また三角形の辺と四角形の辺は、『原論』においてエウクレイデスにより証明されているように、[*7]六角形の辺から生ずるものよりも平方において〔それぞれ〕三倍と二倍であるから、それゆえ、長さにおいて六角形の辺は10万単位、四角形の〔辺〕は14万1422単位、三角形の〔辺〕は17万3205単位と与えられ

る。

　さて六角形の辺をABとし、エウクレイデスのII－11とVI－30により[*8]、それが点Cで外中比に分割され、大きいほうの切片をCBとし、それに等しくBDが横に置かれたとする〔図5〕。したがって全体のABDも外中比に分割されるであろう。そして横に置かれた小さいほうの切片〔BD〕は、ABを六角形の辺とした場合の円に内接する十角形の辺であることは、エウクレイデスのXIII－5と9から明らかになる。BDそのものは以下のようにして与えられるであろう。ABがEで二等分されたとする。エウクレイデスの同巻－3により、EBD〔の平方〕はEBの平方の五倍であることは明らかである。しかるにEBは長さにおいて5万単位と与えられており、そこから平方において五倍が与えられ、EBDそのものは長さにおいて11万1803単位となり、そこからEBの5万が引かれるならば、BDが残って6万1803単位あり、つまり十角形の求める辺である。五角形の辺の〔平方〕は六角形の辺〔の平方〕と十角形の〔辺の平方〕を合わせたものなので、その辺は11万7557単位と与えられる。

　したがって円の直径が与えられると、その円に内接する〔正〕三角形、〔正〕四角形、〔正〕六角形、〔正〕五角形、〔正〕十角形の辺は与えられる。これが証明されるべきことであった。

A　C　E　B　D

図5

系

ここから明らかになるのは、ある円弧に対する弦が与えられた場合、半円のうちの残り〔の円弧〕に対する弦も与えられることである。[*9] というのは、半円内の角は直角である。また直角三角形において、直角に対する〔辺〕、つまり直径の平方は、直角を囲む二つの辺から作られる二つの平方に等しい。それゆえ円弧の36度に対する十角形の辺は、直径を20万としたときの6万1８０３単位であると証明されたので、半円の残りの１４４度に対する弦は19万２１１単位と与えられる。そして72度の円弧に対し直径の11万７５５７単位を張る五角形の辺から、半円の残り１０８度に対する直線は16万１８０３単位と与えられる。

定理II

四辺形が円に内接したならば、対角線によって囲まれる長方形は、対辺によって囲まれる長方形〔の和〕に等しい。[*10]

というのは、円に内接する四辺形をＡＢＣＤとする〔図６〕。私は言う、対角線のＡＣと

ＤＢによって囲まれる長方形[*11]は、ＡＢとＣＤによる長方形およびＡＤとＢＣによる長方形〔の和〕に等しい。というのは、われわれは角ＡＢＥを角ＣＢＤに等しくしよう。すると全体の角ＡＢＤは、両者に共通なＥＢＤが加えられると、全体の角ＥＢＣに等しくなるであろう。角ＡＣＢと角ＢＤＡも円の同一切片上にあって互いに等しい。それゆえ二つの三角形ＢＣＥとＢＤＡは相似であり、比例する辺をもち、ＢＣ対ＢＤはＥＣ対ＡＤになる。そしてＥＣとＢＤによる長方形はＢＣとＡＤによる長方形に等しい。しかるに三角形のＡＢＥとＣＢＤも相似である。なぜなら、角ＡＢＥと角ＣＢＤは等しく作られており、円の同一円弧に対する角ＢＡＣと角ＢＤＣは等しいからである。さらにＡＢ対ＢＤはＡＥ対ＣＤとなり、ＡＢとＣＤによる長方形はＡＥとＢＤによる長方形に等しい。しかるに、ＡＤとＢＣによる長方形がＢＤとＥＣによるものと同量であることはすでに明らかにされた。したがって結合すると、ＢＤとＡＣによる長方形は、ＡＤとＢＣによる長方形およびＡＢとＣＤによる長方形〔の和〕に等しい。これが明らかにすべきことだった。

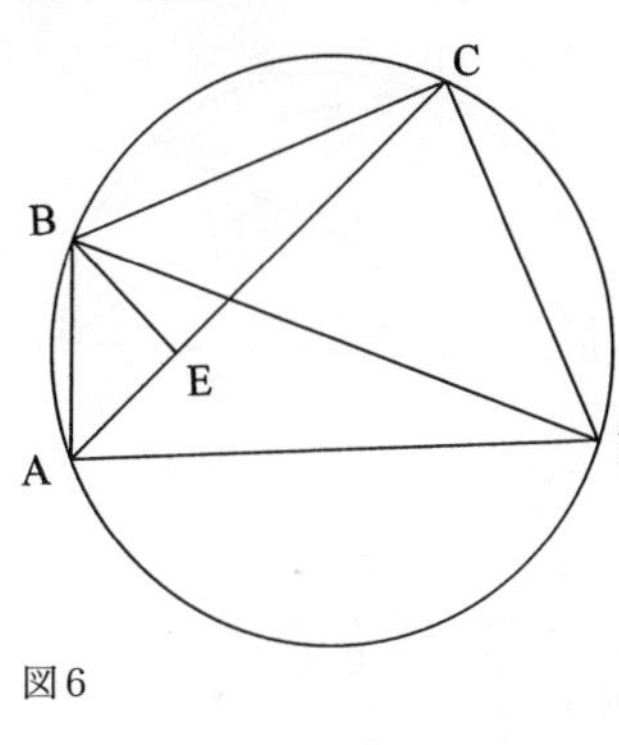

図６

それゆえ以上のことから、もし不等な円弧に対する弦が半円内に与えられたならば、大きいほうが小さいほうを凌駕するその弦もまた与えられる。[*12]

定理III

たとえば直径ADの半円ABCD内に不等な円弧に対する弦がABとACだとする〔図7〕。弦BCを求めようとするわれわれには、前述のことから、半円の残りの弦BDとCDが与えられ、それらによって四辺形ABCDが半円内に生じている。その対角線ACとBDは、三辺AB、AD、CDとともに与えられており、そこではすでに証明されたように、ACとBDによる長方形はABとCDによる長方形とADとBCによる長方形〔の和〕に等しい。したがって、もしABとCDによる長方形がACとBDによる長方形から取り去られるならば、ADとBCによる長方形が残るであろう。そこでADで割れば、求める弦BCがどれほどであるかを数えることが可能である。

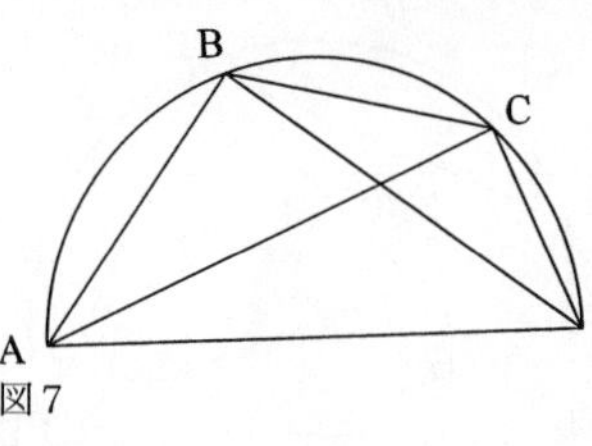

図7

そこで、上述のことから、たとえば五角形と六角形の辺が与えられているので、この計算によってそれらが凌駕しあう12度に対する弦が与えられ、それはかの直径の2万905単位である。

定理IIII

任意の円弧に対する弦が与えられたとき、その半分に対する弦もまた与えられる。*13

円ＡＢＣを描き、その直径をＡＣ、その弦とともに与えられた円弧をＢＣとする〔図8〕。そして中心Ｅから線ＥＦがＢＣを直角に切るとし、それゆえそれは、エウクレイデスのIII－3により、ＢＣをＦで、そして延長されると、円弧をＤで二等分することになる。さらにＡＢとＢＤに弦が対しているとしよう。さて三角形ＡＢＣと三角形ＥＦＣは直角〔三角形〕であり、そのうえ角ＥＣＦを共有しているから、相似である。それゆえＣＦがＢＦＣに対して半分であるように、そのようにＥＦもＡＢの半分である。しかるに半円の残りの円弧に対する弦ＡＢは与えられているから、ＥＦも与えられ、直径の半分の残りＤＦも〔与えられる〕。それが〔円内に〕満たされ、それをＤＥＧとし、ＢＧが結ばれたとする。そこで三角形ＢＤ

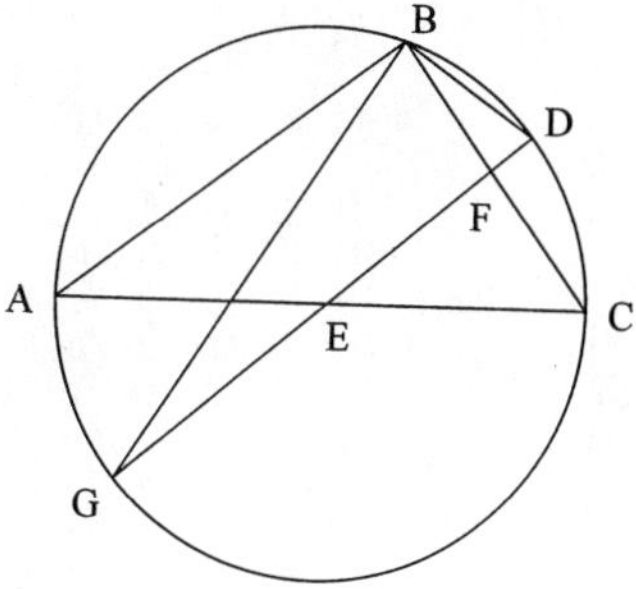

図8

Gにおいて、直角のBから底辺に垂線BFが落ちている。したがって、GDとDFによる長方形はBDからなる長方形〔＝正方形〕に等しい。それゆえBDが長さにおいて与えられ、それは円弧BDCの半分に対している。

12度に対する弦はすでに与えられているから、6度に対する弦もまた1万467単位と与えられ、3度に対するものは5235単位、2分の3度に対するものは2618、4分の3度には1309〔と与えられる〕。

定理Ⅴ

さらに二つの円弧の弦が与えられたとき、それらから合成される全体の円弧に対する弦もまた与えられる。[*14]

円内に与えられた弦ABと弦BCがあるとする〔図9〕。私は言う、全体ABCに対する弦も与えられる。直径AFDと直径BFEが引かれ、さらに直線BDとCEが弦であるとしよう。それらは、ABとBCが与えられているゆえに、前述のことから与えられていることになり、そしてDEはABに等しい。CDが結ばれると四角形BCDEが〔円内に〕閉じ込められたことになる。その対角線BDと対角線CEは、三辺BC、DE、BEとともに、与えられており、また定理Ⅱにより、残りのCDも与えられるだろう。こうして半円の残りの弦として弦ＣＡが全体の円弧ＡＢＣの弦として与えられるが、これが求められていたことである。

ところで今までに、３〔度〕と１〔度〕半と単位の４分の３〔度〕に対する直線〔＝弦〕が見出されているので、それらの間隔を使えば、きわめて正確な計算によって数表を編むことができるだろう。しかしながら度数ごとに、あるいは半度ごとに、あるいは他の方法で上っていったとしても、それらの弦についてその部分〔の大きさ〕に対して疑念を抱く人がいても不当ではないだろう。というのも証明の遂行される図解的な方法がわれわれには欠けているからである。しかし他の方法によって、感覚的に認められる誤差以下で、しかも採用された数値とは食い違うことのない誤差以下で、それを遂行するのを禁じるものは何もない。プトレマイオスも、われわれにまず最初に警告してから、このことを１度の弦と半〔度〕の弦について探求したのであった。[*15]

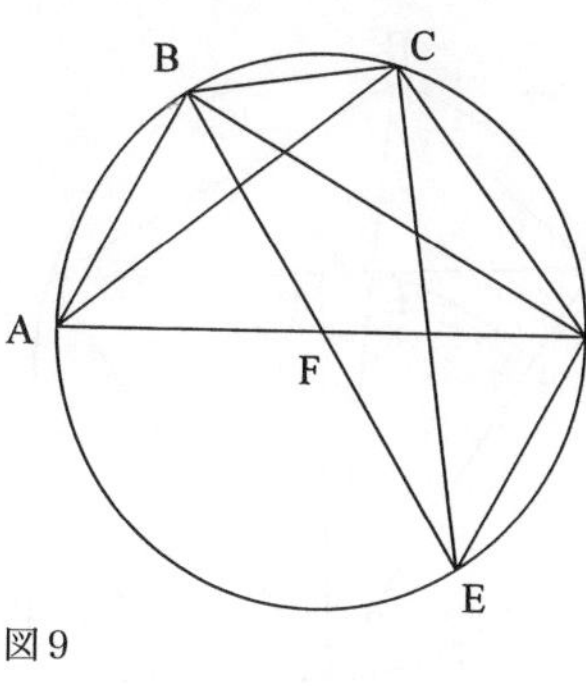

図９

定理VI

円弧の比は、それに対する弦のうちの大きいほうが小さいほうに対する〔比〕よりも大きいこと。[*16]

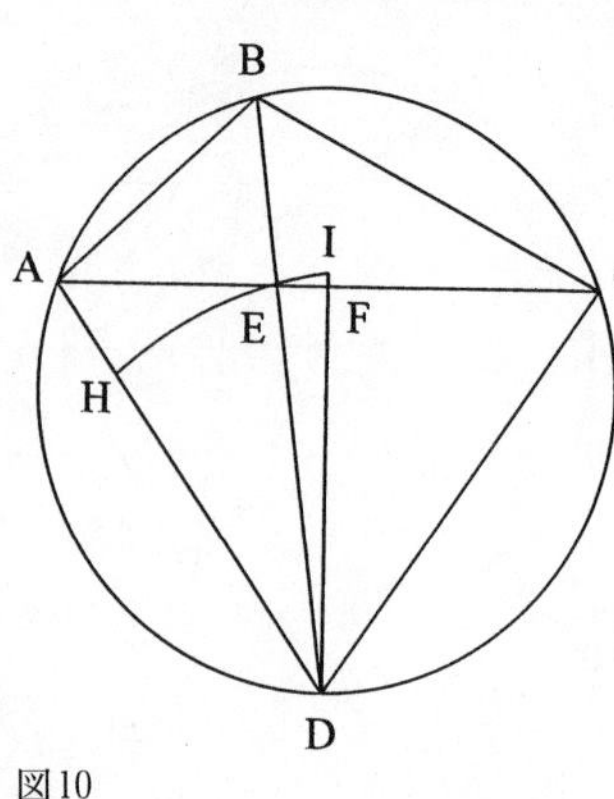

図10

結び合わされた二つの不等な円弧ＡＢとＢＣが円内にあるとし、ＢＣを大きいほうとする〔図10〕。私は言う、〔円弧の〕ＢＣ対ＡＢの比は弦のＢＣ対ＡＢの〔比〕よりも大きい。それらの弦は角Ｂを囲んでおり、その角が線ＢＤによって二等分されたとする。ＡＣが結ばれ、それは点ＥでＢＤを切るとする。ＡＤもＣＤも同様にし、相対する円弧の等しいゆえに、それらは等しい。したがって、角を半分に切る三角形ＡＢＣの線は、ＡＣもＥで切り、底辺の切片ＥＣ対ＡＥはＢＣ対ＡＢとなる。そしてＢＣはＡＢよりも大きいので、ＥＣもＥＡより大きい。ＡＣに垂線ＤＦが立てられると、それは点ＦでＡＣを二等分するだろう。この点がより大きな切片のＥＣのうちに見出されるのは必然である。

そして三角形ではすべて大きな角は大きな辺に対しているので、三角形ＤＥＦにおいて、辺ＤＥはＤＦよりも大きく、またＡＤはＤＥよりももっと大きい。それゆえ、Ｄを中心、ＤＥを間隔として円弧が描かれるなら、それはＡＤを切り、ＤＦを通り過ぎるだろう。したがって、ＡＤをＨで切るとし、また真っ直ぐにＤＦＩが延長されたとする。したがって、扇形ＥＤＩは三角形ＥＤＦより大きく、[*17]三角形ＤＥＡは扇形ＤＥＨより大きい。〔したがって、三角形ＥＤＦは扇形ＥＤＩに対して、三角形ＤＥＡが扇形ＤＥＨに対するよりも小さな比をもつであろう〕。したがって〔比の交換により〕、三角形ＤＥＦは三角形ＤＥＡに対して、扇形ＤＥＩが扇形ＤＥＨに対するよりも小さな比をもつであろう。しかしながら扇形は円弧あるいは中心角に、しかるに頂点を同じくする三角形はその底辺に比例する。それゆえ角ＥＤＦ・対・角ＡＤＥの比は、辺ＥＦ・対・辺ＡＥの比よりも大きい。したがって結合すると、角ＦＤＡはＡＤＥに対して、ＡＦがＡＥに対するよりも大きい。さらに同じようにして、ＣＤＡ・対・ＡＤＥはＡＣ・対・ＡＥよりも〔大きい〕。さらに分割して、ＣＤＥ・対・ＥＤＡもＣＥ・対・ＥＡよりも〔大きい〕。さてその角ＣＤＥ・対・角ＥＤＡは円弧ＣＢ・対・円弧ＡＢのように、底辺のＣＥ・対・ＡＥは弦ＣＢ・対・弦ＡＢのようになっている。

　したがって円弧ＣＢ・対・円弧ＡＢの比は、弦ＣＢ・対・弦ＡＢの〔比〕よりも大きい。これが証明すべきことであった。

問題*18

　しかしながら、直線は両端点を同じくするもののうちでは最も短いので、円弧はそれに対する弦という直線〔に比べると〕常に大きい。しかしその不等性は、円の扇形が大きいほうから小さいほうへいくにつれ相等性へ向かっていき、ついにその極みとして接触するようになると、直線と曲線は一緒になってしまうであろう。したがって、その前には互いにはっき

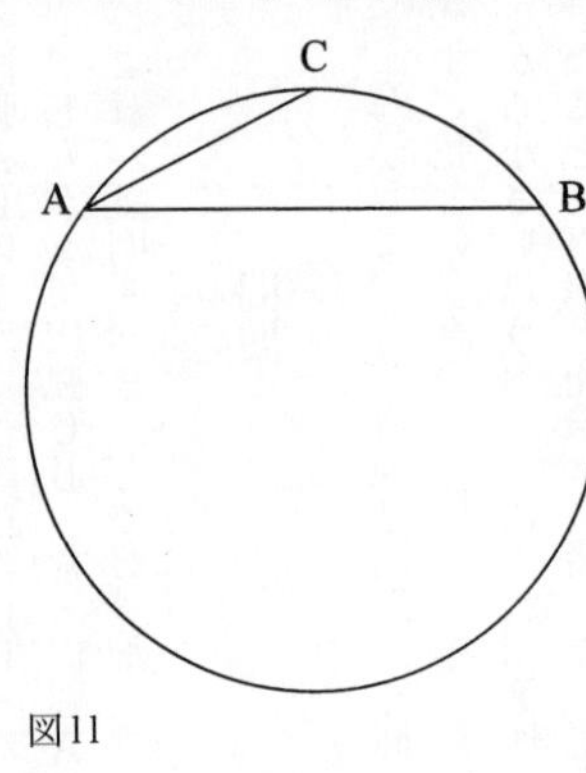

図11

りと識別できない程度に異なっているのでなければならない。そういうわけでたとえばABを3度の円弧、ACを1度半の〔円弧〕とすると〔図11〕、直径を20万と仮定した場合に、弦ABは5235単位、ACはその2618単位であると証明されている。[*19] そして円弧ABは〔円弧〕ACに対して二倍であるが、弦ABは、2617をほんのわずかに一単位を超過するだけの弦ACの二倍よりも小さい。しかしもしわれわれがABを1度半、ACを1度の四分の三ととるならば、弦ABとして2618単位、〔弦〕ACとして1309単位をもつことになるだろう。後者はたとえ弦ABの半分より大きくなければならないにしても、その半分とは何ら異なるようには思われず、むしろ円弧の比も直線〔つまり弦〕の〔比〕もすでに同じになっているように思われる。それゆえわれわれは、直線と曲線の両者から一本の線が作られてしまうほどに、その差が感覚的にまったく消失する地点にまで達してしまったように思うので、われわれは1度および残りの諸部分に対する弦を、1度の四分の三は1309〔単位〕という比に等しくなるように適用することに疑いをもつことはないことになり、その結果、われわれは四分の三に四分の一を加えて1度を17445単位と、半度を872半単位と、三分の一〔度〕を約582

単位と定めることにしよう。しかしながら、数表には二倍の円弧に対する線〔＝弦〕の半分だけを割り振っておけば十分であると私は考える。[20] こうした便法を使えば、半円にまで広がってしまうのが常であったものを四分円内に収めることができるからであり、しかも格別なことに、証明と計算ではこうした半分〔の値〕が線全体よりも頻繁に使われるからである。さてわれわれは、六分の一度ごとに増え三つの列をもつ数表を与えた。最初の〔列〕には、円弧の度数ないし部分およびその六分の一がくる。第二〔列〕は、二倍の円弧に対する弦の半分がもつ数を含んでいる。第三のものは、それぞれの度数間の数値の差を掲げており、それに対しては度数の個々の小数部に相応しいものを比例配分で加えればよい。それで、以下の表ということになる。[21]

円弧		2倍の円弧の半弦	差
度	分		
	40	537	8
	50	805	8
23	0	39073	8
	10	341	7
	20	608	7
	30	875	7
	40	40141	6
	50	408	6
24	0	674	266
	10	40939	265
	20	41204	5
	30	469	5
	40	734	4
	50	998	4
25	0	42262	4
	10	525	3
	20	788	3
	30	43051	3
	40	313	2
	50	575	2
26	0	837	2
	10	44098	1
	20	359	1
	30	620	0
	40	880	0
	50	45140	260
27	0	399	259
	10	658	9
	20	916	8
	30	46175	8
	40	433	8
	50	690	7
28	0	947	7
	10	47204	6
	20	460	6
	30	716	5
	40	971	5
	50	48226	5
29	0	481	4
	10	735	4
	20	989	3
	30	49242	3
	40	495	2
	50	748	2
30	0	50000	252

円弧		2倍の円弧の半弦	差
度	分		
	10	50252	251
	20	503	1
	30	754	0
	40	51004	0
	50	254	250
31	0	504	249
	10	753	9
	20	52002	8
	30	250	8
	40	498	7
	50	745	7
32	0	992	6
	10	53238	6
	20	484	6
	30	730	5
	40	975	5
	50	54220	4
33	0	464	4
	10	708	3
	20	951	3
	30	55194	2
	40	436	2
	50	678	1
34	0	919	1
	10	56160	0
	20	400	240
	30	641	239
	40	880	9
	50	57119	8
35	0	358	8
	10	596	8
	20	833	7
	30	58070	7
	40	307	7
	50	543	6
36	0	779	6
	10	59014	235
	20	248	4
	30	482	4
	40	716	3
	50	949	3
37	0	60181	2
	10	414	2
	20	645	1
	30	876	1

円弧		2倍の円弧の半弦	差
度	分		
	40	61107	0
	50	337	230
38	0	566	229
	10	795	9
	20	62024	9
	30	251	8
	40	479	8
	50	706	7
39	0	932	7
	10	63158	6
	20	383	6
	30	608	5
	40	832	5
	50	64056	4
40	0	279	3
	10	501	2
	20	723	2
	30	945	1
	40	65166	0
	50	386	220
41	0	606	219
	10	825	9
	20	66044	8
	30	262	8
	40	480	7
	50	697	7
42	0	913	6
	10	67129	215
	20	344	5
	30	559	4
	40	773	4
	50	987	3
43	0	68200	2
	10	412	2
	20	624	1
	30	835	1
	40	69046	0
	50	256	210
44	0	466	209
	10	675	9
	20	883	8
	30	70091	7
	40	298	7
	50	505	6
45	0	711	5

円内に張られる直線〔＝弦〕の数表

円弧 度	円弧 分	2倍の円弧の半弦	差
0	10	291	291
0	20	582	
0	30	873	
0	40	1163	
0	50	1454	
1	0	1745	
1	10	2036	
1	20	2327	
1	30	2617	
1	40	2908	
1	50	3199	
2	0	3490	
2	10	3781	
2	20	4071	
2	30	4362	
2	40	4653	291
2	50	4943	290
3	0	5234	
3	10	5524	290
3	20	5814	
3	30	6105	
3	40	6395	
3	50	6685	
4	0	6975	
4	10	7265	
4	20	7555	
4	30	7845	
4	40	8135	
4	50	8425	
5	0	8715	
5	10	9005	
5	20	9295	
5	30	9585	
5	40	9874	290
5	50	10164	289
6	0	10453	289
6	10	10742	289
	20	11031	
	30	11320	
	40	11609	
	50	11898	
7	0	12187	
	10	12476	
	20	12764	
	30	13053	288

円弧 度	円弧 分	2倍の円弧の半弦	差
	40	13341	
	50	13629	
8	0	13917	
	10	14205	
	20	14493	
	30	14781	
	40	15069	
	50	15356	287
9	0	15643	
	10	15931	
	20	16218	
	30	16505	
	40	16792	
	50	17078	
10	0	17365	
	10	17651	286
	20	17937	
	30	18223	
	40	18509	
	50	18795	
11	0	19081	
	10	19366	285
	20	19652	
	30	19937	
	40	20222	
	50	20507	
12	0	20791	
	10	21076	284
	20	21360	
	30	21644	
	40	21928	
	50	22212	
13	0	22495	283
	10	22778	
	20	23062	
	30	23344	
	40	23627	
	50	23910	282
14	0	24192	
	10	24474	
	20	24756	
	30	25038	281
	40	25319	
	50	25601	
15	0	25882	

円弧 度	円弧 分	2倍の円弧の半弦	差
	10	26163	
	20	26443	280
	30	26724	
	40	27004	
	50	27284	
16	0	27564	279
	10	27843	
	20	28122	
	30	28401	
	40	28680	
	50	28959	278
17	0	29237	
	10	29515	
	20	29793	
	30	30071	277
	40	30348	
	50	30625	
18	0	30902	
	10	31178	276
	20	454	6
	30	730	6
	40	32006	6
	50	282	5
19	0	557	5
	10	832	5
	20	33106	5
	30	381	4
	40	655	4
	50	929	4
20	0	34202	4
	10	475	3
	20	748	3
	30	35021	3
	40	293	2
	50	565	2
21	0	837	2
	10	36108	1
	20	379	1
	30	650	1
	40	920	0
	50	37190	0
22	0	460	270
	10	730	269
	20	999	9
	30	38268	9

円弧		2倍の円弧の半弦	差
度	分		
	10	462	3
	20	565	2
	30	667	2
	40	769	1
	50	870	100
70	0	969	99
	10	94068	8
	20	167	8
	30	264	7
	40	361	6
	50	457	5
71	0	552	4
	10	646	3
	20	739	3
	30	832	2
	40	924	1
	50	95015	0
72	0	105	90
	10	95195	89
	20	284	8
	30	372	7
	40	459	6
	50	545	5
73	0	630	5
	10	715	4
	20	799	3
	30	882	2
	40	964	1
	50	96045	1
74	0	126	80
	10	206	79
	20	285	8
	30	363	7
	40	440	7
	50	517	6
75	0	592	5
	10	667	4
	20	742	3
	30	815	2
	40	887	2
	50	959	1
76	0	97030	70

円弧		2倍の円弧の半弦	差
度	分		
	10	099	69
	20	169	8
	30	237	8
	40	304	7
	50	371	6
77	0	437	5
	10	502	4
	20	566	3
	30	630	3
	40	692	2
	50	754	1
78	0	815	60
	10	97875	59
	20	934	8
	30	992	8
	40	98050	7
	50	107	6
79	0	163	5
	10	218	4
	20	272	4
	30	325	3
	40	378	2
	50	430	1
80	0	481	50
	10	531	49
	20	580	9
	30	629	8
	40	676	7
	50	723	6
81	0	769	5
	10	814	4
	20	858	3
	30	902	2
	40	944	2
	50	986	1
82	0	99027	40
	10	067	39
	20	106	8
	30	144	8
	40	182	7
	50	219	6
83	0	255	5

円弧		2倍の円弧の半弦	差
度	分		
	10	290	4
	20	324	3
	30	357	3
	40	389	2
	50	421	1
84	0	452	30
	10	99482	29
	20	511	8
	30	539	7
	40	567	7
	50	594	6
85	0	620	5
	10	644	4
	20	668	3
	30	692	2
	40	714	2
	50	736	21
86	0	756	20
	10	776	19
	20	795	18
	30	813	8
	40	830	7
	50	847	6
87	0	863	5
	10	878	4
	20	892	3
	30	905	2
	40	917	2
	50	928	11
88	0	939	10
	10	949	9
	20	958	8
	30	966	7
	40	973	6
	50	979	6
89	0	985	5
	10	989	4
	20	993	3
	30	996	2
	40	998	1
	50	99999	0
90	0	100000	0

円弧		2倍の円弧の半弦	差
度	分		
	10	916	5
	20	71121	4
	30	325	4
	40	529	3
	50	732	2
46	0	934	2
	10	72136	1
	20	337	0
	30	537	200
	40	737	199
	50	937	9
47	0	73135	8
	10	333	7
	20	531	7
	30	728	6
	40	924	5
	50	74119	5
48	0	314	4
	10	508	4
	20	702	4
	30	896	4
	40	75088	2
	50	280	1
49	0	471	0
	10	661	190
	20	851	189
	30	76040	9
	40	229	8
	50	417	7
50	0	604	7
	10	791	6
	20	977	6
	30	77162	5
	40	347	4
	50	531	4
51	0	715	3
	10	897	2
	20	78079	2
	30	261	1
	40	442	0
	50	622	180
52	0	801	179
	10	980	8
	20	79158	8
	30	335	7
	40	512	6
	50	688	6
53	0	864	5

円弧		2倍の円弧の半弦	差
度	分		
	10	80038	4
	20	212	4
	30	386	3
	40	558	2
	50	730	2
54	0	902	1
	10	81072	170
	20	242	169
	30	414	9
	40	580	8
	50	748	7
55	0	915	7
	10	82082	6
	20	248	5
	30	413	4
	40	577	4
	50	741	3
56	0	904	2
	10	83066	2
	20	228	1
	30	389	160
	40	549	159
	50	708	9
57	0	867	8
	10	84025	7
	20	182	7
	30	339	6
	40	495	5
	50	650	5
58	0	805	4
	10	959	3
	20	85112	2
	30	264	2
	40	415	1
	50	566	0
59	0	717	150
	10	866	149
	20	86015	8
	30	163	7
	40	310	7
	50	457	6
60	0	602	5
	10	747	4
	20	892	4
	30	87036	3
	40	178	2
	50	320	2
61	0	462	1

円弧		2倍の円弧の半弦	差
度	分		
	10	603	140
	20	743	139
	30	882	9
	40	88020	8
	50	158	7
62	0	295	7
	10	431	6
	20	566	5
	30	701	4
	40	835	4
	50	968	3
63	0	89101	2
	10	232	1
	20	363	1
	30	493	130
	40	622	129
	50	751	8
64	0	879	8
	10	90006	7
	20	133	6
	30	258	6
	40	383	5
	50	507	4
65	0	631	3
	10	753	2
	20	875	1
	30	996	1
	40	91116	120
	50	235	119
66	0	354	8
	10	472	118
	20	590	7
	30	706	6
	40	822	5
	50	936	4
67	0	92050	3
	10	164	3
	20	276	2
	30	388	1
	40	499	110
	50	609	109
68	0	718	9
	10	827	8
	20	935	7
	30	93042	6
	40	148	5
	50	253	5
69	0	358	4

第13章　平面の直線三角形の辺と角について[1]

I

角の与えられた三角形の辺は与えられる。

私は言う、三角形ABCがあるとし、エウクレイデスのIV-問題5[2]によってそれに円が外接されたとする〔図12〕。したがって、360単位が二直角に等しくなるという仕方で〔つまり、三角形の内角の和二直角が円弧の360度に対応するとして〕、円弧AB、BC、CAは与えられるであろう。さて円弧が与えられると、円に内接する三角形の辺も、前掲の数表により直径を20万と仮定した場合の単位で、弦として与えられる。

II

さらにもし三角形の二辺がある一角とともに与えられたならば、残りの一辺も残りの二角ともに知られるであろう。

というのも、与えられた辺は等しいか、等しくないかのいずれかである。しかるに与えられた角は直角か、鋭角か、あるいは鈍角かである。しかもさらに与えられた辺は与えられた角を囲むか、囲まないかのいずれかである。

それゆえまず第一に、三角形ＡＢＣにおいて二辺ＡＢとＡＣが等しいものとして与えられ、それらは与えられた角Ａを囲んでいるとする〔図13〕。したがって、底辺ＢＣの二角は等しいから、二直角からＡの減じられた残りの半分としてそれらも与えられる。たとえもし

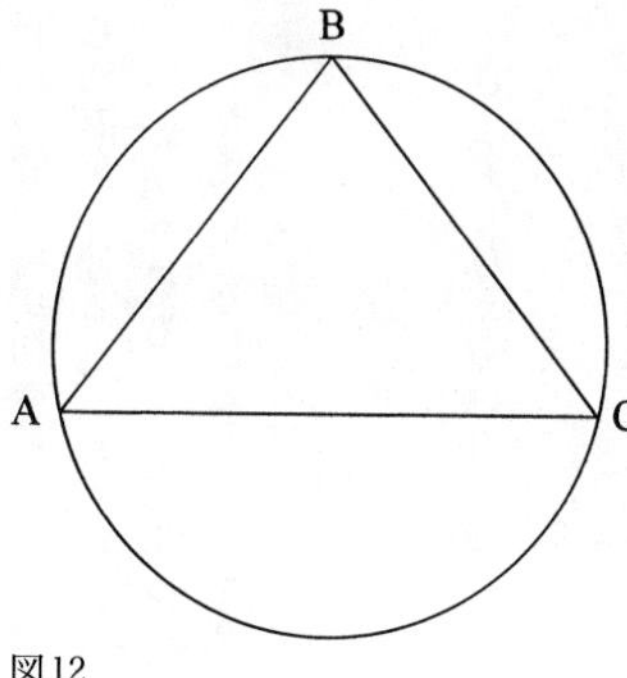

図12

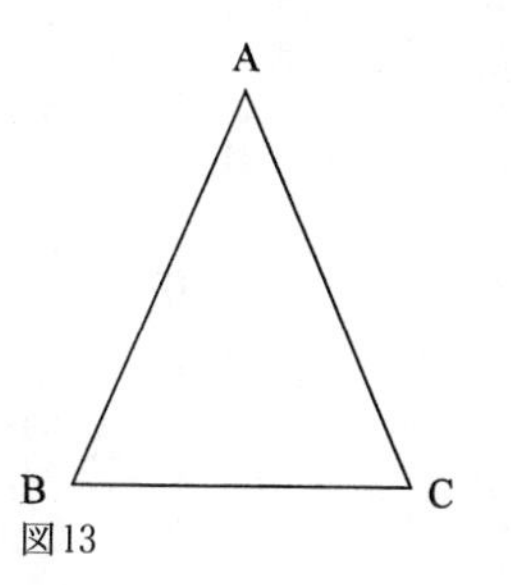

図13

底辺の側の角が初めに与えられたとしても、その相方〔の角〕もすぐに与えられ、これらから二直角の残りも〔与えられる〕。しかるに角の与えられた三角形の辺は与えられる〔から〕、底辺BCも、いわば半径としてABあるいはACを10万単位あるいは直径を20万単位とした場合を単位として、数表より与えられる。

III

さてもし与えられた二辺に囲まれる角BACが直角であったならば、同じことが起こるであろう。

というのは、ABとACとから生ずる正方形〔の和〕は、底辺BCから〔生ずる正方形〕に等しいので、それゆえBCは長さにおいて与えられ〔図14〕、三辺そのものは互いに比において与えられる。しかるに直角三角形を受け入れる円の切片は半円であり、その底辺BCは直径である。したがってBCは単位で20万であったから、ABとACは残りの角Bと角Cに対する弦として与えられるであろう。それゆえ数表計算により、360が二直角に等しいとする単位でそれら〔弦の数値〕を明らかにするだろう。もし直角を囲む一方の〔辺〕とともにBCが与えられたとしても、同じことが起こるだろう。このことはすでに十分明白に成り立っていると私は考える。

IIII

与えられた辺ＡＢと辺ＢＣに囲まれる鋭角ＡＢＣがすでに与えられたとして点Ａから垂線がＢＣへ、もし必要なら三角形の内側あるいは外側に落ちるかに応じて延長して、降りているとし、それをＡＤとする。それによって二つの直角〔三角形〕ＡＢＤとＡＤＣが認められる。そしてＡＢＤにおいては二角、つまり直角Ｄと仮定によるＢが与えられているから、それゆえＡＤとＢＤは角Ａと角Ｂに対する弦として、ＡＢを円の直径20万であるとした場合の単位で、数表により与えられる。そしてＡＢが長さにおいて与えられたのと同じ比率で、ＡＤとＢＤも同様に与えられる。また、ＢＣとＢＤが互いに超過しあう〔差の〕ＣＤも与えられる。したがって直角三角形ＡＤＣにおいて辺ＡＤと辺ＣＤが与えられているので、求められる辺ＡＣと角ＡＣＤは先の証明によって与えられる。

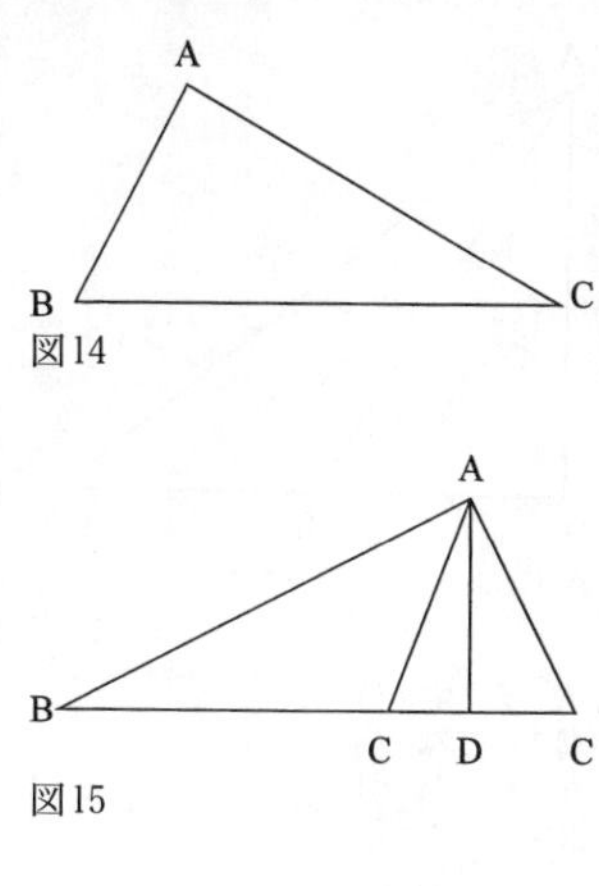

図14

図15

V

もし角Bが鈍角であっても、別様になることはないであろう。というのは、点AからBCの延長された直線上へ垂線ADが引かれると〔図16〕、二角の与えられた三角形ABDを生み出すからである。〔角〕ABCに対する外角ABDは与えられ、またDは直角であるから、それゆえBDとADは、ABが20万であった場合の単位で与えられる。そしてBAとBCは互いに与えられた比をもつので、それゆえBCも同じ部分の単位で与えられ[*3]、そこからBDと全体CBDは〔与えられる〕。それゆえ直角三角形ADCにおいても、二辺ADとCDが与えられているので、求めるACも与えられ、また角BACは残りの角ACBとともに〔与えられ〕、これが求められていたことである。

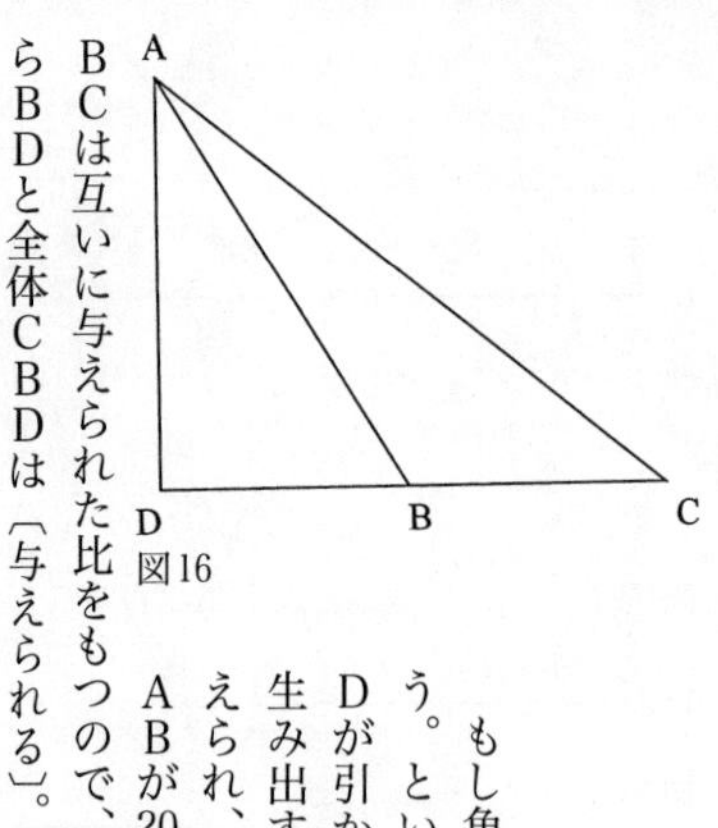

図16

VI[*4]

与えられた辺の一方が与えられた角Bに対しているとし、それがACであり、ABとともに〔与えられている〕。それゆえACは、三角形ABCの外接円の直径を20万単位であるとした場合の単位で、数表により与えられる。ACのABに対する与えられた比に従って、ABは同じ単位で与えられる。そしてまた数表により、角ACBは残りの角BACとともに〔与えられ〕、そこからまた弦CBも与えられる。以上のような計算により、大きさがどのような仕方で与えられても、それらは与えられる。

VII

三角形のすべての辺が与えられると、〔すべての〕角は与えられる。

等辺〔三角形〕については、その個々の角が二直角の三分の一になっていると指摘されれば、ただちに知られる。

二等辺〔三角形〕の場合も明白である。なぜなら等辺・対・第三辺は、直径の半分・対・ある円弧に対する弦になっているが、その円弧から等辺で囲まれる角は、中心の周りの360〔単位〕が四直角に等しいとした場合の〔単位で〕数表によって与えられる。次に、底辺にある残りの角はまた、二直角から減じられたその半分として与えられる。

今や不等辺三角形においてもこのことを証明することが残っている。[*5]〔前と〕同じようにして、われわれは三角形を直角〔三角形〕に分割しよう。そこで与えられた辺をもつ不等辺三角形をABCとし、その最長辺——たとえばBCとする——へ垂線ADが落ちているとする〔図17〕。さてエウクレイデスのII－13がわれわれに思い起こさせるのだが、鋭角に対する辺ABは平方において残り二つの辺よりもBCとCDから生ずる長方形の二倍だけ小さい。Cが鋭角でなければならないことは、もしそうでなければ、仮定に反してABが最長辺になってしまうことから導かれる。このことはエウクレイデスのI－17とそれに続く二命題に注意すれば了解されよう。それゆえBDとDCが与えられ、すでに何度も繰り返されたように、与えられた辺と角をもつ直角〔三角形〕ABDとADCが生ずるが、またそれらは求められる三角形ABCの角を構成している。

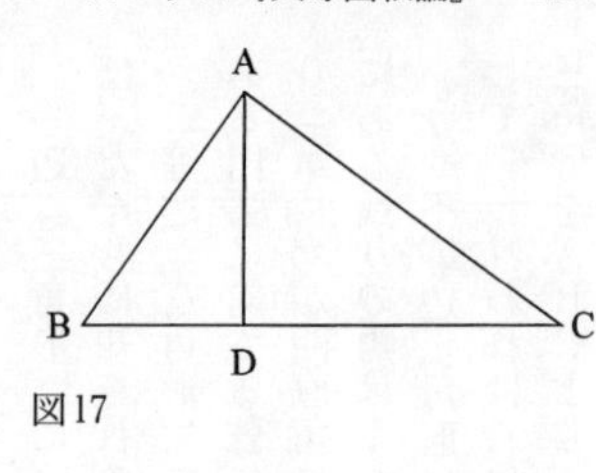

図17

別証[*6]

同様にエウクレイデスのIII－最後から二番目〔の命題〕がおそらくもっと適切にわれわれに証明してくれるだろう。もし短い辺をBCとし、Cを中心としてその間隔BCでわれわれが円を描いたならば〔図18〕、より大きな両方を、あるいはその一方を切るであろう。いまその両方を、ABは点Eで、そしてACはDで切るとし、さらに線ADCが点Fへ延ばされ、直径DCFが完成されたとする。

こうして以上のように準備をすると、エウクレイデスのかの教えから次のことが明白である。というのは、長方形FAD[*7]は長方形BAEに等しい。なぜなら、そのいずれもAから円に接する線の平方に等しいからである。しかるに全体AFは与えられている。なぜなら、そのすべての切片つまりCFとCDは中心から円弧にいたるBCに等しく、またADはCAがCDを超過するものだからである。このゆえに長方形BAEも与えられ、AEも長さにおいて、円弧BEに対する残りの弦BEとともに〔与えられる〕。ECを結ぶと、諸辺の与えられた二等辺三角形BCEをわれわれはもつことになるだろう。それゆえここの三角形ABCにおいても角EBCが与えられ、残りの角CとAも前述のことから知られるようになる。

ところで円がABを切ることなく、たとえばもう一つの図形におけるように〔図19〕、凸

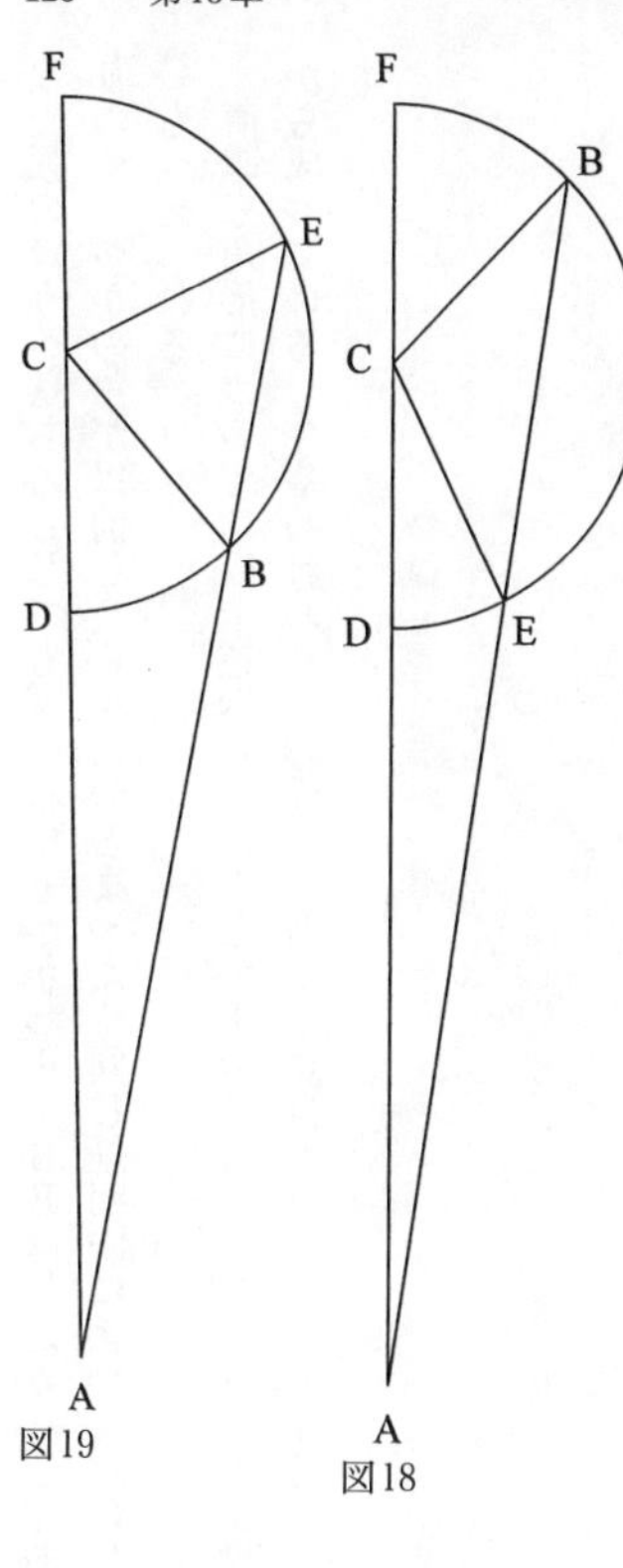

図19　図18

な円弧のほうへ落ちるとしても、それにもかかわらずBEは与えられるであろう。そして残りのいくつかの角が以前与えられたのとまったく同じ証明法によって、角CBEも外角ABCも与えられる。

直線三角形については以上述べられたことで十分であるとしよう。測量学の大部分は以上から成っている。今やわれわれは球面〔三角形〕に向かうことにしよう。

第14章　球面三角形について[*1]

われわれはここでは、凸三角形とは大円の三つの円弧によって球面上で囲まれるもの、さらに角の差および大きさとは、交点をいわば極として描かれる大円の円弧のもとにあるもの、つまり角を囲む二つの四分円が切り取るその円弧のことだと理解することにしよう。なぜなら、そのように切り取られた円弧は全円周に対し、交角が四直角に対するようになっており、われわれは四直角が３６０の等しい部分を構成すると述べたのだった。

I

もし球面上にある大円の三つの円弧があり、そのうちの任意の二つが一緒に結ばれると第三〔円弧〕より長かったならば、これらから球面三角形が構成できることは明らかである。

なぜなら、円弧についてここで提示されていることを、エウクレイデスのXI－22は角について証明している。そして角と円弧の比は同じであり、大円は球の中心を通るものなので、円弧が属する円の三つの扇形が球の中心で立体角を構成することは明らかである。それゆえ提示されたことは明らかである。

II

三角形の任意の円弧は半円より小さくなければならない。

というのは、半円は中心の周りに角を作ることがなく、真っ直ぐな線になってしまうからである。しかし円弧が属する残り二つの角が中心で立体〔角〕を、それゆえ球面三角形を囲むことはできない。そして私が思うに、この種の三角形の説明において、とりわけ球切片の形に関して、仮定された円弧が半円よりも大きくなることはないと、プトレマイオス[*2]が明言している理由は、これが原因であった。

III

直角をもつ球面三角形において、直角に向かい合う辺の二倍に対する弦・対・直角を囲む一方の二倍に対する弦は、球の直径・対・球の大円において残りの辺と最初の辺によって囲まれる角の二倍に対する弦になる。

なぜなら球面三角形ＡＢＣがあり、その角Ｃは直角であるとする〔図20〕。私は言う、ＡＢの二倍に対する弦・対・ＢＣの二倍に対する弦は、球の直径・対・大円において角ＢＡＣの二倍に対する弦になる。

Ａを極として大円の円弧ＤＥが描かれ、四分円ＡＢＤと四分円ＡＣＥが完成されたとする。そして球の中心Ｆから円ＡＢＤと円ＡＣＥの共通切片ＦＡと、円ＡＣＥと円ＤＥの共通切片ＦＥ、さらに円ＡＢＤと円ＤＥの〔共通切片〕ＦＤ、そのうえさらに円ＡＣと円ＢＣの〔共通切片〕ＦＣが引かれたとする。次にＦＡと直角にＢＧが、ＦＣと〔直角に〕ＢＩが、ＦＣにはＢＩが、ＦＥにはＤＫが引かれたとし、そしてＧＩが結ばれたとする。したがって、もし両極を通る円を円が切るならば、それを直角に切るから、ＡＥＤによって囲まれる角は直角になるであろうし、また仮定によりＡＣＢも〔直角であり〕、ＥＤＦとＢＣＦのいずれの平面も〔平面〕ＡＥＦに直角である。それゆえもし点Ｋから底面上の共通切片ＦＫＥに直角に直線が立てられたとするならば、互いに直角な平面の定義によって、それはまたＫＤと直角を囲むだろう。それゆえＫＤもまた、エウクレイデスのXI－4により、〔平面〕ＡＥＦと直角になる。そして同じ理由からＢＩが同じ平面

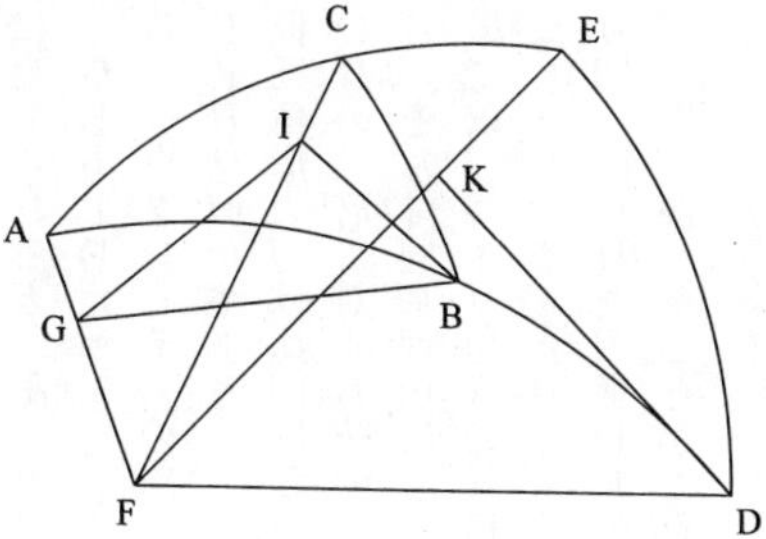

図20

に立てられると、それゆえ同巻－6により、DKとBIは互いに〔平行で〕ある。しかしまたGBもFDに対して〔平行である〕。というのも、角FGBと角GFDは直角だからである。エウクレイデスのXI－10により、角FDKは角GBIに等しくなるだろう。しかるに角FKDは直角であり、GIBも立てられた直線の定義から〔直角である〕。したがって、相似三角形の辺は比例項となり、DF・対・BGはDK・対・BIである。しかしBIは円弧CBの二倍に対する弦の半分である。中心Fからの半径に対して直角となっているからである。そして同じ理由により、BGも円弧[*3]BAの二倍に対する弦の半分、DKは〔円弧〕DEの二倍、つまり角Aの二倍、に対する弦の半分、そしてDFは球の直径の半分である。したがって、ABの二倍に対する弦・対・BCの二倍に対する弦が、直径・対・角Aつまり切り取られた円弧DEの二倍に対する弦となっていることは明らかである。証明しなければならなかったことがこれであった。

IIII

直角をもつ任意の三角形において、さらにもうひとつの角が任意の一辺とともに与えられたなら、残りの角も残りの二辺とともに与えられるだろう。

というのは、直角Aをもつ三角形ABCが、さらにもうひとつの〔角〕、たとえばBとともにあるとする〔図21〕。さて与えられた辺について、われわれは三様に区別をたてる。つまりそれが、ABのように与えられた二角に隣接するか、あるいはACのように直角のみに〔隣接する〕か、あるいはBCのように直角に相対するかである。

そこでまず辺ABが与えられたとし、Cを極として大円の円弧DEが描かれたとする。そして四分円CADと四分円CBEが完成され、ABとDEが点Fで互いに交わるようになるまで延長されたとする。それゆえ逆にCADの極はFにあることになる。なぜなら、AとDにおける角は直角だからである。そしてもし球において大円が互いに直角をなして交わりあったならば、それらは両極を通って互いに二つに切りあう。それゆえABFもDEFも四分円であり、またABは与えられているから、四分円の残りBFも与えられ、そして対頂角EBFは与えられた角ABCに等しい。しかるに前の証明から、BFの二倍の弦・対・EFの二倍の弦は、球の直径・対・角EBFの二倍の弦になっている。しかしこれらのうちの三つ、つまり球の直径、BFの二倍の〔弦〕、角EBFの二倍の〔弦〕、あるいはそれらの半分は与えられている。それゆえエウクレイデスのVI－16により、数表により円弧のEFの二倍に対する弦の半分も与えられ、そして四分円の残りDEつまり求められる角Cものものも〔与えられる〕。次にまた同様にDEの二倍の弦・対・ABの二倍の弦は、EBCの二倍の弦・対・CBの二倍の弦である。し

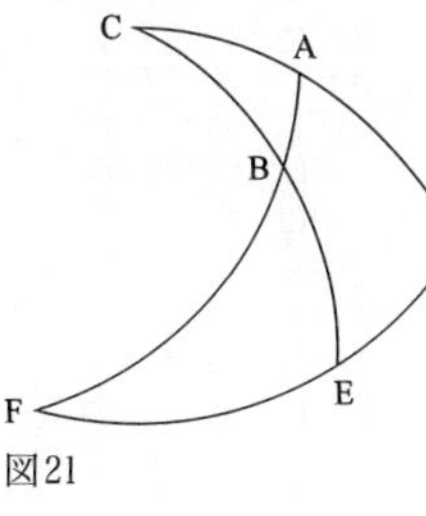

図21

かるに三つ、つまりDEとABと四分円のEBCはすでに与えられている。それゆえ、CBの二倍の第四弦は与えられ、そして求める辺CBそのものが〔与えられる〕。そしてCBの二倍の弦・対・CAの二倍の弦は、BFの二倍の弦・対・EFの二倍の弦であることと、またそのいずれの比も球の直径・対・角CBAの二倍に対する弦であり、ひとつのものと同じになる比は互いに同じであることから、したがってBF、EF、CBの三つはすでに与えられたので、第四〔弦〕のCAが与えられ、そして三角形ABCの第三辺CAが〔与えられる〕。

辺ACが与えられているもののうちにすでに仮定されているとし、辺ABと辺BCを残りの角Cとともに見出すことが提起されているとしよう。さらに比の交換により、CAの二倍の弦はCBの二倍の弦に対し、角ABCの二倍に対する弦が直径に対するのと同じ比をもつであろう。ここから辺CBが与えられ、また四分円の残りのADとBEが〔与えられる〕。このようにしてさらにわれわれは、ADの二倍の弦・対・BEの二倍の弦が、ABFの二倍の弦――つまり直径だが――・対・BFの二倍の弦になることを得るであろう。それゆえ円弧BFとその残りの辺ABが与えられる。前と同様な推論によって、BCの二倍の弦、ABの二倍の弦、CBE[*4]の二倍の弦から、DEの二倍の弦が、つまり残りの角Cが与えられる。

次にもしBCが仮定されていたとしても、さらに前と同様に、ACと残りのADと残りのBEが与えられることになり、そのことから、それらを張る直線により、また直径によって、しばしば述べられたように、円弧BFと残りの辺ABが与えられる。そして次に前の定理によって、与えられたBCとABとCBEとから、円弧EDすなわちわれわれの求めていた残りの角Cが出てくる。

以上のようにしてさらに三角形ABCにおいて、三辺のうちの一辺とともに二つの角AとBが与えられ、そのうちのAが直角であるとすると、残りの二辺とともに第三の角も与えられる。これが証明すべきことであった。

V

そのうちのひとつが直角となる角を与えられた三角形の各辺は与えられる。

今回も前の図形のままとし〔図21〕、この場合、与えられた角Cのゆえに、円弧DEおよび四分円の残りEFが与えられる。そしてBEはDEFの極から降りてきているのでBEFは直角であり、また角EBFは与えられたものの対頂角であるから、したがって三角形BEFが直角Eと与えられた角Bを辺EFとともにもつので、角と辺の与えられた前述の定理により、BFと四分円の残りABが与えられる。そして同様に三角形ABCにおいて、前述のことから残りの辺ACとBCが与えられることが証明される。

もし同じ球上で二つの三角形が直角と、ある一つがもう一つに等しい〔角〕を、また一辺が一辺に等しい〔辺〕――それが等しい二角の間にあろうと、あるいは等しい角のうちの一方に相対するものであろうと――をもったならば、残り二辺にそれぞれ等しい残り二辺を、残りの角に等しい残りの角をもつであろう。

VI

半球をＡＢＣとし〔図22〕、その中に二つの三角形ＡＢＤとＣＥＦが受け取られ、そのうちの角Ａと角Ｃが直角であり、さらに角ＡＤＢは〔角〕ＣＥＦに等しく、一辺は一辺に〔等しく〕、そしてまずそれは等しい角の間にあるとして、ＡＤがＣＥに〔等しい〕とする。私は言う、辺ＡＢも辺ＣＦに、ＢＤはＥＦに、そして残りの角ＡＢＤは残りの角ＣＦＥに等しい。

というのはＢとＦに極がとられ、大円の四分円ＧＨＩと四分円ＩＫＬが描かれ、ＡＤＩとＣＥＩが完成されたとする。それらは点Ｉにある半球の極で互いに交わらなければならない。なぜなら、ＡとＣにおける角は直角であり、しかもＧＨＩとＣＥＩは円ＡＢＣの両極を通って描かれているからである。するとＡＤとＣＥは等しい辺だと仮定されているので、したがって残りのＤＩとＩＥは等しい円弧となるであろう。そして角ＩＤＨと角ＩＥＫは、等しいと仮定されたものの対頂角であり、ＨとＫにおける角は直角である。そして一つのものと同じ比になるものは互いに同じである〔から〕、ＩＤの二倍の弦・対・ＨＩの二倍の弦の比は、ＥＩの二倍の弦・対・ＩＫの二倍の弦と等しくなるだろう。というのも、先の第Ⅲ〔定理〕により、そのいずれも球の直径・対・角ＩＤＨあるいは角ＩＥＫの二倍の弦になるからである。そしてエウクレイデスの『原論』Ⅴ-14より、ＤＩの二倍の円弧に対する弦はＩＥの二倍に対する弦に等しいので、ＩＫの二倍に対する弦とＨＩの二倍に対する弦も等しくなるだろう。そして等しい円において等しい直線〔＝弦〕は等しい円弧をとり、また同じ仕方で何倍かされた部分は比が同一なので、単一の円弧のＩＨとＩＫそのものも等しくなるだろう。そして四分円の残りのＧＨとＫＬが〔等しくなり〕、それらによって等しい角Ｂと角Ｆが構成されている。それゆえまた、ＡＤの二倍の弦・対・ＢＤの二倍の弦の比も、ＣＥの二倍の弦・対・ＢＤの二倍の弦の〔比〕と同じであり、後者はＥＣの二倍の弦・対・ＥＦの二倍の弦の〔比〕である。というのはいずれも、第Ⅲ定理により比を逆転すると、ＨＧつまりＫＬに等しいものの二倍の弦・対・ＢＤＨつまり直径の二倍の弦の〔比〕となっており、またＡＤはＣＥに等しい

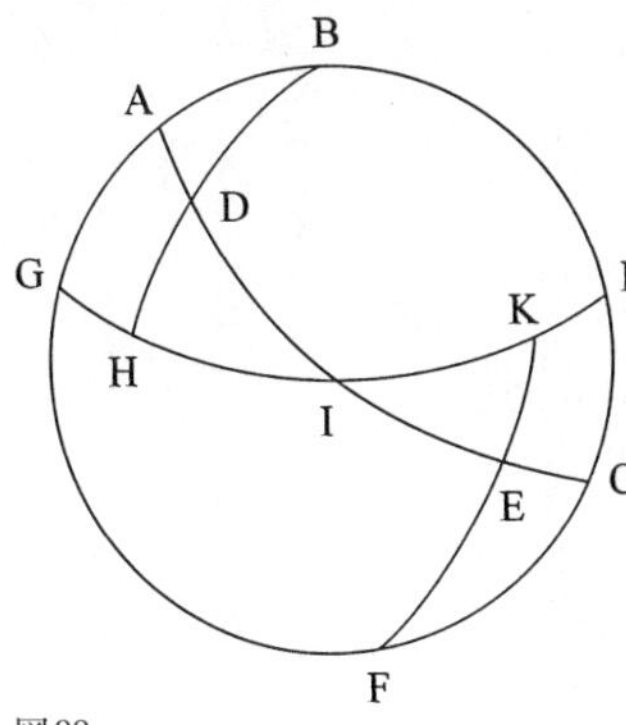

図22

からである。それゆえエウクレイデスの『原論』V-14により、その二倍に対する直線〔＝弦〕によって、〔円弧の〕BDはEFに等しい。

同じようにBDとEFが等しいことから、われわれは残りの辺と角が等しいことを証明するだろう。そして次にABとCFが等しい辺だと仮定されても、まったく同じ推論を続けることになるだろう。

VII

さてもし角が直角でないとしても、等しい角のそれぞれ間にある辺が等しいかぎり、同じように証明されるだろう。

もし二つの三角形ABDとCEFの二つの角BとDが二つの角EとFにそれぞれ等しく〔図23〕、また等しい角の間にある辺BDが辺EFに等しくなっているとするならば、私は言う、それらの三角形はさらに等辺かつ等角である。

というのは新たにBとFに二極がとられ、大円の円弧GHとKLが描かれたとする。そしてADとGHが延長されてNで互いに交わり、またECとLKも同様に延長されてMで〔互いに交わるとする〕。したがって二つの三角形HDNとEKMは、等しくとられた角の対頂角であるHDNとKEMを等しい角としてもち、そしてHとKにおける二つの角は二極を通る分割のゆえに直角であり、また辺ＤＨと辺ＥＫは等しいから、先の証明により、それらの三角形は等角かつ等辺である。

そしてさらにＢとＦは等しい角であると仮定されたゆえに、ＧＨとＫＬは等しい円弧であり、それゆえ、等しいものの加法についての公理により、[*5] 全体のＧＨＮは全体のＭＫＬに等しい。したがってここにおいても、一辺ＧＮが一辺ＭＬに等しく、角ＡＮＧも〔角〕ＣＭＬに等しく、ＧもＬも直角であるような二つの三角形ＡＧＮとＭＣＬがある。このゆえに三角形そのものも辺と角が等しいものになるだろう。したがって等しいものから等しいものが引かれると、ＣＥに等しいＡＤ、ＣＦに等しいＡＢ、残りの角ＥＣＦに等しい角ＢＡＤが残されることになろう。これが証明すべきことだった。[*6]

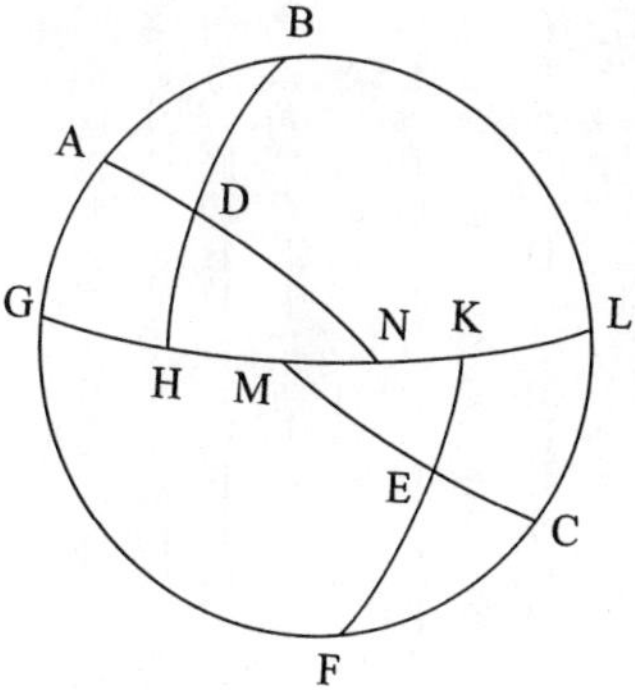

図23

VIII[*7]

さてさらに、二辺のそれぞれが二辺のそれぞれに等しく、一角が一角に等しく——たとえその一角を等しい二辺が囲もうと、あるいはそれが底辺のところにあろうと——なるような二つの三角形がもしあれば、底辺に等しい底辺を、また残りの二角に等しい二角をそれらはもつであろう。

前図におけるように〔図23〕、辺CFに等しい辺AB、およびCEに〔等しい〕ADがあるとする。そしてまず最初に、等しい二辺で囲まれた角Aが角Cに〔等しいとする〕。私は言う、底辺BDも底辺EFに、そして角Bは〔角〕Fに、そして残りの〔角〕BDAは残りの〔角〕CEFに等しい。

というのは、われわれは二つの三角形AGNとCLMをもつであろうが、それらの角Gと角Lは直角であり、等しい角BADと角ECFの残りとなる〔角〕GANと〔角〕MCLは等しい。したがって、それらの三角形は互いに等角かつ等辺である。それゆえ等しいADとCEから、DNとMEも等しいものとして残される。しかるに角DNHが角EMKに等しいことはすでに明らかであった。そしてHの角とKの角は直角である。〔それゆえ〕二つの三角形DHNとEMKも互いに角と辺が等しく、そしてそこからEFに等しいBD、およびKLに〔等しい〕GHが残されるだろう。そこから角Bと角Fは等しく、また残りのADBとFECは等しくなる。

さてもし辺ADと辺ECに代わって、等しい角に向かい合う底辺BDと底辺EFが等しいと仮定され、その他は同じままであるとすると、同じように証明されるであろう。というのは、角GANと角MCLは等しい外角であり、GとLは直角で、AGはCLに〔等しい〕ことにより、前と同様にして互いに等角等辺の二つの三角形AGNとMCLをわれわれはもつことになる。それらの小部分である〔二つの三角形〕DNHとMEKも、HとKが直角であること、〔角の〕ＤＮＨとＫＭＥが等しいこと、また四分円の残りである辺ＤＨと辺ＥＫが等しいことから、同様である。そしてそこからわれわれがすでに述べたのと同じことが帰結する。

IX

球面上の二等辺三角形の両底角は互いに等しい。

三角形ＡＢＣがあり、その二つの辺ＡＢとＡＣが等しいとする〔図24〕。底辺を直角に切る、つまり両極を通る大円が頂点Ａから降りているとし、それをＡＤとしよう。したがって、二つの三角形ＡＢＤとＡＤＣの辺ＢＡは辺ＡＣに等しく、ＡＤはそれぞれに共通であり、またＤにおける両角は直角であるので、前の証明により、角ＡＢＣと角ＡＣＢが等しいことは明らかである。これが証明すべきことであった。

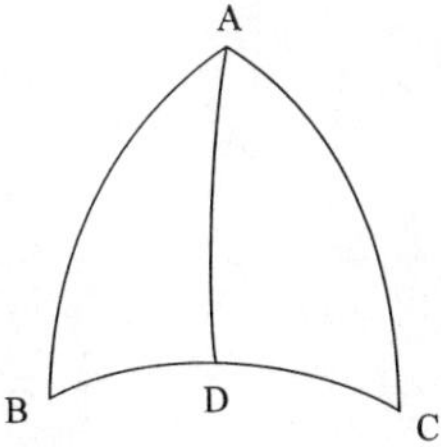

A
B
D
C

図24

系

ここから帰結するのだが、二等辺三角形の頂点を通って円弧が底辺を直角に切るならば、それは底辺と同時に、等しい辺を囲む角をも二等分するであろうし、その逆も〔言える〕ことである。このことは、つい先ほどの証明によって成り立つ。

X

それぞれ等しい辺をもつ同一球面上の任意の二つの三角形は、それぞれ一つずつ対応して等しい角をもつだろう。

というのは、それぞれにおける大円の三切片は、球の中心に頂点をもつピラミッドを構成し、底面は凸面三角形の円弧に対する弦によって含まれる平面三角形を〔構成し〕、そしてそれらのピラミッドは、等しくて相似な立体図形の定義によって、相似でかつ等しい〔つまり、合同である〕。どのような仕方で角を取ろうと、それぞれ互いに等しい角をもつことになるという相似性の根拠により、それらの三角形はそれぞれ互いに等しい角をもつであろう。そして特に、図形の相似性をもっと一般的に定義する人々は、何であれ相似的な変形を示し、しかも自らのうちに互いに等しい角をもつものがそれであると主張している。以上のことから、平面におけるのと同じように、球において互いに辺の等しい三角形が相似であることは明らかであると私は思う。[*8]

ある一角とともに二つの辺が与えられた三角形はすべて、角も辺も〔すべて〕与えられたものとなる。なぜならもし与えられた二辺が等しかったならば、底辺の両角は等しくなるであろう。そして頂点から底辺に向けて円弧が直角に引かれるならば、問われていることは〔本章〕IX－系により容易に明らかになるだろう。

XI[*9]

しかしもし不等な辺が与えられたならば、たとえば三角形ABCにおいて、二辺とともに角Aが与えられたとすると〔図25〕、その二辺は与えられた角を囲むか、囲まないかのいずれかである。そこでまず、与えられた二辺ABとACをそれらが囲むとする。そしてCを極として大円の円弧DEFが描かれたとし、そして四分円CADと四分円CBEが完成され、さらにABが延長されてDEを点Fで切るとする。すると三角形ADFにおいても、四分円のACの残りとして辺ADが、また二直角に対する〔角〕CABの残りとして角BADが与えられる。というのはそれは、直線と平面の交わりから生ずる角の計算と測定は同じだからである。そして角Dは直角である。したがって本章の第IIII〔定理〕により、三角形ADFは辺と角の与えられたもの

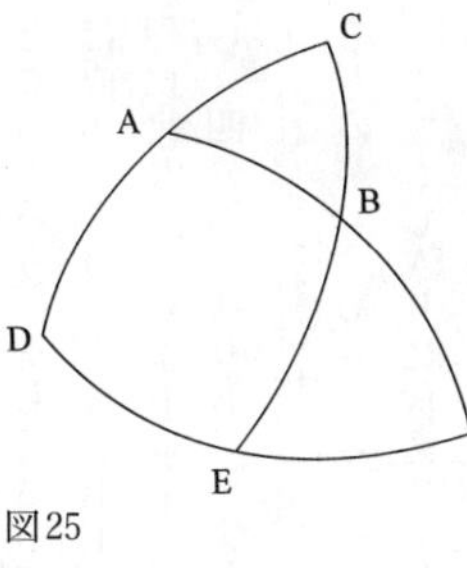

図25

となるだろう。そしてさらに三角形ＡＤＦの角Ｆも見出され、また極を通る分割のゆえにＥは直角であり、全体ＡＢＦがＡＢを超過する分の辺ＢＦも〔見出される〕。それゆえ同じ定理により、三角形ＢＥＦも角と辺の与えられたものとなるだろう。こういうわけでＢＥから、四分円の残りＢＣつまり求める辺が与えられ、ＥＦからは全体ＤＥＦの残りＤＥが〔与えられ〕、それは角Ｃである。そして角ＥＢＦによって、求める〔角〕ＡＢＣの対頂角となるものが〔求められる〕。

さてもしＡＢに代えて、与えられた角に向かい合うＣＢが仮定されたとしても、同じことが起こるであろう。というのは四分円の残りＡＤとＢＥが、また同じ議論によって前と同様に二つの三角形ＡＤＦとＢＥＦが角と辺の与えられたものとして与えられる。そしてそこから、提示された三角形ＡＢＣは辺と角の与えられたものとなる。これが意図されたことだった。

XII

さてさらにもし一辺とともに二つの角が任意に与えられたとしても、同じことが生ずるであろう。

というのは先ほどの図形をそのままに準備しておき〔図25 bis〕、三角形ＡＢＣの二つの角ＡＣＢとＢＡＣが、おのおのの角の間にある辺ＡＣとともに、与えられているとする。さらにもし与えられた角の一方が直角であったならば、先の第III〔定理〕によって推論することにより、残りすべてのことを結論づけることができる。しかしわれわれはこれとは異なることを意図しており、それら〔の角〕は直角ではないとしよう。したがって、四分円CADの残りAD、〔角〕BACの二直角からの残りの角BAD、そして直角Dがあることになるだろう。したがって本章の第V〔定理〕により、三角形AFDの角は辺とともに与えられる。そして角Cが与えられていることにより、円弧DEが与えられる。そして残り〔の辺〕はEFで、〔角〕BEFは直角、そして角Fはいずれの三角形にも共通である。同様にして本章の第V〔定理〕によりBEとBFが与えられ、そこから残りの求める辺ABとBCが確定してくる。

さらにもし与えられた角のうちの一方が与えられた辺に向かいあっていたならば、たとえばもし他の条件はそのままにして、角ACBの代わりに角ABCが与えられたならば、与えられた角と辺によって、全体の三角形ADFが成立するだろう。そして小部分の三角形BEFが同じように〔成立するだろう〕。というのは、それぞれに共通な角F、与えられたものの対頂角EBF、そして直角Eのゆえに、前述のことを使って、その全部の辺もまた与えられると証明されるからである。そしてそこからわれわれが述べたまさにそのことが帰結してくる。というのは以上すべてのことは、球の形に相応しいゆえに、お互いに常に変わらず絆によって結び合わされているからである。[*10]

XIII

ついに〔ここまできたが〕、三角形のすべての辺が与えられると、〔すべての〕角は与えられる。

三角形ABCのすべての辺が与えられたとする。私は言う、すべての角もまた見出される。というのは、三角形は等しい辺をもつか、あるいはもたないかである。そこで最初にABとACが等しいとしよう〔図26〕。それらの二倍の弦の半分が等しくなることは明らかである。それらをBE、CEとしよう。それらは点Eで互いに交わるであろう。それらが二円の共通切片DEにおいて球の中心から等距離にあるゆえであるが、このことはエウクレイデスのIII-定義4およびその逆から明らかである。しかるに同書の第3命題より角DEBは平面ABDにおいて直角であり、〔角〕DECも平面ACDにおいて同様である。したがってエウクレイデスのXI-定義4により、角BECはそれらの平面の傾斜角であり、これをわれわれは以下のようにして見出すだろう。直線BCが弦であるから、与えられた二円弧のゆえに与えられた二辺となる直線三角形BECをわれわれはもつであろう。さらにそれは角が与えられたものとなり、前述のことから、求める角BE

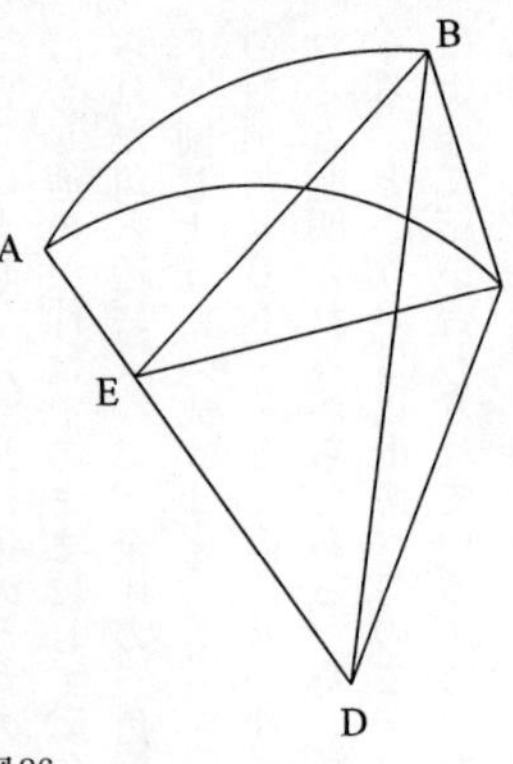

図26

C、つまり球面〔角〕BACおよびその他の〔角〕をわれわれはもつことになるだろう。

さて第二図におけるようにもし三角形が不等辺であったならば〔図27〕、それらの二倍に対する直線〔＝弦〕が決して触れ合わないことは明らかである。というのは、もし円弧ACがABよりも大きかったならば、倍化されたACに対する〔弦の〕半分つまりCFは、ずっと下に〔つまり、中心近くに〕落ちることになるからである。しかしもし小さければ、エウクレイデスのIII－15により、そうした線はより近くなったりより遠くなったりするのに応じて、もっと上になるであろう。さてそれからBEと平行にFGが立てられ、そしてそれは円の共通切片BDを点Gで切り、CGが結ばれたとする。したがって、角EFGが直角、すなわち〔角〕AEBに等しく、またCFがACの二倍の半弦なので〔角〕EFCも直角であることは明らかである。したがって、〔角〕CFGは円ABと円ACの交角となり、それゆえそれがわれわれの追求しているものである。三角形DFGと三角形DEBは相似であるから、DF・対・FGはDE・対・EBである。したがってFGは、FCが与えられているのと同じ単位で与えられる。そしてDG・対・DBも同じ比にあり、DGもまたDCを一〇万としたときの単位で与えられるだろう。しかしまた角GDCも円弧BCによ

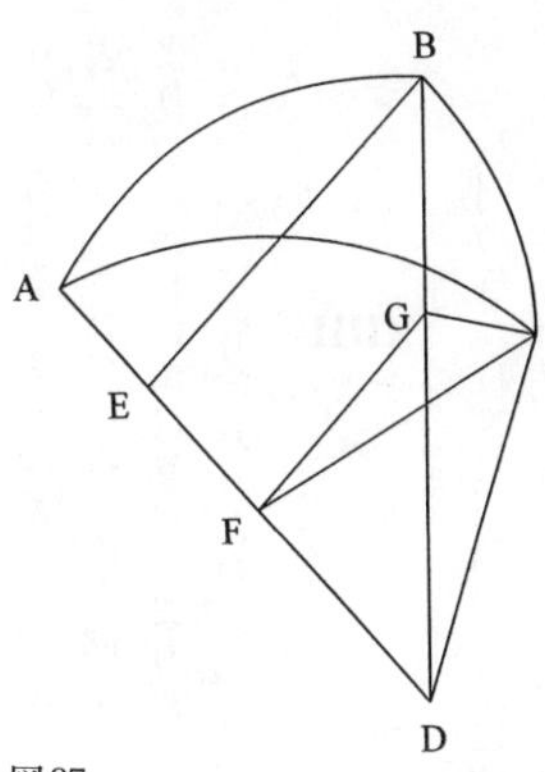

図27

り与えられる。それゆえ平面の第2〔命題〕により辺GCは、平面三角形GFCの残りの諸辺〔が与えられている〕のと同じ単位で与えられる。したがって、平面の最後の〔命題〕によりわれわれは角GFCつまり求める球面〔角〕BACをもつであろう。そして球面角の〔定理〕XIにより、われわれは残りの二角を手に入れるだろう。[*11]

XIIII

もし円の与えられた円弧が任意に切られ――ただし、切片のいずれも半円より小さいとして――、また一方の切片の二倍の弦の半分・対・他方の二倍の弦の半分の比が与えられたならば、それらの切片の円弧もまた与えられるだろう。

というのは中心Dの周りに円弧ABCが与えられ、それが任意に点Bで、ただし二切片は半円より小さくなるように切られるとし〔図28〕、またABの二倍に対する〔弦〕・対・BCの二倍に対する〔弦〕の比が何らかの仕方で長さにおいて与えられたならば、私は言う、円弧ABも円弧BCも与えられる。

というのは直線ACが張られ、〔Bを通る〕直径がそれを点Eで切り、端点AとCからその直径へ垂線が落ち、それらをAF、CGとする。それらは〔円弧〕ABの二倍の〔弦の〕半分と〔円弧〕BCの二倍の〔弦の〕半分となるはずである。したがって直角三角形AEF

と直角三角形ＣＥＧの角でＥを頂点とするものは等しく、それゆえにそれらの三角形は等角で相似となり、等しい角を見込む辺は比例する、つまりＡＦ・対・ＣＧはＡＥ・対・ＥＣ。したがってＡＦあるいはＧＣが数値的に与えられていたのと同じ単位でわれわれはＡＥとＥＣをもつことになり、これらから全体ＡＥＣが同じ単位で与えられるだろう。しかるに円弧ＡＢＣに対する弦は、半径ＤＥＢの単位で与えられ、またＡＣの半分のＡＫや残りのＥＫもその単位で〔与えられる〕。〔そしてＤＫは〕半円からＡＢＣを引いた残りの切片の弦の半分で、角ＤＡＫによって囲まれるものとして〔与えられる〕。ＤＡとＤＫが結ばれると、それらもＤＢと同じ単位で与えられるだろう。

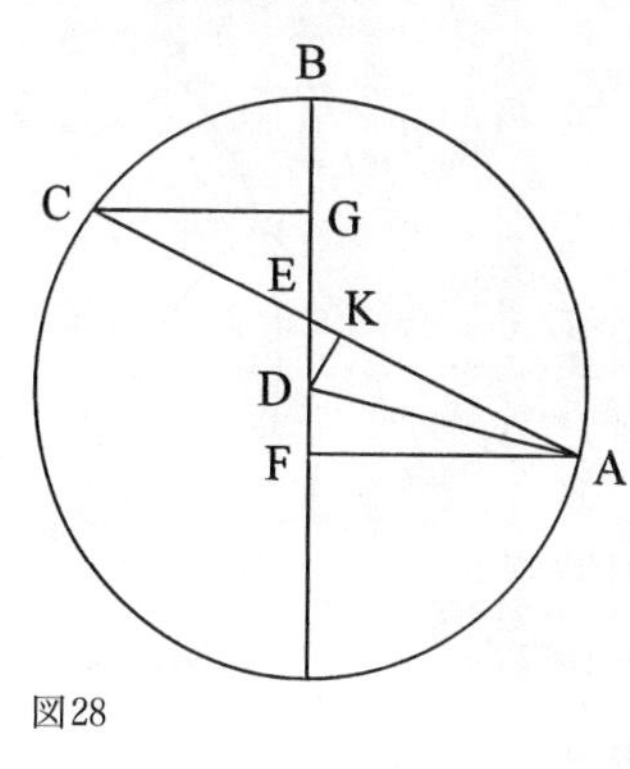

図28

したがって角ＡＤＫも、円弧ＡＢＣの半分を囲むものとして与えられている。しかるに三角形ＥＤＫの二つの辺〔ＤＫ、ＥＫ〕と直角ＥＫＤが与えられたので、〔角〕ＥＤＫも与えられるだろう。ここから全体角ＥＤＡが〔与えられ〕、それが円弧ＡＢを囲んでいる。さらにここから残りの〔円弧〕ＣＢが確定してくる。これらの証明が求められていたのだった。

XV

三角形のどのひとつも直角ではない角がすべて与え

られると、辺はすべて与えられる。

三角形ABCがあり、そのすべての角が与えられているが、そのどれも直角ではないとする〔図29〕。私は言う、そのすべての辺も与えられる。ある一つの角たとえばAからBCの両極を通って円弧ADが降りているとする。するとそれはBCを直角に切るだろう。そしてもし底辺の角Bあるいは角Cの一方が鈍角で、しかも他方が鋭角であることはないとすれば、ADは三角形内に落ちるだろう。さてもし仮にそれが起こってしまったとしたら、鈍角から底辺へ引かれるべきだとしよう。したがって、四分円BAF、CAG、DAEが完成され、BとCを極として円弧EF、EGが描かれたとする。したがってFとGの角は直角になるだろう。したがって直角をもつ三角形のAEの二倍の〔弦の〕半分・対・EFの二倍の〔弦の〕半分の比は、球の直径の半分・対・角EAFの二倍に対する弦の半分の比になるだろう。同様に直角Gをもつ三角形AEGにおいて、AEの二倍の弦の半分はEGの二倍の弦の半分に対して、球の直径の半分が角EAGの二倍に対する〔弦〕の半分に対してもつのと同じ比をもつだろう。したがって等比によって[*12]、EFの二倍の〔弦の〕半分はEGの二倍の〔弦の〕半分に対し、角EAFの二倍の〔弦の〕半分が角EAGの二倍の〔弦の〕半分に対する比をもつだろう。そして円弧FEと円弧EGは与えられているので――というのは、角Bと角Cが直角から隔たっている残り分なので――、それゆ

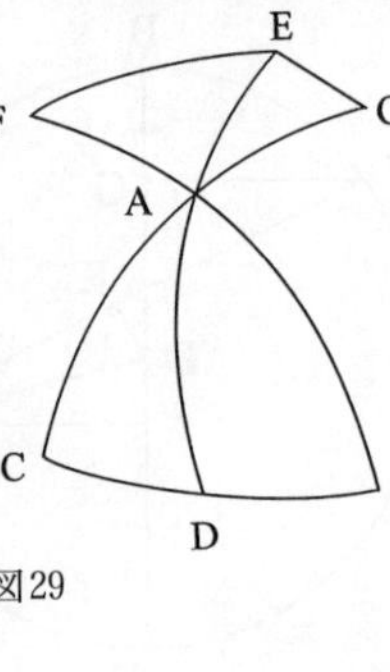

図29

えわれわれはこのことから角ＥＡＦと角ＥＡＧの比、つまりそれらの対頂角であるＢＡＤ・対・ＣＡＤを与えられたものとしてもつことになろう。ところで全体の〔角〕ＢＡＣは与えられている。したがって前の定理により、角ＢＡＤとＣＡＤは与えられるだろう。次に第Ｖ〔定理〕により辺のＡＢ、ＢＤ、ＡＣ、ＣＤ、そして全体ＢＣをわれわれは確定するだろう。

われわれの目的にとって必要であったかぎりにおいて、三角形については以上ざっと述べたことで今は十分であるとしよう。もし以上のことをもっと詳細に扱わねばならなかったとしたら、それ専用の一巻が必要であったろう。

レティクス『第一解説』

AD CLARISSIMVM VIRVM
D. IOANNEM SCHONE-
RVM, DE LIBRIS REVOLVTIO
nū eruditissimi viri, & Mathema
tici excellentissimi, Reuerendi
D. Doctoris Nicolai Co-
pernici Torunnæi, Ca-
nonici Varmien-
sis, per quendam
G Rheticus. Iuuenem, Ma-
thematicæ
studio
sum
NARRATIO
PRIMA.

ALCINOVS.

δεῖ δ' ἐλευθέριον εἶναι τῇ γνώμῃ τὸν μέλλοντα φιλοσοφεῖν

『第一解説』扉

高名なるヨハネス・シェーナー氏へ、数学を愛好するとある若者による、極めて学識に富みかつ卓越した数学者であるワルミアの参事会員にして尊師のトルニの人ニコラウス・コペルニクス博士の回転論諸巻についての第一解説

アルキヌース
〈哲学シヨウト欲スル者ハ、ソノ判断ガ自由デアルベシ〉

〔序　言〕

私の慈父のごとき令名高きヨハネス・シェーナー氏[*1]へ、G・ヨアキム・レティクスがご挨拶申し上げます。

五月のイードゥスの前日〔＝五月一四日〕に私は貴方宛てにポズナニ[*2]からお手紙を差し上げました。その中で私はプロシャを目指して旅してきたとお知らせし、はたして現実は噂や私の期待にかなう結果なのかどうかを、出来る限り早く、明らかにするとお約束しました。しかしながら、私が頼って赴いた学識豊かな方の天文学の著述をマスターするのに僅か一〇週間しか専心できませんでした。というのもそれは、私が幾分か健康をそこねてしまったゆえであり、また更にクルム司教のティーデマン・ギーゼ尊師[*3]のお招きでわが尊師とともにレーバウへ行き、研究から離れて数週間そこで休息をとったゆえでありますが、約束をやっと果たし貴方の望みを満たすために、私の学んできた論題に関して、わが尊師が何を考えておられるのかを出来る限り簡潔明瞭にお知らせすることにいたします。

学識豊かなシェーナー先生、まず第一に私は貴方にご納得いただきたいのですが、私が今その著述[*4]を手にしている御方は、どの学問分野においても、また天文学の習得においても、レギオモンタヌスに劣るものではありません。私はその方をむしろプトレマイオスと比肩しますが、それはレギオモンタヌス[*5]がプトレマイオスに劣ると私が評価しているからではなく、わが師が神の御加護を得て、着手した天文学の再興を完遂するという幸運をプトレマイオスと共有しているからです。しかるにレギオモンタヌスは、ああ何という非情な運命であろうか、自らの列柱を打ち立てる前にこの世を去ってしまったのです。[*6]
わが尊師は六巻からなる著作を書き上げていますが、その中で彼はプトレマイオスを模倣して、数学的にしかも幾何学的方法でひとつひとつを示し証明することによって、天文学全体を包括しています。[*7]
第Ⅰ巻は宇宙の一般的記述と、あらゆる時代の観測と現象を救う支えとなる基本的事項を含んでいます。弦の理論〔＝正弦表〕と平面及び球面の三角形の理論については、彼が自分の作業に必要と見なした限りのものをこれに付け加えています。
第Ⅱ巻は第一運動〔＝地球の日周運動〕の理論および恒星に関して、この箇所で述べておくべきだと彼が考えた事柄についてです。
第Ⅲ巻は太陽の運動についてです。そして二分二至点によって算定される一年〔つまり回帰年〕の長さは、恒星の運動にも依存していることを彼は経験によって学んだので、恒星の運動と二分二至点の変動を、真なる根拠に基づき、かつ神のごとき独創性をもって、本書の最初の部分で検討すると述べています。
第Ⅳ巻は月の運動と蝕についてです。第Ⅴ巻は残りの諸惑星の運動について。第Ⅵ巻は緯度について。

私は最初の三巻を徹底的に学び、第Ⅳ巻の一般的な考えを把握し、残りの巻の諸仮説を理解し始めました。最初の二巻に関する限りでは、貴方宛てに何も書く必要はないと考えましたが、それは一つには私が特別な計画をもっているからであり[*8]、第一運動の教説が通常の既存の理論と異なってはいないからでもあります。ただし、赤緯表、直立上昇の表、上昇差の表、そして教説のこの部分に関連するその他の表を彼は新たに作成し、それが比例配分の方法によってあらゆる時代の観測と一致しうるようにしました。

したがって、神に委ねつつ貴方に対し、第Ⅲ巻で彼が扱った事柄を残りのすべての運動の仮説と共に、私の乏しい能力で目下のところ理解し得た限りで、明瞭に提示することにいたします。

〔I〕恒星の運動について

わが尊師博士は、ボローニャでは学識あるドメニコ・マリア[*1]の学生というよりは観測助手およびその証人として、ローマでは、一五〇〇年頃、二七歳かそこいらだったが、多くの学生の聴衆と大勢の名士とこの学問分野の専門家を前にして、数学〔＝天文学〕の教授として、それから、ここフラウエンブルク[*2]においては自らの研究のための時間があると、細心の注意を払って幾多の観測をしていたので、恒星の観測の中から、西暦一五二五年に乙女座のスピカについて行ったものを彼は選んだ。[*3]彼はそれが秋分点から約17度21分離れており、その赤緯は南にほぼ8度40分と決定した。それから以前の著述家たちのすべての観測を彼自身のものと比較して、アノマリつまり不規則性の円の回転は完了してしまっており、ティモカリス[*4]からわれわれ自身の時代には第二の回転にあることを彼は見出した。それによって彼は恒星の平均運動とその不規則運動の補正値を幾何学的に決定した。

というのは、第一カリポス周期の第三六年におけるティモカリスのスピカ観測は、同周期の第四八年における観測と比べると、その星が当の期間に七二年に1度進んだこと、次いでヒッパルコス[*5]からメネラオス[*6]まで、それはいつも一〇〇年に1度進んでいたことをわれわれに示しているので、ティモカリスの観測は不規則性の円の最後の四分円にあり、そこではその運動が平均から減少しているように現われ、ヒッパルコスからメネラオスの間の中間期は、不規則性のその運動が最小の位置にあった、と彼は自らの判断で決定した。たしかにメネラオスの観測をプトレマイオスのものと比較すると、そのとき恒星は八六年に1度動いたことが分かる。したがってプトレマイオスの観測は、[*8]アノマリの運動が第一の四分円にあったときになされ、そのとき恒星は最遅から増加あるいは増大する運動で動いていた。さらにプトレマイオスからアルバテグニウスまでは、[*9]六六年が1度に対応し、われわれの観測をアルバテグニウスのものと比較して分かるのは、恒星はその不規則運動で再度七〇年に1度で通過しているが、[*10]私が前に述べたその〔コペルニクスの〕観測は、イタリアでなされた彼のその他の観測に対し、恒星は再度一〇〇年に1度前進したことが分かるので、白日よりも明らかなのは、プトレマイオスからアルバテグニウスまでの期間に、不規則性の運動は平均運動の最初の境界と平均から増加する運動の四分円全体を通過し、アルバテグニウスの時代ごろに最速運動の位置にあったことである。しかるにアルバテグニウスとわれわれの間に、不規則運動の第三の四分円が終了し、その間に恒星は最速から減少する運動で動いて、平均運動のもう一つの境界が通過された。そしてわれわれの時代にアノマリは平均から減少する運動の第四の四分円に再び達し、そこから不規則運動は最小運動の境界へもう一度近づいていることである。[*11]

さて、以上のことが順序正しくすべての観測と一致するようになる確実な理論にさせようとして、彼は、不規則運動は1717エジプト年[*12]で完了し、最大補正値は約70分、恒星の平均運動は1エジプト年に約50秒、平均運動の完全な一回転には2万5816エジプト年かかるだろう、と決定した。

〔II〕回帰年の一般的考察

昼夜平分点から観測される一年の長さが恒星運動のこの理論を確証する。そしてヒッパルコスからプトレマイオスまでは《20分の19》日分、[*1]プトレマイオスからアルバテグニウスまでは約7日分、そしてアルバテグニウスから一五一五年に行った彼自身の観測までは約5日分の不足があったのは[*2]何故なのか、またこれら〔のズレ〕は、今まで信じられてきたように、機器の欠陥によって引き起こされたものでは決してなく、完全に首尾一貫した明確な根拠にしたがって起こっていることは全く明らかである。それゆえ、運動の均等性は昼夜平分点によってではなく、恒星によって測られねばならず、それは、太陽や月のみならず他の諸惑星の運動の観測が、あらゆる時代について驚くべき一致でもって証言している通りである。

ティモカリスからプトレマイオスまでは恒星が非常にゆっくりとした運動で進んでいたので、一年は《365と4分の1》日よりわずか《300分の1》日分だけだが、プトレマイオスからアルバテグニウスまでは速かったので、4分の1より《105分の1》日分だけ小さかったということが、[*3]今まで受け入れられてきた。もしわれわれの時代の観測がアルバテグニウスのものと比べられるならば、4分の1より《128分の1》日分不足していることは明らかである。[*4] したがって、回帰年の大きな長さは〔恒星の〕遅い運動に、短い長さはその速い運動に、一年が長くなるのは減少する速さに対応しているように思われる。その結果、もしわれわれの時代における回帰年の長さが正確に調べられるならば、それは再びプトレマイオスとほぼ一致するであろう。それゆえわれわれは、月の交点と同じように昼夜平分点は逆方向へ動く〔つまり、逆行する〕のであって、恒星が十二宮の順序に従って進む〔つまり、順行する〕のではないと判断しなければならない。

したがって、平均春分点は恒星天球の牡羊座の第一星から、恒星を後に残しながら、一様運動で逆行すると想像しなければならなかった。そして真の春分点は、均等ではないが規則に従った運動でこの平均春分点の両側に逸れていくが、その隔たりの半径は70分を大きく超えることはない。したがって、回帰年の長さを支配する明確な理論がそれぞれの時代に存在していたのであり、それは今でも確かめられる。その上それは、すべての学者が恒星について行った観測と非常によく対応しており、ほぼ分の単位まで合っている。

学識豊かなシェーナー先生、貴方にこれをちょっと味わっていただくために、さあご覧あれ、貴方のためにいくつかの観測時における真の歳差を私は計算しました。

プトレマイオスの歳差がプトレマイオスにおいて与えられた恒星の位置から引かれると、牡羊座の第一星からどれだけ星が隔たっているかが残る。それからアルバテグニウスの歳差を加えると、観測の真の位置が出てくる。他のすべての場合においても、同じようにこうすればよい。このようにして得られた結果は、数分の違いがあるにしても、あらゆる学者の観

表1

エジプト年[*5]		真の歳差		時代に
		度	分	
紀元前	293	2	24	ティモカリスの
	127	4	3	ヒッパルコスの
紀元後	138	6	40	プトレマイオスの
	880	18	10	アルバテグニウスの
	1076	21[*6]	37	アルザヘルの[*7]
	1525	27	21	われわれの

測にこの上ないほど正確に対応している、あるいは記録された赤緯や正確になされた月の運動から導き出された月の運動と古人の観測の比較がわれる。それは、われわれの観測と古人の観測の比較がわれわれに示す通りである。というのも、数分が無視されるときに、ご覧のように、2分の1度や3分の1度や4分の1度といった1度の一部分は切り捨てられるからである。しかしながら、以上の結果は諸惑星の長軸線の運動を満たしてはおらず、それゆえ、太陽の理論から後に明らかになるように、特有の運動がそれらに割り振られねばならなかった。

さらに、運動の均等性を恒星から取らねばならないと理解したので、彼は恒星年を非常に注意深く探求した。彼が見出したのは、それが約《365と15分と24秒》日〔六〇進法の表記、日常の表記では365日6時間9分36秒〕であり、それは観測のなされたときからずっとこのままであった。なぜなら、アルバテグニウスによると、バビロニア人[*9]は3秒多く割り当て、サービト[*8]は1秒少なくしたということは、ご承知のように、機器も観測も〈完全に正確〉であり得たわけではないか、あるいは太陽の運動における不規則性や、蝕の確実な理論をもたないゆえに古人がその観測において太陽の視差の変化を無視してしまったことに帰すのが順当だろう。いずれにせよ、バビロニア人からわれわれ自身までの期間全体にわたるこのズレは、プトレマイオスとアルバテグニウスの間の22秒日のズレと比べることはできない。学識豊かなシェーナー先生、有頂天にならなかったわけではないのですが、ヒッパルコスとプトレマイオスの間には《20分の19》日分が介在し、そしてプトレマイオスとアルバテグニウスの間には約7日分が欠落しているのが必然であったということを、恒星の運動についての前述の理論と太陽の運動についての尊師の取り扱いから、少し後でご覧になるように、私は計算で出しました。

〔III〕 黄道傾斜の変化について

最大傾斜の変化は次のような比率をもつことをわが尊師博士は見出した。つまり、恒星の不規則運動が一巡りする間に、傾斜〔変化〕の半分が起こる。それゆえ、傾斜変化の完全な一回転は３４３４エジプト年で生ずると、彼は決定した。[*1]

ティモカリスとアリスタルコスとプトレマイオスの時代に、傾斜の変化は非常に緩慢な変動にあったことが周知されていたため、不変な最大赤緯は常に大円の《83分の11》部分〔＝47度42分40秒〕をもつと彼らは信じていた。[*2] 彼らの後でアルバテグニウスは、その傾斜が彼自身の時代には約23度35分であると表明した。次に彼から約一九〇年後にアルザヘルは23度34分、それから更に二三〇年後プロファティウス・ユダエウス[*3]は23度32分とした。われわれの時代において、それは23度28と《2分の1》分より大きくはないと思われる。したがって、プトレマイオス以前の四〇〇年間に傾斜変化の運動は非常に緩やかであったが、プトレマイオスからアルバテグニウスまでの約七五〇年間、それは17分だけ減少し、そしてアルバテグニウスからわれわれまでの六五〇年間はたった7分だったことは明らかなので、それゆえ傾斜変化は、黄道からの惑星のズレと同じように、中間で最も速く両端で最も遅いような性質をもつある種の振動運動、つまり直線に沿う運動[*4]によって生ずると結論される。したがってアルバテグニウスの時代ごろに、赤道あるいは黄道の極はこの振動のほぼ中間の運動にあったが、現在は最も遅い第二の境界にあり、その位置でそれぞれの極は互いに最大の接近が生じている。しかしわれわれは前に、恒星の運動と回帰年の長さの変動は、赤道の運動によって救われると述べた。さて〔天の〕赤道の両極とは地球の両極〔の延長のこと〕であり、まさにそこから極の高度は測られるのである。したがって、学識豊かなシェーナー先生、運動のこのような仮説ないし理論を観測が必要としていることを貴方にざっとお知らせしているのを今ご覧いただいていますが、その上さらにもっとはっきりとした証拠を実際あとでお耳にするでしょう。

さらに師は、最小傾斜は23度28分であり、最大値に対するその差は24分であろうと仮定している。これに基づき彼は、分の比例配分表を幾何学に則って作成し、そこからあらゆる時代の最大黄道傾斜が導き出せるようにしたのである。こうして分の比例部は、プトレマイオスの時代には58、アルバテグニウスでは18、アルザヘルでは15、そしてわれわれの時代では1。これらの数値を使って、もしわれわれがその〔最小値と最大値の〕差の24分の比例部分を取るならば、傾斜変化の確実な規則が把握されるのは明らかである。

〔IV〕太陽の離心値と遠地点の運動について

太陽の運動における困難はすべて一年の可変的で不安定な長さに結びついているので、一年の不規則性の原因のすべてをわれわれが並べ立てるためには、はじめに遠地点と離心値の変化について語らねばならない。しかしながら、その目的にかなういくつかの理論を仮定することによって、これらの原因すべてが規則的でしかも確定的であることを、尊師は明らかにしている。

太陽の遠地点は固定されているとプトレマイオスが述べたとき、一般とはちょっと違っていた彼自身の観測を信ずるよりもむしろ一般の意見を採用するのがよいとした。しかし彼自身の説明からはっきりと推測できるのだが、彼より前の二〇〇年間、すなわち、ヒッパルコスの頃、離心円の半径を1万としたときに離心値は417であったことは、よく知られていた。[*1] しかしプトレマイオスの時代には414、アルザヘル（この人にわれらがレギオモンタヌスは絶大な信頼をおいていたが）は、最大補正値のうちのおよそ346であったと認めているが、われわれ自身の時代では323。というのも、最大補正値は1度《50と2分の1》分より大きくはないのを尊師は自ら見出したと認めているからである。[*2]

次に、太陽と他の諸惑星の長軸線の運動を非常に注意深く調べたときに、まず彼が見出したのは、上で述べたことからも分かるように、長軸線が恒星天球の下で特有の運動で進んでいること、恒星と長軸線と傾斜変化の見かけ上の運動が単一の運動と単一の原因に依存するとわれわれが主張するのはもはや適切ではないことである。たとえ貴方がた専門家のどなたが諸惑星の運動を〈自己運動〉だと述べ、それぞれの惑星の運動と現象を単一の同じ仕組み(machinatione)で生み出そうと試みようと、あるいはまたどなたが、足や手や舌は同じ筋肉と同じ運動力によってそれらすべての機能を果たしていることを擁護すべきこととして示そうとしても〔不適切なことに変わりはない〕。そこで尊師は、遠地点に二つの運動、すなわち平均運動と不規則運動、を割り振り、その運動で遠地点は第八天球の下を動いているとした。

さらに、真の春分点は均等でしかも不等な運動で十二宮を逆順に動いているので[*3]、太陽と他の諸惑星の遠地点は、恒星と同じように、後に取り残される〔つまり、東へ動くように見える〕。したがって、あらゆる時代の観測を互いに首尾一貫した法則に対応させるために、彼はこれら三つの運動を区別せざるを得なくなった。

以上のことを貴方に理解していただくために、最大離心値を417、最小値は321になるだろうと仮定していただきます。その差を96単位、すなわち小円の直径とし、その円周上を離心円の中心が東から西へ動くとする。したがって、宇宙の中心からこの小円の中心までは369単位になるだろう。これらの単位はすべて、すぐ前で述べられたように、離心円の半径を1万単位とした場合である。月のいくつかの一様運動が三つの月食から真に神のごとき発見で正されたのとちょうど同じような仕方で、前に述べた三つの離心値から導き出した仕組みを貴方は入手するだろう。

さらに彼は、傾斜変化のすべての不規則性が回帰してくるのと同じ速さで、離心円の中心は一回転するとした。実に、このことはこの上ない称賛に値する。というのも、それはあれほど大きな驚くべき一致をもって達成されたからである。

離心値は紀元前六〇年ごろに最大で、更にそのとき太陽の赤緯も最大であった。そして離心値は、この単一の根拠により、同じようにしかも他のどの根拠にも全く依ることなく減少した。その結果、このこと及びこの類いの他の自然の戯れは、私事の様々な運命において最大の慰めを私に齎（もたら）し、病める心を大いに心地よく和らげてくれるのだ。

〔V〕離心円中心の運動に従って世界の国々は変遷すること

私は若干の予言も付け加えておきたい。離心円の中心がこの小円のある特別な位置にあったときにすべての国は始まった、とわれわれはみている。そういうわけで、太陽の離心値が最大であったとき、ローマの帝政は君主制になった。そして離心値が減少した分だけローマもまた年老いて凋落し、ついに消え失せた。その離心値が中間の四分円の境界に達したとき、マホメットの契約〔＝イスラム教〕が出てきた。そしてもうひとつの大帝国が存在し始め、その〔離心値の〕比率に応じて、急速に増大していった。それから百年後、離心値が最小となるときには、この帝国もやがてその周期を終えるであろう。この〔今の〕時代の頃にそれは絶頂期にあるが、そこからは〔ローマと〕同じように急速に、神が望まれれば、すさまじい音響とともに崩壊するであろう。離心円の中心が中間のもう一つの境界に達するときに、われらの主イエス・キリストが到来するのをわれわれは待ち望んでいる。というのも、世界が創造された頃、この位置にあったからであり、この計算はエリヤの言ったこととあまりずれてはいない。彼は神の霊感を受けて、世界はほんの六〇〇〇年間存続するだろうと預言したが[*1]、その時間の間にほぼ二回転が完了するのである。こうして、この小円が本当に運命のあの車輪であることは明らかであり、それが回転することによって、世界の政体にその始まりと栄枯盛衰が生じることになるのである。というのも、全世界の歴史の極めて重要な変化は、この円に記されていることが認められるからである。さらに、これらの帝国がどのようなものになる定めなのか、正しい法律によってなのか、それとも専制的なものによって構成されるのか、それが大会合や学術的なその他の推測からどのように把握できるのか、神が望まれれば、私はいつの日か顔を突き合わせて貴方からお聞きしたいものです。[*2]

さて、離心円の中心が世界の中心方向へ下っている間、小円の中心は1エジプト年におよそ25秒で十二宮の順序に従って〔つまり順方向へ〕進んでいるというのは理に適っている。[*3] そして、離心円の中心は最大距離から逆方向へ動いているが、指定された時間のアノマリの運動に対応する補正値は、半円が通過されるまでは、遠地点の真の運動を得るためには、平均運動から差し引かれ、残り〔の半円〕では加えられる。さて、真の遠地点と平均遠地点の間の最大補正値は、前述のことから、正当にも、幾何学的に7度24分と導き出される。[*4] 残り〔の補正値〕は、通常なされるように、この小円における離心円中心の比率に応じて決定される。三つの位置が与えられているので、われわれは不規則運動を確実に手に入れることになる。平均運動に関してはやや疑念がある。というのも、われわれはこれら三つの位置に対して黄道上の太陽遠地点の真の位置を手にしていないからである。これは、『〔プトレマイオスのアルマゲストの〕綱要』第三巻命題一三でわれらのレギオモンタヌスが指摘しているように、アルバテグニウスとアルザヘルの間に生じた誤差のゆえである。[*5]

アルバテグニウスは、多くの箇所にみられるように、天文学の秘密をあまりにも気ままに乱用しすぎている。もし太陽の遠地点を決定するさいにも、彼がそのようにしてしまったならば、確かに彼は春分の正確な時間を手にしていたとわれわれは認めるとしても、それにもかかわらず、プトレマイオスが証言しているように[*6]、機器を使うことによって二至点の時間を精確に決定するのは不可能なので、容易に感覚を免れてしまうにちがいないほんの1分の赤緯でも、この位置では4日分に相当する4度ほどわれわれを欺き得るのだから、彼〔＝アルバテグニウス〕は太陽の遠地点の位置をどうして決定できたのだろうか。もし彼が、レギオモンタヌスが同書第三巻命題一四において扱っているように、黄道の中間の位置によって進んだとすれば、彼はあまり信頼できない議論を使ったことになるのである[*7]。したがって、間違ってしまったことの責任は、遠地点付近ではなく太陽の離心円の中間の経度付近で起った蝕を選んでしまった彼自身が負うことになる。そこでは、遠地点がその真の位置から6度もずれて位置していても、知覚可能な誤差を蝕の場合に生み出すことはできなかったのだ。

レギオモンタヌスによると、アルザヘルは自分が四〇二回の観測を行い、遠地点の位置を決定した、と誇っているとのことである[*8]。この精勤によって彼が真の離心値を見出した、とわれわれは認めよう。しかし太陽の長軸線付近で起こる月食を彼が考慮したかは明らかでないので、高いほうの長軸端の決定において、アルバテグニウスよりも彼に同意すべきかどうかは明らかではない。

尊師が遠地点の平均運動を決定するためにどれほど大きな努力を払ったか、貴方は今やお判りでしょう。イタリアおよびワルミアのここ〔＝フラウエンブルク〕でほぼ四〇年の間、太陽の蝕と運動を彼は観測した。そして彼はある観測を選び出し、それによって、紀元後一五一五年に遠地点が巨蟹宮の《6と3分の2》度にあったと彼は決定した。[*9] 次に、プトレマイオスにおけるすべての蝕を検討し、それを彼自身の非常に注意深い複数の観察と比較して、遠地点の平均年間運動は、恒星に関しては約25秒、平均春分点に関しては約1分15秒であると彼は決定した。[*10] この結果を通じて、平均運動と不規則運動の双方によって真の歳差を適用することで、真の春分点からの遠地点の真の位置は、ヒッパルコスの時代には63度にあり、プトレマイオスでは《64と2分の1》度、アルバテグニウスでは《76と2分の1》度、そしてアルザヘルでは82度であったと結論され、われわれの時代において、すべては経験と合致している。[*11] 以上のことは、太陽の遠地点がプトレマイオスの時代には双子宮の12度にあったとし、われわれの時代には巨蟹宮の初端にあるとしたアルフォンソ表[*12]の値よりもはるかに完全に適合的である。われわれはアルフォンソ表よりもアルザヘルの判断に2度ほど近いのである。アルバテグニウスによる遠地点の位置の計算がアルフォンソ表を1度だけ超過するのに対し、正当にもわれわれは彼より6度だけ小さい。というのも、わが尊師はプトレマイオスおよび師自身の観測から決して逸脱することはできないからだが、それは師自身の目で自ら眺めかつ認めたからであるのみならず、プトレマイオスが細心の注意をもって、かつまた蝕を使って、彼にできた限りで、太陽と月の運動を正確に探究し、それらの確実な運動を決定したとわが尊師が認めていたからでもある。それにもかかわらず、遠地点の運動がわれわれに明らかにしたごとく、われわれは彼とは約1度異ならざるを得ないということ、そのことがわれわれに教えてくれたのは、彼〔＝プトレマイオス〕が固定されたものと見なした遠地点の運動であり、それゆえ、ここでちょっと検討する扱いを彼〔＝コペルニクス〕は加えたのだ。

太陽の運動に関するわが尊師の意見が何であるかを貴方はご存知です。そこで彼はいくつかの天文表を作成し、そこにまとめたのは、任意の特定の時間に対する太陽の遠地点の真の位置、真の離心値、真の補正値、恒星および平均昼夜平分点に対する太陽の一様運動、そしてそれ故に、あらゆる時代の観測に対応する太陽の真の位置である。明らかにヒッパルコス、プトレマイオス、テオン[*13]、アルバテグニウス、アルザヘルらの天文表、そしてこれらをある程度混ぜ合わせたアルフォンソ表は、ほんの一時的なものであり、すなわち一年の長さ、離心値、補正値などにおけるズレが目立つようになるまで、せいぜい二〇〇年持ちこたえられる程度だということは明らかである。このことは、同様なはっきりとした理由から、他の諸惑星の運動と現象にも起こる。したがって、あらゆる時代の観測が証言し、後代の観測も疑いなく確証するだろうから、わが尊師博士の天文学が恒久的と称することができるのも不当ではないだろう。その他に運動の均等性は恒星によって測られるので、長軸線の運動と位置を牡羊座の第一星から彼は計算している。それから真の歳差を加えることによって、個々の時代における諸惑星の真の位置が真の春分点からどれほど隔たっているかを計算し決定した。

さてもし天界現象のこうした説明がわれわれの時代の少し前に存在していたとしたら、

〔『判断占星術論駁』の〕第八巻と第九巻において、ピーコ〔・デッラ・ミランドラ〕が占星術のみならず天文学をも攻撃する機会をもつことはなかったであろう。[*14] というのは、通常の計算がどれほどはっきりと真理からかけ離れているかを、われわれ自身が日々目にしているからである。

〔VI〕回帰年の長さについての特別な考察

カレンダーの改良では、権威者たちによって決定されたきわめて多くの実に様々な一年の長さを彼らは枚挙しているが、混乱したやり方であって、しかも何ひとつ決定していない。あれほどの数学者たちにおいて、これは全く驚くべきことである。

しかしながら、学識豊かなシェーナー先生、前に述べられたことから、春分点によって測られる太陽の不規則運動の四つの原因──つまり分点歳差の不規則性、黄道上の太陽運動の不規則性、離心値の減少、そして最後に、二つの理由による遠地点の前進──、そしてそれゆえ同じ原因から回帰年は決して均等ではありえないこと、を貴方はお判りでしょう。

運動の均等性を分点によって測るべきとしたことを、プトレマイオスにおいては、大目に見ることができる。というのも彼は、恒星が順方向に運動し、遠地点の位置は固定されているとし、しかも太陽の離心値は減少しないとしていたからである。だが他の人ならどんな言い訳をしようとするのか、私には分からない。なぜなら、たとえ彼らに次のことをわれわれが譲歩したとしても、すなわち、恒星と遠地点が十二宮の順序方向へ同じ運動をなすこと、そしてこのゆえに真の分点によって測る時間は実際に何一つ変化しないが、不規則性はすべて（われわれの時代にこうしたことを主張すれば、極めて馬鹿げたことになるだろうけれども）機器の欠陥によって引き起こされるとしても、それにもかかわらず、極めて学識豊かなマルクス・ベネヴェンタヌス*1がアルフォンソ表の考え方から述べているように、月が規則的に周転円の平均遠地点からその距離を増大させ、同じ等しい時間に戻ってくるとわれわれが言うのと同じように、太陽は規則的に真の分点に常に等しい時間で戻ってくる、ということは帰結しないだろう。なぜなら、太陽の離心値が変化しないとわれわれは確かに否定しえないのだから、彼ら自身は、平均運動からのアノマリ角の変化のゆえに回帰年の観測された長さが変化しない、とどうして主張できるとみているのだろうか？

私は、わが尊師博士の仕事がやがて凌駕することになるすべての学者、および国家に対し、一年の不規則性の確かな理論をわれわれがもつに至ったことを、本当に祝賀したい。しかし学識豊かなシェーナー先生、以上すべての考え方を貴方はたやすく把握しておられるでしょうから、前にした約束をようやく果たすために、さあ、目の前にそれを数値的に提示いたしましょう。

太陽が平均春分点にあるとしよう。それは紀元前一四七年にヒッパルコスによってなされた秋分の観測時には、牡羊座の第一星の西3度29分にあった。*2第八天球上のこの地点から太陽が進み、1恒星年（すなわち約《365と15分と24秒》日〔＝365日6時間9分36秒〕）でそこに戻ってくるとする。しかしながら、1恒星年で平均春分点は太陽の方向とは逆方向へ約50秒動くので、その結果、太陽はスタート地点、つまり太陽と平均春分点が黄道上で同じ位置を占めていた地点、に達する前に、平均春分点に達する。したがって、平均春分点による一年は、われわれの仮説に基づくと、約《３６５と14分と34秒》日〔=３６５日5時間49分36秒〕と計算され、1恒星年よりも短い。[*3] さてもし平均春分点によって測られる一年に対して、日数とその小数部の超過がヒッパルコスとプトレマイオスの間の二八五年間にどれほどであったかをわれわれが調べるならば、それは約《69と9分》日をわれわれは見出すであろう。[*4] したがって、もしわれわれが各年毎に《4分の1》日を超過すると仮定したならば、《2と6分》日の不足があることになろう。[*5] したがって、僅か（1日マイナス《20分の1》日の不足分）〔=《20分の19》日〕をわれわれが見出すまでは、残りのいくつかの原因をよく考えてみることにしよう。

ヒッパルコスの観測時に、真の春分点は平均春分点の西、星をちりばめた黄道〔=獣帯〕の約21分にあり、そのときその地点には太陽があった。[*6] しかしプトレマイオスの時に、真の春分点は平均春分点の東、約47分であった。したがって、プトレマイオスの時に太陽がヒッパルコスの時に真の春分点のあった平均春分点の西21分の地点に達していたときに、春分ではなかった。また、太陽が平均春分点に達したときも、そうではなかったが、それ〔=平均春分点〕を越えて47分移動してしまった後で、それは、プリニウスの言うところの地球の中心、すなわち真の春分点にきた。したがって、太陽の場合進むべきは1度8分、つまり《1と8分》日にその真の運動で移動した分の円弧である。これを脇に置いておいて、この事例でアノマリ角がどれだけ減少したかを、私は吟味し、約《1分》日がそれに対応するのを私は見出した。したがって、平均春分点によって計算された日々に対しては、《1と9分》日近づいていること（付加があること）、それゆえ正当にもプトレマイオスは知っているのであるが、真の春分点から真の春分点に至るまでの彼自身の観測とヒッパルコスの観測の間には、二八五年《70と18分》日があったこと、したがって、平均春分点に関して不足分とされていた《2と6分》日から《1と9分》日を差し引いた結果である57分日不足していることは明らかである。

　プトレマイオスとアルバテグニウスの間にある7日の不足分についてわれわれは真実を述べたいが、このことは明らかである。というのも、その時間間隔はかなり大きく、すなわち七四三年であって、したがってすべての原因はもっと明瞭になるだろう。プトレマイオスの時に、平均春分点は牡羊座の第一星の西、約7度28分にあった。しかし前に述べたように、平均春分点は太陽とは逆方向へ動いてしまったので、その結果、プトレマイオスとアルバテグニウスの間にある年月には、平均春分点に関する付け加えによって約《180と14分》日分増加してしまっていたことになる。したがって、もしわれわれが平均春分点に対する時間を、四年に1日が加えられることから出てくる結果と比べるならば、《5と31分》日不足することになるだろう。[*7] さらにプトレマイオスの時に、真の春分点は平均春分点の東47分であったのに対し、アルバテグニウスの時代に、真の春分点は平均春分点の西22分にあった。したがって、太陽が平均春分点に、つまり真の春分点のかつての位置に達する前に、真の春分点に達しており、これは以前の事例とは逆である。そこで1度9分に対応する時間と同じだけ平均春分点に関する日数が差し引かれ、そして残りの《5と31分》日に近づくだろう。そして離心値の減少によるアノマリ角の変動——これには30分日が対応する——も同じような仕方で扱わねばならないので、アノマリ角の変化および歳差の不規則運動により、太陽の不規則運動の残り二つの原因と合わさって、《1と30分》日の減少になる。そしてプトレマイオスの時からアルバテグニウスの観測の時までの真の増分は《178と44分》日と出てくる。しかしこの同じ不足分が《5と31分》日に加えられると、《7と1分》日が出てきたことを示している。[*8] 証明終わり。

このような理論によって恒星と太陽の運動を回復させるのも大変に難しい仕事であったが、これらの運動の計算を通して回帰年の長さの真なる理論が結論され得るのである。そういう次第で、神は天文学における王国をその境界を定めずに学識豊かなわが尊師に賜った。[*9] 天文学の真理の再興のために、尊師がそれを統治し、守り、大きくしていると評価されますように。アーメン。

学識豊かなシェーナー先生、私は貴方に、恒星と太陽のみならず、月と残りの諸惑星の運動のすべてを取り扱って、手短に報告しようと思っていました。それは、滾々(こんこん)とわき出る泉のように、師の著述からどれほどの恩恵が、数学を研究する者たちや後世の人々全体に流れ出るかを、貴方にご理解いただくためです。しかし私の著述がすでにもう余りに長くなりつつあると私としても思いますので、これらの論題について特別な「解説（Narratio）」を著わそうと考えるに至りました。[*10] したがって、いわばその道の先駆けとなり準備となるのに必要だと愚考しました事柄を、ここで述べておくことにします。そして月と残りの諸惑星の運動についての仮説にいくつかの一般的な事柄を織り交ぜることにしますが、それは著作全体に対してもっと大きな期待を貴方が抱き、かつまた、なぜ別の仮説あるいは理論を彼がとらざるを得なかったかを、貴方にご理解いただくためでもあります。

わが尊師はプトレマイオスを模倣してその著述を執筆した、とわれわれの「解説」のはじめに述べたので[*11]、運動を改良する彼の理論に関して私が貴方に前もって述べることは最早何も残っていないように思われる。というのも、計算する際のプトレマイオスの疲れを知らない勤勉さ、観測する際のほとんど超人的な正確さ、あらゆる運動と現象を吟味し探求する彼の真に神のごとき思考法、そして最後に、教えと証明についての完全に首尾一貫した彼の方法は、〔天文学の女神〕ウラニアが恩恵を与える誰一人として、驚嘆しすぎることも褒めすぎることもあり得ない。

しかしながら次の一点で、プトレマイオスよりも大きな仕事にわが尊師は直面している。つまり、天文学というこの上なく広い練兵場で、極めて優秀な将軍たちのごとく、二〇〇〇年にわたる多くの観測が集結した運動と現象の全系列と秩序を、確実で互いに首尾一貫した学説(ratio)ないし調和のうちに整列させなければならないことである。その一方プトレマイオスは、彼自身が全面的に信頼し僅かその四分の一にも満たない期間に対する古人の観測をもっていたのにすぎないのだ。天の上なる国家の法律の教師であり真の神である〈時間によって〉、天文学の誤りがわれわれに示されるのだから、たしかに設定時における天文学の仮説、教師たち、天文表の認識不可能あるいは気づかれない誤りが、時の経過とともにおのずと露われ、広範囲に及んでくると、わが尊師にあっては天文学を再興するというよりも、全面的に建設しなければならなかったのだ。

プトレマイオスは、観測のあれほど僅かな経過期間に知られていた運動のあらゆる一連の不規則性に対し、古人――ティモカリス、ヒッパルコス、その他の人々――の仮説の大半を十分適切に調和させることができた。それゆえ、彼は全く正当かつ賢明に、そしてこれはずっと賞賛すべきことだったが、理性とわれわれの感覚により良く一致しているように思え、かつまた彼の偉大な先行者たちが採用した仮説を選んだ。それにもかかわらず、あらゆる学者の観測、天そのもの、および数学的推論からしてわれわれが確信するのは、プトレマイオスの仮説および一般に受け入れられている仮説は、天界の事柄の永続的で首尾一貫した連関と調和を証明するにも、また天文表と規則に定式化するにも十分ではなかったから、わが尊師は新しい仮説を考案する必要があった。すなわちそれを立てることによって、次のような運動理論が幾何学的かつ算術的に正しい論理的帰結を導き出せるようになる。つまり、古代の人たちやプトレマイオスがかつて高みへと上げられて〈神のごとき心眼で[*12]〉認識し、かつ、古人たちの足跡を集めることによって、注意深い観測が今日も天界に存在することを教えてくれるような理論である。

こうして確かに研究者たちは将来、プトレマイオスや他の古代の著述家たちが誰を利用したのか、今までいわば学校から排除されてきた人々をどのように呼び戻し、そしていわば帰還した者たちをかつての名誉ある地位にどのように回復させるかを理解するであろう。詩人はこう言っている、「知られないものを欲しがる者はいない」[13]。それゆえ、学識豊かなシェーナー先生、善意と学識とに満ちた他の人々とともに疑いなく貴方もしばしば嘆いてきたように、すべての古人とともにプトレマイオスが忘却のうちに無視されてきたのは不思議ではない。[14]

〔VII〕月の運動ならびに月の新しい仮説に関する一般的考察

蝕の理論はただそれだけで、事情に通じていない民衆の間で天文学への尊敬を勝ち取っているように思われる。しかしわれわれは、蝕の持続時間と大きさの程度の予測において今日それがこれまでの計算といかに大きく異なっているかを、日々見てとっている。天文表を作成するさいに、何人かの著述家がそうするのを見かけるのだが、もしも何らかの明白な誤りが時間の経過によって入り込んでしまったことに気づいた場合以外は、プトレマイオスや他の優れた権威ある人々の正確な観測を、間違っているとか信用できないとかと拒絶すべきではない[*1]。たしかに、真理を目の前にしてさえ、特にこれらの困難で深遠で手近にあるとは決して言えない事柄において、ときに間違えたり欺かれたりすること以上に人間的なことが何かあるだろうか？

月の運動について証明するさいに、古代の優れた哲学者たちが観測において決して目にしなかったわけではないと思われるような考え方と運動の理論を、わが尊師は仮定している。このゆえにわれわれが前に、回帰年の増減が規則的であるのを示したのとちょうど同じように、太陽の運動と月の運動の入念な探求から、それぞれの年に対して太陽、月、地球の相互の真の距離はどうであり、あるいは太陽、月、地球の影それぞれの直径は時間によって異なっているのが見出されてきたのはどんな根拠によってであったのかを彼は導き出すことができ、その結果、それに加えて、太陽と月の視角変化の確実な理論が得られることになった。『〔プトレマイオスのアルマゲストの〕綱要』第五巻命題二二で、われらのレギオモンタヌスはこう言っている。「しかし、月が周転円の近地点にあるとき、矩〔太陽から90度離れた位置〕ではそれほど大きく現われないのに対し、月が周転円の遠地点にあるとき、もし仮に円盤全体が輝いているとすれば、衝での見かけの大きさの四倍に現われるべきだというのは、驚くべきことである」。このことはティモカリスとメネラオスも気づいており、彼らは星々の観測において同じ月面直径を常に使っている[*2]。しかしわが尊師は経験から教えられたのだが、月の視角変化と月本体の大きさは、太陽からどんな距離にあろうとも、合や衝に起こるものとほんの少しあるいは全く異ならないのだから、採用されてきたような離心円を月に割り当てることはできないことは明白である。それゆえに彼が仮定したのは、月の天球は地球とその近隣の諸元素を包み込み、その〔月の天球の〕導円の中心は地球の中心であり、月の周転円の中心を運ぶ円はその周りを一様に運動することである。

太陽によって月がもつように思われる第二の不規則性を、彼は次のように救済している。彼はこう仮定する。月本体は〔地球と〕同心的な周転円上の周転円を動く。合と衝の頃に明瞭になる第一周転円に、月本体を運ぶ小さな第二周転円を彼は付着させる。そして、第一周転円の直径・対・第二周転円の直径の比率は1097対237であると彼は証明している[*3]。

さらに、その運動の理論は次のようになっている。傾斜した円は、その均等性を恒星から得ていることを除けば、従来と同じような運動をもっている。同心的な導円は、その中心（すなわち、地球の中心）の周りを規則的かつ均等に運動し、同じように、太陽の平均運動の線から均等かつ規則的に離れていく。第一周転円もまたそれ自身の周りを一様に――その上半円では小さな第二周転円の中心を逆方向へ、その下半円では順方向へ運びつつ――回転する。彼〔コペルニクス〕は真の遠地点からのこの運動が均等かつ規則的であることを、第一周転円の上半円では地球の中心から第一周転円の中心を通ってその円周まで引かれた直線が示すとしている。しかるに月は第二の小周転円の円周上をまた規則的かつ均等に運動し、小周転円の真の遠地点から離れていく。すなわち、第一周転円の中心から第二周転円の中心を通って引かれた直線がその円周上に示される通りである。しかもこの運動の規則は以下の通り。月そのものはその小周転円上を、導円の一周期の間に、二回回転する。しかし、すべての合と衝では月は小周転円の近地点に、だが矩ではその遠地点に見出されるとする。これがその仕組み（machinatio）あるいは仮説であって、これによって尊師は前に述べた全ての不都合を取り去り、しかも彼の天文表からもうかがえるように、それが現象すべてを満足させることを目にも鮮やかに示している。

更に、学識豊かなシェーナー先生、この月の事例でわれわれはエカント〔円軌道の中心とは別な位置に想定された一様回転の中心点。第X章注12も参照〕から解放されているのを貴方がご覧になるのと同じように、経験とすべての観測に対応するような理論を仮定することで、残りの諸惑星においてもエカントを取り除き、上位三惑星のそれぞれには、離心円と周転円を一つだけあてがい、このそれぞれが自らの中心の周りを均等に運動するようにし、諸惑星は周転円上を離心円と同じ回転をなしているが、金星と水星においては離心円上の離心円を〔あてがっている〕。毎年諸惑星は、順行、留、逆行、地球に近づいたり遠ざかったり、などと知覚されるのであるから、上記のことに更に付け加えられるもう一つの地球という球の規則的な運動によってなすことができると彼は証明している。すなわち、太陽が宇宙の中心を占めることとし、太陽に替えて地球が離心円——「偉大な天球（orbis magnus）」と称するのを彼は好んだ[*4]——上を回転するのである。実際、天界の事柄の確実な理論が、地球という球たった一つの規則的かつ均等な運動に依存しなければならないということには、何かしら本当に神聖なものがある。

〔VIII〕古代の天文学者たちの仮説が廃棄されねばならない主な理由

第一に、（貴方もすでにお聞きになったように）疑い得ない分点歳差、それと黄道傾斜の変化が彼の心を動かした結果、地球の運動によって天界の大半の現象が生み出され得る、あるいは、たしかに極めて適切に救われ得るとの立場を彼は採用した。

次に、太陽の離心値と同一の変化が、同じような理由から、およびそれに比例して、残りの諸惑星の離心値にも観測されること。

それから〔第三に〕、諸惑星はそれぞれの導円の中心をいわば宇宙の中心としての太陽の近くにもっているようにみえること。もっとも古代の人々が（ピュタゴラス派のことを今は言わないにしても）まさにこれを知っていたことは、たとえばプリニウスの次の言明から十分に明らかである。[*1] 疑いもなく彼は最良の権威者たちに従って、金星と水星は決まった一定の限界以上には太陽から遠くへ逸れることがないのは、それらが太陽の近くに向いた長軸線をもっているからであり、それゆえに、これらの惑星には必然的に太陽の平均運動も生じてしまうからである。しかし彼が言うには、火星の観測できないその経路、および火星の運動の補正値における他のいくつかの困難のほかに、太陽そのものよりも火星がもっと大きい視差を時々示すのに疑いはないから、地球が宇宙の中心を占めているというのは不可能に思われる。土星や木星が朝方や夕方に昇ってわれわれに対する場合は、同じだと容易に結論されるにしても、火星が昇ってくる場合の変化は、特に最もよく確認される。というのは、火星という星は非常に鈍い光をもっているので、金星や木星ほどに目を欺くことはないが、地球からの距離の割合に応じてその光度の変化をもたらすからである。[*2] そこで夕方に昇ってくる〔衝の〕ときの火星は木星の光度に等しくなるように思われ、その結果、それは火のような輝きでのみ区別されるのに対し、〔朝方に太陽と共に〕現われるが隠れてしまう〔合の〕とき、それは二等星とほとんど区別することができないのであるから、夕方に昇ってくる場合、それは地球に最も接近するが、反対に朝方に昇ってくる場合、それは最も遠くに離れている。このことは、周転円理論では決して起こりえない。したがって、火星や他の諸惑星の運動を回復するためには、別の位置が地球に割り当てられねばならないのは明らかである。

第四に、尊師は次のたった一つの論拠によって、それが生じ得ることを見て取った。つまり、円運動に最もよく本来的なことであるが、世界における円の回転はすべて、それ自らの中心の周りに均等かつ規則的に、そして他の仕方ではなく、運動する。

第五に、医者と同様、数学者においても、ガレノスが随所で厳かに命じていること――〈自然は目的なしに何事も為さず〉[*3] や〈われらの造物主は非常に賢明なので、彼の作品のどれもたった一つの使い方をもつのではなく、二つあるいは三つあるいはもっと多くの使い方をもっている〉[*4] ――を定めておくべきであり、このたった一つの地球の運動によってほとんど無限個の現象を満足させるのをわれわれは見ているのだから、ありふれた時計職人たち

――彼らは何であれ余分な歯車や、その機能がほかのものの位置をちょっと変えるだけで果たされてしまうものは何であれ、機械の中にそれを挿入するのを注意深く避けている――が持っている、とわれわれが認めるような技能を、自然の創造者なる神に帰してはならないことがあるだろうか？　この仮説を採用すれば、天界の事柄についての確かな学問を築くためには、太陽を宇宙の中心に静止させると、たった一つの不動の第八天球、また残りの諸惑星の運動のためには、離心円上の周転円（eccentrepicyclos）や、離心円上の離心円（eccentreccentricos）や、周転円上の周転円（epicycli epicyclos）で十分であると見てとったときに、数学者としての尊師に、地球の運動という役に立つ理論を採用するのを思いとどまらせるような何がありえたであろうか？

以上に付け加わってくるのは、自らの天球における地球の運動が、月を除く全ての惑星の論拠となっていることであって、このたった一つの運動があらゆる不規則運動の原因であるように思われる、すなわち、上位三惑星の場合には太陽から離れ、金星と水星の場合には太陽の近くに現われる原因となり、さらに、惑星導円の緯度におけるたった一つの偏位による運動を生み出し、こうしてどの惑星も満たしている諸惑星の運動こそが、主としてこのような仮説をさらに必要としていることが見て取られるようになる。[*5]

第六、そして最後に、わが尊師博士を特に促したのは次のことであった。すなわち、天文学におけるあらゆる不確実さの主要な原因は、この学問の大家たちは（天文学の父である神のごときプトレマイオスを免罪して私はこう言いたいのだが）自らの天体の理論や運動の計算を改良するさいに、天球の順序と運動が絶対的な体系で成立していることを告げ知らせてくれる規則にほとんど配慮しなかったことである。というのは、われわれはこれらの人々に（当然そうなすべきなので）しかるべき敬意を十分払いたいが、運動のハーモニーを確立するに際し、彼らには音楽家を真似るよう確かに望むべきだったのだ。[*6] 音楽家は、一本の弦をピンと張ったり、ゆるめたりするときに、細心の注意と技巧をもって、すべてが共に望みのハーモニーを生み出し、不協和音がどこにも聞こえなくなるまで、他のすべての弦の音を調整するのである。アルバテグニウスについて今は語るとして、彼が自らの著作においてこれに従っていたとしたら、疑いもなくわれわれは今日、あらゆる運動のもっと確かな計算を手にしていただろう。というのは、アルフォンソ表は大いに彼に依拠していたらしいからであり、ある時点でこのたった一つのことが無視されたので、もし真実を語ろうとすれば、天文学全体の崩壊が懸念さるべきだったのだ。

天文学の一般的な諸原理の中に、天界現象のすべては太陽の平均運動に対して自らを律していること、そして、天界運動全体のハーモニーは太陽の統治によって立てられ維持されていることを見ることはできた。そのゆえに太陽は、古代の人々によっても、〈合唱隊指揮者〉、自然の統治者、王と呼ばれていた。[*7] しかしこの統治をどのように司っているか、つまり、『〈宇宙論〉』でアリストテレスが非常に見事に描いたように、[*8] 神がこの宇宙全体を統治しているごとくなのか、それとも、全天をあれほど頻繁に自ら経めぐり、どこにも休息せずに、自然における神の管財人を太陽が務めているのかは、まだ十分に説明も決着もつけられていないように思われる。このいずれの想定が好ましいのか、私は幾何学者と（数学的素養のある）哲学者の決定に委ねておく。というのは、この種の論争の審理と評決では、判決はもっとももらしい意見ではなく数学的法則（この事件が聴取される法廷）において言い渡されるべきだからである。[*9] 前者の支配方法はこれまで退けられ、後者が受け入れられてきた。しかしながら、わが尊師博士の確信するところ、自然の事柄において今まで非とされてきた統治方法を呼び戻さねばならないと定めたが、広く受け入れ是認されたものにはそれ自らの場所を残しておくべきとした。[*10] というのも彼は知っていたのだが、人間に関する事柄において、皇帝は神によって自らに課せられた義務を遂行するために、町から町へ自ら赴く必要はないし、また生きることを維持するために、心臓は頭や足やその他の身体部分へ移り住むことはなく、神によって特定の目的のために定められた他の〈諸器官〉を通じて、その務めを果たすのである。

次に、太陽の平均運動は、他の諸惑星の場合と同様に、想像によって立てられているのみならず、それ自体の原因をもっているような運動である、と彼は決定したので、太陽は真に〈舞唱団の踊り手で同時にその指揮者〉であるように見えるということもあって、自分の意見は確固たるものであり、真理に外れてはいないことを確認することになった。というのは、この仮説によって、太陽の一様運動の作動因が幾何学的に導き出され、かつ証明されうると彼は考えていたからであり、それゆえ太陽のこの平均運動は、確かな根拠に基づいて、残りの諸惑星のすべての運動と現象のうちに、各々に明らかなように、必然的に認められることになり、しかも離心円上の地球の運動が仮定されると、そこから天界の事物の確実な理論が存在し、そこにおいては、かつて然るべき姿であったのと同じように、体系全体は新たに然るべき比率になるように同時に再構築されるのでなければ、どんな変更もなされるべきではないのだ。[*11] 既存の通常の諸理論から、確かにわれわれは疑いをもつことすらできなかったので、事物の自然における太陽のこの統治も、また古人による多くの太陽〈賛歌〉をも詩として、われわれは無視してきた。だから、こうした状況下で、尊師が運動を救済するためにどのような仮説を採用せねばならなかったのか、貴方はお判りでしょう。

〔IX〕天文学全体の新仮説の〔細目〕枚挙のための幕間

学識豊かな先生、貴方は様々にお考えになっておられるでしょうが、ちょっと中断させていただきます。というのは、驚くほど学があり深く研究してきたわが尊師博士によって探求された、天文学の仮説の革新のための諸々の理由に貴方は耳を傾けつつも、結局のところ、生まれ変わる天文学の仮説の適切な根拠は何になるのかを貴方がいま深く考えておられるのを、私は重々承知しているからです。しかし、すべての星を自分の意のままに、まったく自分と一緒ではないにしても、鎖をつけてエーテルのなかを回そうと試みる一部の人々は、貴方のご判断も同じでしょうが、他の真正な数学者たちや善意の人すべての判断においても、嫌悪というよりも憐れみを誘います。天文学者において仮説や理論がどんな位置をもつのか、そして数学者が自然学者とどれほど相違しているかについて貴方がご存じないわけはないのですから、同意していただけると私は感じているのですが、観測と天そのものの証拠がわれわれを幾度も繰り返し導いていく結果に従うべきであり、あらゆる困難を携えながら、神を導き手とし、数学とたゆみのない研究を伴侶として、〔その困難を〕克服せねばなりません。[*1]

そういうわけで、天文学の至高の主要目的を心に留めておくべきであると決意した人は誰であれ、われわれと一緒になって、わが尊師博士に感謝するだろうし、アリストテレスの次の言葉を自分に当てはまると考えるだろう。〈誰であれ大いに正確な証明を見出すのに成功した暁には、その発見に対し然るべき感謝が与えられよう〉[*2]。そして、たとえアリストテレスが彼自身とカリポスのモデルで〈現象の〉原因を指定するうえでわれわれを鼓舞してくれたとしても[*3]、天体の様々な運動が自ら提供してくれたのに応じて天文学を更新し、そして十分優しいとはいえないアリスタルコス[*4]〔の役割を〕プトレマイオスに対して〔演じた〕アヴェロエス[*5]が、もし偏見のない目でいま自然学を見直したいならば、尊師の仮説をこれまで以上に冷淡に取り扱ってもらいたくないと、私は望みたかったのだ。この点で、もしプトレマイオスが生き返ることを許されたとしたら、彼が自分の諸仮説は意に適い、それに誓いを立てている、とは私には思えないし、天界の事柄の確かな学説を築き上げるために、幾世紀にもわたる残骸によって王道がそこでは遮断され通行不可能になっているのを彼は理解するだろうし、空中と広々とした天界を通って目指す終点へ登りつめることはできないのだから、陸と海を通る別の道が将来もう一度探求されるべきではないということもない。というのは、このことについて次の言葉を書いた人とは別の何かを私は言うべきだろうか。

〈証明なしになされた仮説というものは、もしそれが現象と一致していると見出されるだけだとするならば、何らかの注意深い方法論的な手続きなしには見出し得なかった。たとえ、どのようにして認識するに至ったかを説明するのが難しかろうとも。というのは、一般に、第一原理の原因は、その本性上、存在しないか、あるいは記述するのが困難だからである〉[*6]。

いかに慎重かつ控えめにアリストテレスが天界運動の学問について語っているかは、彼の著作の随所に見ることができる。別の関連で彼はこう言っている。〈主題の性質が許容する限りで、それぞれの事柄のクラスで正確さを探し求めることは、教養ある人の印である〉[*7]。さて自然学においても天文学においても、大抵の場合、結果と観測から原理へと進むものだから、私は確信するのだが、アリストテレスはもし新しい仮説の根拠を聞いたならば、たとえば、重いもの、軽いもの、円運動、大地の運動と静止について議論を極めて入念に弁護したのと同じように[*8]、これらの議論で自分が何を証明したのか、そして証明のない原理として自分が何を仮定したのか、それを疑いもなく率直に認めるであろう。したがって私は、プラトンに帰せられる周知の諺〈アリストテレスは真理の哲学者である〉[*9]がたしかに正しい限りで、彼がわが尊師博士を支持したであろうと信じることができる。反対に、もし彼が現われて非常に厳しい言葉を突然吐くとしたら、哲学のこのきわめて麗しい部分の現状を次のような言葉で嘆き悲しむためだけのものだろう、と私としてはただただ自らを納得させるだけである。〈プラトンの至言とされるが[*10]、幾何学とそれに付随する研究は存在を夢見るが、その採用する仮説に邪魔が入らないようにし、かつその説明を何ら与えることのできない限りは、はっきりと目覚めてそれを見ることは不可能である〉。そして彼〔アリストテレス〕ならこう付け加えたであろう。〈現象のこうした理論の知識に対してわれわれは不滅の神々に大いに感謝しなければならない〉。しかし確かに以上のことは、ここでするというよりもむしろ他の論考でするのが適切なので[*11]、まだ先に残っているわが尊師の仮説を自由に、しかも以前私が述べた事柄に幾らか光を投げかけるために、順序立てて語ることへと私は進もう。

〔X〕宇宙の配置[*1]

アリストテレスは「真となるようないくつかの後続するものに対し、その原因となるものは、もっとも真である」と言っている。[*2]そういうわけでわが尊師は、以前の幾世紀もの観測が真であると確証されるような原因を含み、そして望むらくは、将来、〈現象の〉あらゆる天文学的予測が真であると見出される原因となるような仮説を採りあげねばならないと決意したので、かなりの困難を克服して、彼がその仮説によってまず打ち立てたのは、われわれが第八天球と呼びならわしている星々の天球は、その区域内に自然のあらゆる事物を包摂する住居となるよう神によって創造され、それゆえに、それは宇宙の場所として固定され不動なものと創造されたことである。そして運動は何か固定されたものとの関連でのみ認識されるのであるから、例えば海上の船乗りにとって、「陸地はもはや何一つ見えず、四方八方、ただ天空と海のみで[*3]」、たとえ一時間に数マイルも通過するような高速で運ばれても、海が風で乱されないときには、船のどんな運動も知覚されず、この全天球を神はわれわれのために沢山の煌く星でちりばめられ、場所的に確かに固定されたそれらと比較して、そこに内包された他の天球や惑星の位置と運動をわれわれが観測できるようにするためである。次に、この配置に調和するように、神がこのステージの中心に据えたのは、自然における神の管財人、神の御威光によって人目を引く全宇宙の王たる太陽。
その旋律に合わせて神々は動き、天球はその掟を受け入れ、定められた契約を守る[*4]

その他の天球は次の仕方で配置されている。天空すなわち星々の天球の下の最初の場所は土星の天球に充てられ、その下に木星の天球、次に火星の天球が包み込まれるが、太陽は水星の天球、次に金星の天球によって取り囲まれており、五つの惑星天球の各中心は太陽の近傍に見出される。しかし火星の天球の凹面と金星の天球の凸面の間には十分に広い空間が残されているので、大地の球体〔＝地球〕は近隣の諸元素と共に月の天球に囲まれて、全くもって偉大な天球によってその内部に、水星の天球と金星の天球、さらに太陽を包み込んで回転し、諸惑星の間にまさに星のひとつとして自らの運動をもつことになる。

わが尊師の意見による全宇宙のこの配列を注意深く熟考した私としては、プリニウスが次のように述べたとき、彼が非常に明瞭であると同時に正しく判断したと理解した。「その湾曲面によって全体が覆い隠されている宇宙あるいは天の外側を探求することは、人間の関与することではないし、また人間精神の推測すらも捉えることはできない」。そして彼はこう続ける。「宇宙は神聖であり、限りがなく、すべてのすべてである。実際それは全体そのもの、有限だが無限に似たものであり、云々[*5]」。というのも、われわれがわが尊師に従う場合、恒星天球の凹面の外側にわれわれが探求するものは何もないことになるからである。ただろう。しかし例外は、それを知るようにとわれわれに聖書が望まれる場合であるが、その場合でもこの凹面の外側に何かを置く道はまたもや閉ざされるだろう。したがってわれわれは、神によって恒星天の内部に包み込まれたこの残る自然のすべてのものを、あたかも神聖なもののように、褒め称え、そして観察するだろう。それを多様な仕方で詳しく研究し知るために、神は無数の機器と賜物をわれわれに十分賦与してくださったのだ。そして神が望まれた地点まで、われわれは進んでいくだろうが、神が課した限界を超えて行くことを試みることはないだろう。

さらに、宇宙はその凹面まで広大で、本当に無限に似ていることは、すべての星が瞬くのをわれわれが見ていることから疑いの余地はない。ただし諸惑星は例外であって、このうち天空に最も近く最大の円で運ばれる土星でもそうなのである。しかしまさにこのことは、尊師の仮説から〈証明〉によってはるかに明瞭になる。というのは、地球を運ぶ偉大な天球は、五つの惑星の各天球に対して認識可能な比率をもっており、すなわちそれゆえに、これらの惑星における現象の不規則性はすべて、太陽に対するそれぞれの関係から出てくることが証明されるからであり、しかも地球上の地平面はどれも宇宙の大円として恒星天球を等分割し、それらの回転の天球は恒星によって均等性をもつことが確かめられるから、星々の天球がきわめて無限に似ていることは十分明らかである。というのは、それと比べると、あの偉大な天球は消失してしまい、そしてあらゆる〈現象〉は、あたかも地球が宇宙の中心に座していたかのごとく、その通りに観測されるからである。[*6]

さらに、たとえ驚くべきこととはいえ、前述の仮説を採用すると保たれる運動と天球の均斉と相互連関は、制作者たる神にも、これらの神聖な物体にも不適切なわけでなく、[*7]どんな人間の言葉によって語られる以上に速やかに精神によって（天界との親和性のゆえに）認識されうると私は主張したい。それはちょうど証明において、言葉によるよりも、こう言ってよければ、これらの極めて喜ばしい事物の完全無欠のイデアによって、通常われわれの精神に刻印されるのと同じである。それにもかかわらず、この仮説の一般的考察においても、えも言われぬ一致とすべてのものの調和がどのように現われるかを見ることはできる。というのは、通常の仮説では、天球を作り設けるのに限度がないことが明らかになったことに加え、その広大性が感覚によっても理性によっても把握することのできなかった天球〔つまり、恒星天球〕は、極めて遅い運動で、かつ極めて速い運動で回転していた。[*8]そしてある人々は、最も高い可動者によって、下にある諸天球は日周運動で急速に運び去られると主張していたが、しかしこのことをめぐって論争の大嵐が猛威を振るったとき、どんな根拠に基づいて上位の天球が下位のものに権能をもてるのかを彼らは説明できなかった。他の人々、たとえばエウドクソス[*9]および彼に従った人々は、特別な天球を各惑星に割り振り、一自然日に一度のその運動で地球の周りを回転することになる。更に、不滅の神々よ、金星の天球と水星の天球の位置および太陽に対してそれらをどのように配置するか、今に至るまで何という激しい争いと、どれ程多くの論争があったことか。[*10]しかしその論争はいまも判事のもとに置かれている。これらの通常の仮説を立ててしまうと、将来決着することは非常に困難だし、不可能ですらあるのを見て取らない人がいるだろうか？　というのは、同時に天球〔＝導円〕と周転円の相互比率をそのまま保ってさえいれば、土星を太陽の下に置くのを妨げる何があるというのか？　なぜなら、これらの仮説においては、それぞれが幾何学的にその位置に円を描くことになる惑星天球相互に共通な大きさがいまだに示されていないからである。[*11] 極めて麗しく喜ばしい哲学のこの部門の名誉を毀損する人々が、金星の周転円の〔膨大な〕大きさのゆえに、そしてエカントを採用して、天球の運動はそれ自身の中心の周りでは不規則になると仮定してしまったゆえに掻き立ててきた大騒ぎに、[*12] ここでは沈黙しておけば十分としておこう。

だが、前に述べられたように、尊師の仮説において星々の天球は限界と定められ、任意の惑星天球は自然によってそれに割り振られた固有の運動で一様に前進して、その周期を全うし、そして上位の天球の力を受けることなく様々に運ばれていく。加えて、運行の大きな天球ほどゆっくりと回転し、そして本来的なことだったが、「運動と光の源だ」[*13] とどなたかが言っていた太陽に近いものほど、より速くその回転を全うする。それゆえ、土星は黄道上を自由にその経路を通過して三〇年で回転を全うし、木星は一二年で、火星は二年で〔回転し〕、地球の中心は恒星に対する一年の大きさを決定する。金星は獣帯を九ヵ月で通過する。だが最小の天球で太陽の周りを回る水星は八〇日で[*14] 宇宙を遍歴する。したがって、宇宙の中央である太陽の周りを回転するたった六個の動く天球があり、地球を運ぶ偉大な天球がそれらの共通尺度である。それはちょうど大地の球体の半径が、月の天球、月からの太陽の距離の天球等々の共通尺度であるのと同じである。そして確かに六という数よりももっとふさわしくもっと価値のある別の数を、誰が選べただろうか？　あるいは、世界の制作者であり創造者である神によってこの宇宙全体がいくつかの天球に分けられていることを、何によって死すべき定めの人間にもっとたやすく説得できたであろうか？　というのは、この数は、神の聖なる預言におけるのと同様、特にピュタゴラス派とその他の哲学者たちによって他のすべてに優って尊重されているからである。神の手仕事にとって、この最初の最も完全な仕事がこの最初の最も完全な数[*15]において包含されること以上にもっと適切なものが何かあるだろうか？　そのうえ、天界のハーモニーが前述の六つの動く天球によって達成されるためでもあり[*16]、この場合、すべての天球は互いの間に広大な空隙が残らないように互いに次の仕方で続いている。すなわち、各々が幾何学的に定められてその位置を保っている結果、もしその場所からどれかひとつでも動かそうとするならば、体系全体を同時に壊してしまうことになるからである[*17]。しかし、以上、一般的な事柄を吟味したので、個々の天球およびそれらに付着しかつそこに身を横たえる物体〔つまり、天体〕の円運動を枚挙することへわれわれは進むとしよう。さて最初に、われわれがその上にくっついて離れない大地という球体の複数の運動の仮説について語ることにしよう。

〔XI〕偉大な天球およびそれに付着する複数のものにはどんな運動が相応しいか。地球の三運動――日周、年周、傾斜の運動

プラトンおよびかの神聖な時代の最大の数学者たちであるピュタゴラス派に従って、[*1]〈現象の〉原因を決定するためには、幾つかの円運動が大地という球状物体に帰されなければならないとわが尊師は考え、また（アリストテレスも証言しているように）[*2]地球に割り振られた一つの運動には、星々にならって、更に他のいくつかの運動も相応しいと彼は見て取ったので、最も独自なことだが、最初から地球は三つの運動で動くと仮定すべきだと彼は判断した。

というのは、第一に、前に述べられたように、宇宙の一般的配置を仮定して彼が示すに、月の天球の内部に両極によって包み込まれた地球は、旋盤上のボールのように、神の意志が定めた通り、球体自らの西から東への運動によって、また自らを太陽の方へ向けるに応じて、昼と夜そして天界の様々に変化する外観を死すべき人間に対して作り出す。第二に、地球の中心はそれに身を横たえるもの、すなわち諸元素および月の天球と共に、私が既に一度ならず言及した偉大な天球によって、十二宮の順序で〔つまり西から東へ〕黄道面上を一様に回転する。第三に、地球の赤道と地軸は黄道面に対して可変的な傾斜をもち、中心の運動

は反対に向きを変え、その結果、地軸のこのような傾斜と星々の天球の広大性のゆえに、地球の中心がたとえどこにあろうとも、地球の赤道と両極はほとんど常に世界の同じ方向を向くことになる。もし地球の中心が偉大な天球によって順方向へ引き動かされるのと同じ大きさだけ、偉大な天球あるいは黄道の軸と両極の周りにそれらから等距離の小さな円を描きながら、地軸の両端すなわち地球の両極がほぼ日毎に逆方向へ進むと理解されるならば、こういう結果が生じるだろう。

しかしこれらの運動に対し、わが尊師の意見に従って、地球の両極の二つの振動、さらに偉大な天球の中心が黄道上を均等運動と不規則運動で前進していく際の二つの運動をわれわれは付け加えたが、[*3]地球を中心に回る月の運動に関して前に述べたことと合わせると、学識豊かなシェーナー先生、われわれは〔尊師の〕仮説の本当の理論をもつことになります。それは、近時の人々が第一運動と呼び、現在星々の天球のあらゆる種類の運動についてわれわれが持っている教説全体を導き出すためでもあり、また、過去二〇〇〇年にわたり学者たちによって営まれた注意深い観測において太陽と月の運動と現象に関して生起した事柄の原因を決定するためでもある。このことは以下でもっと詳しく述べるので、偉大な天球の運動が他の五つの惑星における現象に確かにどれほど多くの影響を与えているのかに注意しておく。これほど僅かで、そしてあたかも一つの天球におけるかのようでありながら、これほど多くの事柄の教説がそこに包み込まれるのだ。

第一運動の教説においては、何も変える必要はない。というのは、相互に関連しているもの性質である或るもの、〔たとえば〕最大の傾斜〔＝赤緯〕が決定されると、同じ根拠に基づいて、黄道の残りの部分の赤緯、直立上昇、地球上のすべての地域における影とグノモン〔垂直に立てた棒とその影の作る図形で、主に日時計として使用〕の理論、日中の長さ、斜向上昇、星々の出と没などは探求されるだろう。しかしながら、この〔われわれの〕仮説が古代の仮説と異なるのは、古人たちによって教えられたことと反対にわれわれの仮説においては、黄道を除けば、どんな円も表象において本来的に星々の天球上に描かれているのではないことである。しかし他の諸円、すなわち赤道、二つの回帰線、北極圏と南極圏、地平線、子午線、および第一運動の教説に関連するその他のもの、たとえば垂直円、高度円、平行圏、分至経線などは、本来的に大地の球体上に表示されており、何らかの関係によって天界へ関係づけられているのである。

太陽に関して現象するものの中で、全ての星々と他の諸惑星とで共有している地球の周りの日周回転の現象、およびプトレマイオスや近時の人々が太陽の固有な運動に帰してきた現象の外に、二分点と二至点の変化、その点からの恒星の距離、恒星の間における遠地点の変動に関連して起こると理解されている諸現象も太陽には生じている。これらすべての現象はまさに、あたかも太陽と星々の天球が動くかのように、われわれの目には現われる。というのは、一般の人々の信じるところ、これらの物体が東に現われあるいは昇り、地平線上を次第に昇っていって、ついには子午線に達し、そこからは同じようにして降り、それから下の半球を移動して、日々その日周回転を全うするその仕方は、わが尊師がプラトンに従って地[*4]

球に割り当てる第一運動によって十分明らかな原因を有している。

太陽はわれわれには黄道十二宮の順に進むように思われ、しかもわれわれが納得しているこの運動によって黄道を描き、また一年の長さを決定しているということは、尊師が地球に帰す第二の運動によってなすことができる。というのは、地球が偉大な天球によって運ばれ、天秤宮と太陽の間にあると、地球は静止していると考えるわれわれは、太陽が〔真反対の〕白羊宮にあると考えることになるだろう。なぜなら、地球の中心から太陽を通って星々の天球まで引かれた直線は白羊宮に落ちるからである。それから地球が天蠍宮に進むと、太陽は〔真反対の〕金牛宮に向かったように思われ、そしてそのように獣帯全体を移動すると思われる。だが、太陽は静止したままであり、この運動は地球に相応しいとわれわれは主張する。そして恒星年は、地球のあるいは見かけ上は太陽の中心が、ある星から同じ星へ一回巡るのを全うする時間になるだろう。

地球の第三の運動は、地球全体上に確定的で秩序だった季節の移り変わりを生み出す。というのは、それによって太陽と残りの諸惑星は赤道に対して傾いた円上を運ばれているように見え、地球の個々の経過に対する太陽の関係は、同じままであり、仮説により地球が宇宙の真中を占め、諸惑星は斜めの円上を動いた場合と同じである。というのは、〔述べたように〕その両極の運動のゆえに、太陽と比較すると、赤道面は黄道面から反転し、かつ、傾斜する、あるいはギリシャの人々の言うように[*5]〈斜向し、かつ、傾斜する〉[*6]ので、黄道に対する赤道の同一の傾斜が黄道上のほぼ同じ場所で繰り返し起こり、日周回転の両極は星々の天球のほとんど同じ地点を常に向いている。[*7]

さて、赤道が黄道面から離れ太陽に対して最大の傾斜にあると、太陽の中心から出て地球の中心に至る線は、日周回転によって転がり回される大地の球体を円錐切断で切ることになり、回帰線を描くだろう。更に、赤道面が黄道面から離れ太陽に対して最も大きく反転するとき、地球のいたるところで昼夜平分が起こる。というのも、前述の線によって大地の球体は赤道上で二つの半球に分割されるからである。しかし地球におけるその他の日中平行圏は、赤道の反転と傾斜（つまり、プトレマイオスの用語を使えば〈斜向と傾斜〉）が互いに交じり合った仕方に応じて記される。そして北極圏と南極圏は、地平線との接触点によって描かれる。しかし黄道の両極は、赤道の両極の周りに、わが尊師のいう、等距離な極円を描くだろう。赤道の両極と前述の等距離にある黄道の両極とを通る大地の球体の大円は、今度は分点経線になるだろう。そして、赤道の両極で先のものと直角の球面角で交わるもう一つの大円経線になるだろう。そして、このようにして任意の場所の固有な円であれ、至点その他どんな円であれ、地球上にたやすく書き込まれ、それから上空に広がる天界に対する指示となることが理解される。[*8]

更に、観測の命ずるゆえに、大地の球体は離心円の円周上へ飛び上がったので、太陽は宇宙の真中へと沈んでいった。そして、一般の諸仮説において、離心円の中心はわれわれの時代には全宇宙の中心（これらの仮説において、それは地球の中心でもあった）と双子宮の間にあったのと同じように、尊師の仮説では、逆に、われわれの『解説』のはじめで[*9]離心円の中心として考えた偉大な天球の中心は、尊師の宇宙の真中たる太陽と人馬宮の間に見出されることになり、しかも地球の中心を通る偉大な天球の直径は、太陽の平均運動の線を表わす。そして地球の中心から太陽の中心を通って黄道まで投射された線は太陽の真の位置を決定するから、プトレマイオスや最近の人々による扱い方で「太陽が黄道上をどのように不規則に動くと考えられるべきであり、そして平均運動からずれる変動角は幾何学的にどのように探究されるべきか」ということも不可解ではない。地球が偉大な天球の高いほうの長軸端にあると、太陽は離心円上の遠地点を占めると考えられ、逆に、地球が低いほうの長軸端にあれば、太陽は近地点にあると思われることになる。

しかし実際のところ、どのような理由で恒星が二分二至点から離れていくように見え、また太陽の最大傾斜が変化するのか、等々は（このことは『解説』のはじめに、尊師の著述の第III巻から私は引き出したのだが）、われわれが一般的に提示した傾斜の運動ならびに相互作用する二つの振動に依存すると尊師は結論づけた。そこから、黄道の両極から、前に述べたように、それ程遠くない距離にある両極から、その両側に大円の23度40分[*10]が数えられたとし、そこに平均赤道の両極を示す二点が記されたとする。そして平均の冬夏至点と春秋分点を際立たせる分至経線が適当に記されたとする。十分よく理解するために、以上のことを心に留め、それらが大地の球体を包み込む小天球に描き込まれたとし、その一様運動によって、地球に割り当てられた第三の運動が生ずるとする。

さて、地球の中心が太陽と処女宮の間に留まっていて、太陽に対して平均赤道が反転する、あるいは斜めになる（reflectatur seu obliquetur）とし、太陽の真位置の線が黄道面、平均赤道、平均分点経線の共通交線を通るとすれば、その結果、平均の春分が同時に真の春分であることになる。その場合、以下できわめて明白になるように、運動の理論がまさにそれを必要としているのである。その位置から地球の中心は、恒星によって算定して、一様な運動で毎日59分8秒11毛[11]だけ前へ進み、地球中心のこの運動に加えて、平均春分点は逆方向へ同じだけ動くとし、そしてそれはやや速く進んでいくので、約8毛だけ大きな角を描くとしよう。そしてこれが、少し前に、傾斜の運動が恒星に対する地球中心の一様運動にほぼ等しいとわれわれが述べた理由である。しかしその後、平均春分点から（既に立てられた規則に応じて）地球中心上に示される角が増加すると、以前は黄道の場所に対していた地球の中心は、そこから逸れて向きを変え、ついに太陽の真位置の線は平均春分点上に落ち、そして星々は平均あるいは一様な或る運動で順方向へ西進（anticipatio,[12]＝歳差）の理論の分だけ進んだようにわれわれには見えるだろう。私がはじめに述べたように、この西進は1エジプト年に約50秒[13]であり、そして2万5816エジプト年に完全に一回転する。したがって、平均春分点とは何か、均等歳差とは何か、そして以上のことが、あたかも機械装置におけるかのように、〔人の〕目にどのように映るかは明らかである。

〔XII〕振動について

有限な直線AB、たとえば24分[*1]〔の長さ〕、があるとし、これが点Cで二等分されたとする。[*2]それからコンパスの一方の足をCにおいて、Aに向かって6分（すなわち、〔ABの〕四分の一）の長さのCDで円DEが描かれたとする。そしてこれとは別の材質から成る同じ大きさの二つの小円（差し当たりこのように語るとして）が作られたとし、それらのうちの一方が他方の円周上に取りつけられ、自らの中心の周りに自由に動けるように組み合わされたとする。[*3]もう一方〔の円〕をその円周上で運ぶ円を第一と呼び、点Cで直線ABの中心に結びつけられているとする。第二の小円の中心を点Fとし、その円周上に任意に点が取られ、点Gが書き足されたとする。さて、第二小円の点Gが与えられた線の端Aに取りつけられ、そしてFは同じ円の点Dに〔取りつけられたとする〕。そして等しい時間に、一方向に向かうGが中心F上に、逆方向に向かうFによってC上に描かれる角よりも二倍大きな角を描くとすると、第一小円の一回転に対し、点Gは第二小円を二回転して、線ABを二回描いて爬行（はこう）したことは明らかである。

こうして二つの円運動の組み合わせによる直線のこのような描像のゆえに、[*4]点Gは両端のAとBの近くでは極めて遅く、だが真中のCの付近では非常に速く進むので、点Gの線AB

に沿うこのような運動を「振動（libratio）」と呼ぶのが、尊師にはお気に召したのである。なぜなら、このような運動は空中につるされた物体に似たように生ずるからである。この運動はまた「直径方向への運動（motus in diametrum）」とも呼ばれている。というのも、Cを中心としてＡＢを直径とする円を想像してみれば、私の述べた二つの小円の合成運動によってその直径ＡＢのどの位置に点Ｇがあるかは、弦の理論により決定され、さらにプロスタファイレシス[*5]の表も作られるからである。

師はＣ上の第一小円の運動をアノマリと称しているが、それはこの運動からプロスタファイレシスが把握されるからである。こうして、第二小円の中心Ｆが第一小円の円周上を点Ｄから離れて左側に遠ざかって、30度の角ＤＣＦを描くとする。そして中心Ｃから円ＡＢの円周へ引かれた線ＣＦＨは、第一小円の弧ＤＦと同じ度数の弧ＡＨを含むだろう。そして第二小円の点ＧはＨからＦの速さの二倍の比率で右側へ進むので、点Ｈから点Ｇへ引かれた直線は明らかに弧ＡＨの二倍の〔弦の〕半分と同じになり、そしてＧＣは四分円から弧ＡＨ〔を引いた〕残りの弧の二倍の〔弦の〕半分になる。それゆえ、直径ＡＢ上でＧがＡから隔たる大きさのＡＧは、半径を1万としたときに、１３４０単位になる。さてもしＡＢが60単位と前提されるならば、ＧＡはその単位で4、そしてＧＢは56になるだろう。そこから24分の比例小数部をとれば、与えられた有限直線上の点Ｇが、この場合において、どこにあるかが分かるだろう。

以上、こうして〈簡略〉とはいえ〈ムーサ神のためには〉十分に把握されたので、黄道面からの赤道の最大傾斜がどのように変化するのか、そして昼夜平分点の真の歳差がどのようにして不規則に生ずるのか、を理解するのは容易であったろう。なぜなら、短い弧は感覚的には直線と異ならないので、はじめに想定上、点Cが平均赤道の北極に取りつけられているとする。さて平均至点経線の弧を線ＡＢとし、平均赤道の北極と、黄道の両極から等距離にある近傍の極の間にＢはあるとし、前述の黄道極から日周回転の極つまり地球の極へ至る最小距離の端だとし、しかるにＡは、平均赤道の北極と黄道面の間にあり、それゆえ、黄道極からの地球の極の最大距離の端であるとする。更に、二つの小円に線ＡＢが適切に当てはめられると、二つの小円の合成運動により、点Ｇにある地球の北極によって24分ある線ＡＢのどれ程が現在描かれているかが理解されよう。もちろん同じような仕組みで南極も対当関係の法則を守り、あたかも垂れ下がった世界において最大傾斜を変えるかのようである。

そして第一の小円は３４３４エジプト年で一回転し、またアノマリの運動の開始点は、その直径が第一の振動によって描かれる円の円周上の点Ａと仮定されたとする。するともし地球の両極がこれ以外の振動をもたず、平均の至点経線から逸脱しなかったならば、地球の両極のこのような運動によって、黄道面に対する真の赤道平面の傾斜角は、両極がＡからＣを通ってＢへ進んでいくゆえにどのように減少し、ＢからＣを通ってＡへと反対の回転を完了する際はどのように増加するか、そしてこのゆえに、分点歳差に何の不規則性も現われなくなることは、誰にでも直ちに明らかになるだろう。

しかしながら、観測から確実に明らかになっているのは、最大のプロスタファイレシスのときは真の昼夜平分点が平均の昼夜平分点の両側へ70分離れ、傾斜の変化はこれに対して二倍の比率をもっていることであり、それゆえ尊師は、これに加え、その下方に第二の振動を[*6]たてることを決心した。すなわち、それによって地球の両極は平均至点経線から宇宙の側面へ逸れていき、その結果、この第二振動の弧あるいは直線ＡＣＢは平均至点経線と四つの直角をなすようになる。北でＡは宇宙の右側を、Ｂは左側を占め、しかし南ではＡは左側を、Ｂは右側を〔占める〕。そして第一振動の点Ｇを通ってこの〔第一振動の〕ＣがＡＣＢの両側に24分の線を描くとする。最後に、地球の両極はこの点Ｇに実際に固定され、この第二振動によって、ＡないしＢの端点において、28分だけ前述の経線の両側へ逸らされるとする。というのは、両極がこれらの点にあるとき、真の至点経線は平均分至経線とは70分より著しく大きな角度をなすことはないからである。[*7]

しかし歳差のプロスタファイレシスは平均春分点との関係でとられねばならないから、平均春分点に対する真の春分点の関係によって起こるかのようなものとして、尊師は第二振動を考察している。この方式でなら、プロスタファイレシスの探求はかなり易しくなるからである。それゆえ〔この場合〕線ＡＢは１４０分になる。そしてその線は第二振動の北側の線に対応するように配置され、平均春分点にはＣ、真の春分点にはＧが占め、それぞれの小円の半径を35分〔つまり、１４０分の四分の一〕とする。さらに、運動の開始点は平均春分点であり、そこから真の春分点がＡの方へと右側に出ていく。しかしアノマリは、真の春分点がその直径を描くような円の最外点から数えられ、その春分点は同じ円の北側の円周上にあって平均分点経線によって決定される。そして傾斜の一サイクルに歳差の不規則性は二回完了するから、この第二振動のアノマリは１７１７エジプト年で終結するだろう。それゆえ傾斜のアノマリは、表から取られて二倍されると、歳差のアノマリとなり、「単純アノマリ」という名称は前者に、「二倍のアノマリ」は後者に与えられる。[*8]

さてもしかりに第二振動だけが仮定されたならば、真の赤道面と黄道面の傾斜角は、たしかに銘記しておくべき価値のあることだが、変化しないことになるのは明らかである。実際、この故に生ずる現象の不規則性はすべて真の分点歳差の不規則性においてのみ理解されることになる。だが、二つの振動は同時に起こり、前に述べられたように、相互に起こる運動によって、地球の両極は平均赤道の両極の周りに捩(ねじ)れた小さな花輪の図形[*9]〔＝８の字形〕を描く。

そして地球の両極が平均至点経線に落ちるとき、真の至点経線は平均至点経線と同一面上にあるだろうし、真の春分点は平均春分点と結合するだろう。[*10]しかし、もし二つの赤道の極が結合しなければ、二つの赤道面および平均分至経線面と真の分至経線面は完全には結合しない。さて、北極が第二振動のCから右側の最遠点Aの側にあり、南極はその反対側にあるとき、真の春分点は平均春分点の後を追い、そして太陽は真の赤道よりも前に平均赤道に落ちる。しかし地球の両極が宇宙の〔別の〕側に変わると、つまり、北極が平均至点経線の左側にあり、南極は右側の側面にあると、真の春分点は平均春分点の先を行き、太陽は平均赤道に会う前に真の赤道に会っている。さらに、地球の両極がAからBへ動くとき、真の春分点がいわば〔東進する〕太陽に向かって〔西方向へ〕進んでくるので、これが原因となって回帰年は減少する。しかし、地球の両極がBからAへ動くとき、春分点がいわば〔東進する〕太陽から〔東方向へ〕逃げ去るので、回帰年は増加する。そして地球の両極がCの近くにあるとき、数年の短い間は、一年の増減ははっきりと認識される。そのうえ、恒星の見かけの前進は回帰年の長さと結びついているので、同じ理由から、至点と分点が恒星から西進方向へ速くなったり遅くなったりしながら離れていくことが、観測されるのである。

わが尊師の見解に従ってはじめに観測からわれわれが引き出した太陽の遠地点について、どれ程の離角を春分点に対してなしているかは、その後に言われたことから十分明確になった。黄道における遠地点の前進は、小円中心の運動と小円の円周上における偉大な天球の中心の一様運動とに依存する。[*11] 太陽中心と小円中心を通っている偉大な天球つまり黄道の直径が、太陽の平均長軸線である。しかし、太陽中心と偉大な天球の中心を通る直径が、真の長軸線である。偉大な天球の中心が、太陽が近地点にあると考えられる黄道上の地点と太陽の間に見出されるのと同じように、小円中心は平均近地点と太陽の間に置かれる。

プトレマイオスの時代、真の長軸線は、牡羊座の第一星から57度50分に見かけ上の遠地点が、そして237度50分に近地点が、その両端となっていた。[*12] しかし平均長軸線は、60度16分とその反対側の点240度16分にあった。[*13] というのは、太陽中心から小円の最大距離までの点から、偉大な天球の中心は約《21と3分の1》度西進方向へ進んでしまった。そして単純アノマリすなわち傾斜のアノマリは、その期間に同じだけあった。しかし、小円中心は太陽中心の周りを一様に運動し、偉大な天球の中心も小円の円周上を一様に前進しているので、太陽の高いほうの長軸端は、尊師によってなされた観測時には、牡羊座の第一星から69度25分にあるのが見られた。しかもそのとき単純アノマリは約165度だったので、プロスタファイレシスはほぼ2度10分と見出され、小円中心は太陽と251度35分の間に平均近地点を定めた。[*14] さらに、偉大な天球——もしこう語るのがお好みなら、太陽の離心円——の離心値は、プトレマイオスでは偉大な天球の半径の二四分の一であったが、観測が明らかに示すように、われわれの時代には約三一分の一に達している。[*15] そして尊師の仮説が立てられ、数学が適用されると、それは容易に導かれる。

さて、仮説を改定する理由においてわれわれが提示したように、[*16] 五惑星の離心値が小円上の偉大な天球の中心の運動のゆえにどのように変化するのかは、余り大きな労力なしに理解できる。五惑星の考察においては、特に重要な二つの考慮すべきことがある。地球中心は惑星の導円中心にどのように、そしてどの程度まで、接近しあるいは退却しているのか。次に、この接近あるいは退却は各惑星の導円半径に対してどんな比率をもっているのか。これらの原因は見つけにくいものではないだろう。

土星の場合、恒星天球の下にある最初の惑星として運ばれる故に、小円の直径全体は導円半径に対してどのような知覚可能な比ももっていないので、観測が土星の離心値の変動を露わにすることはない。[*17]

次に木星の場合、小円直径のその天球半径に対する比は知覚可能であり知ることができるけれども、その遠地点は太陽の遠地点から四分円あたりにあるので[18]、その偉大な天球の中心の前進のゆえに、今日、その離心値の知覚可能な変化は把握されない。そしてこれが、水星の場合にも離心値に変化がなんら知覚されない理由である。太陽の遠地点の傍にあることで、その〔水星の〕遠地点が隠れてしまうからである[19]。

火星の遠地点は太陽の遠地点から左側へ約50度隔たっているが[20]、金星の遠地点は右側へ42度[21]。したがってそれらの導円の中心は、変化を認識するのに適切な位置にある。そして小円の直径はそれぞれの天球に対し認識可能な関係をもっているので、三角法の理論によってこれら二つの惑星の観測を検討して、太陽に対する天球中心の接近のゆえに、火星の離心値は四二分の一だけ、金星のそれは五分の一減少したことを、尊師は見出した[22]。

地球に帰される或る一つの運動について僅かな証拠しかないと思われないようにするために、〈賢明な造物主(デーミウルゴス)の〉勤勉によって為されたのは、惑星すべての見かけ上の運動において、その運動すべてが等しく明瞭に把握されること、その把握によって、これほど僅かな運動で自然における必然的な〈現象の大半〉が満たされるのが適切になっていることだ。それゆえ、偉大な天球の中心の運動は太陽とその周りを巡る諸惑星のみでなく、月の諸性質にも関係している。というのは、プトレマイオスは地球の半径を1とした単位で、地球から太陽までの最大距離が1210単位、そして影の軸が同じ単位で268としたのと同じように、尊師はわれわれの時代に、地球から太陽までの最大距離は1179単位、そして影の円錐軸が265であると証明している[23]。しかし以上に密接に関連する他の事柄、〔つまり〕この二つの光体〔＝太陽と月〕の運動と性質に関しては、仮説が変更されたゆえに、これに続く「第二解説」で熟考するために、留保すべきだと私は考えた。

〔XIII〕仮説の第二部――五惑星の運動について

わが尊師の新仮説の真に賞賛に値するこの精巧な仕立てに私が思いを巡らせたとき、学識豊かなシェーナー先生、私はしばしば次のプラトンの言葉を思い起こしました。[*1] それは、天文学者に必要とされる資質を説いたあと、最後にこう加えています。〈特別な天賦の才がない限り、誰も理論をたやすく定式化などできない〉。

昨年私が貴方とご一緒し、われらがレギオモンタヌスとその師ポイヤーバッハのいういくつかの運動の改善のために、貴方や他の学識ある人々の仕事を拝見したとき、初めて私は、数学の女王たるこの天文学を、かつてそうであったように、彼女自身の然るべき宮殿へ呼び戻し、彼女の王国を本来の姿に回復することが、どのような種類の仕事であり、その困難がいかほどであるか、を理解し始めました。しかし神の御意志により、わが尊師である博士の（潑剌とした精神で遂行し、大部分をすでに達成した）このような仕事の観察者そして証人に私がなったそのときから、その仕事の重荷がどれほど大きかったか、その片鱗すらも夢想していなかったことを私は悟ったのです。だがそれは大変な労苦で、英雄でさえそれに耐えて最終的に打ち勝つことはできないほどだった。こうした理由から、古代の人々は至高神ユピテルの末裔であるヘラクレスを記憶にとどめたのだ、と私は信じていたのだ。彼は、もはや自分の肩を信用できなくなったあと、天をまたもやアトラスに背負わせてしまい、長年それに慣れていたアトラスは、かつて担っていたときと同じ強い心と衰えることのない力強さでこの重荷をずっと持ち続けているのだ。

以上に関し、プリニウスが形容するように知恵の権威者[*2]、神のごときプラトンは『エピノミス』[*3]において、天文学は神の導きのもとに発見されたと断言している。プラトンのこの意見をおそらく人それぞれに解釈するかもしれない。しかし、わが尊師たる博士があらゆる時代の観測を自分のものと一緒に順序良くいわばカタログのように集めて、常に眼前に手にしているのを私が目にしたとき、次に、何事かを確定するためや、あるいは技術や規則を参照するために、彼は最も古い観測から彼自身のものにまで手をつけ、そのすべてをどんな根拠によって調和させるかを深く考えているのを見たとき、更に、ウラニアの導きの下に正しい推論によって彼が結論した事柄を、プトレマイオスや古代の人々の仮説と関連づけるのを見たとき、そしてこれらの仮説をきわめて慎重に検討してから、天文学的〈必然性によって〉望まれる事柄を見つけたあと、神からの霊感と神々のご意向なしに新しい仮説を採用したのではないこと、そして数学を適用することにより、このような正しい推論から彼が引き出すことのできる結論を幾何学的に確立すること、しかも古代の観測と彼自身の観測を自分の採用した仮説と調和させること、そしてこうしてこれらすべての操作をやり遂げた後で、彼はやっと天文学の諸法則を書き下ろすのを私は見たので、プラトンは次のように理解されねばならないと思っているのである。星々の運動を研究する数学者はたしかに盲人に似ており、自分を導いてくれる杖だけを頼りに、無数の辺鄙な道なき道、そして危険に満ちた果てしない長旅をしなければならないのだ。何が起こるだろうか？　不安に駆られながらしばらく進み、行く道を杖で探りながら、時には杖に寄りかかり、悲惨な状態の自分を助けてくれるようにと、絶望のうちに天と地とあらゆる神々に対し助けを求めるかもしれない。神は数年の間、自力を試すのをその人にお許しになるだろうが、彼の杖では迫り来る危険から助かりようがないと結局は知ることになる。そのとき神はその絶望する人に情け深くも御手を伸べ、その御手で望みのゴールへとその人を導く。[*4]

　天文学者の杖とはまさに数学つまり幾何学であり、それによって彼は大胆にもまず道をテストし、踏みしめる。というのは、われわれからあんなに遠く離れたこれらの神的対象を探求するさいに、人間精神の力は何になるというのだろうか？　目のかすんだ者たちが何になるというのか？[*5]　だから、神が寛大にも天文学者に英雄的な野心を与えず、しかも人間の理性とは異なる形で把握し難い道筋を手ずから導くのでなければ、私が思うに、天文学者はどんな点においても盲人より良い境遇にあるとか、より幸運であるとかいうことはないだろう。ただし例外は、ときに自らの理性を信頼し、その杖に神の栄誉を提供すれば、いつの日か黄泉からウラニアご自身を呼び戻す大いなる喜びを得られるだろう。しかしながら、事柄を正しく考察するとき、自分がオルペウス以上には祝福されていないことを認識するだろう。オルペウスは、彼が踊りながら〔死者の国を支配する神霊〕オルクスのところから道を昇っていくときに、〔冥府に囚われていた妻〕エウリュディケが彼の後をついてきているのを知っていた。しかし彼が冥府の狭い出口に着いたとき、〔オルクスの命令に反し、後ろを振り返ったため〕彼が心から手に入れたいと願っていた女人は視界から消え失せ、彼女はもう一度冥界へと下ってしまったのだ。だから、われわれは手始めに、残りの諸惑星に対するわが尊師たる博士の仮説を検討し、たゆまぬ献身と神の導きの下に、彼がウラニアを地上世界へ連れ戻し、彼女に名誉ある地位を回復したのかどうかを見るとしよう。

太陽と月の見かけの運動をめぐって、地球の運動について言われた事柄をもしかすると避けることが誰かには可能かもしれないが、それにもかかわらず歳差の根拠をどのようにして恒星天球に移せるのか、私には分からない。たしかにもし誰であれ、天文学の主要目的である天球の体系的な理論と調和、あるいはその容易さや優美さやそれによる現象の諸原因の解明を見渡したいのであれば、他のどんな仮説の採用によっても、残りの諸惑星の見かけの運動をもっと手際よくかつ申し分なく証明することはできなかっただろう。というのも、明らかにこれらすべては、互いに黄金の鎖によるかのように[*6]、この上なく見事につながっており、また各惑星の位置と順序およびあらゆるその運動の不規則性によって各惑星が証言しているのは、地球が運動していること、かつ、われわれがそこに張り付いている大地という球体の様々な位置のゆえに、諸惑星はそれ固有の様々な運動でさ迷い歩くと信じていることである。そしてもし神がどのように宇宙をわれわれの論議に委ねたかを[*7]、どこかから見ることができるならば、たしかにこの所でなら、それは全くはっきりとしている。そして神がプトレマイオスやその他の著名な偉人たちに、この点に関してそれぞれ意見を異にするのを許されたということは、誰の気持ちも動揺させることはできないと私は思う。というのは、人間にとって有害だとソクラテスが『ゴルギアス』[*8]で述べたのは、この種の意見ではないからである。またここから、この学術そのものも、そこから派生する占術師も破滅することはない。

上位三惑星が太陽に関してもつ運動の不規則性を古代の人たちは発見したが、そのすべてを各惑星に固有な周転円に帰した。そこから彼らが見てとったのは、これらの惑星における残りの見かけ上の不規則性は離心円の理論だけでは起こらないということであり、しかも金星に対する仮説を真似たこれらの運動計算の結果は、経験と観測とに一致したので、彼らは現象の第二不規則性について、論証によって金星がもつと結論した類の理論を採用すべきだと考えた。すなわち、金星の場合と同様に、各惑星の周転円の中心は離心円の中心からは等距離を保って運動するが、運動の均等性をエカント円の中心に対して割り当て、周転円上で固有運動により平均遠地点から一様に遠ざかる惑星自体も、この点〔つまり、エカント円の中心〕に対し関係をもつとした[*9]。しかしそれにもかかわらず、金星が周転円上の回転を、それ自身に固有で特有な運動で全うし、離心円のゆえに太陽の平均運動で進むのと同じように、上位三惑星は逆に周転円上では太陽に関係するが、離心円上では特有な運動で動くことを、古代の人々が地球を宇宙の中心に保つことに信をおく限り、彼らの確立した観測そのものが強制したのだった[*10]。しかし水星の理論において、古代の人々が考えたことだが、金星の諸現象を救うために彼らが適切だと判断した事柄に加え、エカント円に対しては更に異なる位置を、そして周転円と等距離となるようなその中心は小円上を回転することを受け入れなければならないことを彼らは導き出した。[*11] 以上のことは、古代の仕事の大半に似て、明敏にして理にもかなっているが、もしわれわれが、天球はその固有の中心上で不規則性をもつ——しかしこれは自然が嫌悪することだ——と容認し、（それはそれらに偶有的に現われることが確定しているのに）われわれが見かけ上の運動の特に顕著な第一不規則性をそれらにいわば固有だと帰着させるとするならば、運動と現象には十分相応しいことになるだろう。

更に、惑星の緯度の場合、天体の運動はすべて円運動かあるいは円運動から合成されるという〈公理〉[*12]を古代の人々は無視しているように思われる。但し、もしおそらく誰かが金星と水星の反転と傾斜（reflexiones declinationesque）、上位三惑星における周転円の傾斜（declinationes）、下位二惑星における偏位（deviationes）を、地球の傾斜運動について少し前に言われたように、[*13]振動運動によって生じることを理解しようと望まなかったとしてのことである。離心円面と周転円面の傾斜角がどこにおいても不変なままであるとするならば、金星と水星の反転と傾斜の場合、このことは十分容認してよいが、上位三惑星における周転円の傾斜と金星と水星の偏位は振動によって生ずることは、通常の計算によって反駁される。というのも、偏位だけとってみても、交点と長軸線とは別の周転円中心の位置に関してわれわれがその偏位を計算する基となる比例小数部は、黄道の各部分の赤緯が第一運動の教説において探求されるのと同じ方法で探求され決定されるから、たとえば金星の周転円中心が離心円のどちらかの長軸端から60度にあると、その偏位は5分だが、水星の〔偏位〕は《22と

2分の1》分と結論される。しかしもし導円が振動によって振れ動くと仮定されるならば、真の計算は金星の周転円のこの位置において《2と2分の1》分を超えない偏位を、そして水星の偏位は《11と4分の1》分を要求することになるだろう。というのは、前者の周転円中心の位置では、黄道面に対する離心円面の傾斜角は5分を超えない値を、後者では《22と2分の1》分の値が、振動運動の性質から、見出されるからである。おそらくこの理由からヨハネス・レギオモンタヌスは、熱心に研究する者たちに緯度計算は近似的真理にのみ関わると読者に忠告するのが望ましいと考えたのである。[*14]

　最後に、アリストテレスが別の箇所で詳細に指摘しているように、[*15]人間は生まれつき知ることを望んでいるので、〈現象の〉原因がこれほどまで隠され、いわば〈暗黒世界の住人〉キンメリオスの常闇に包み込まれるような場所は他にないというのは、本当に困ったことだ。これはプトレマイオスその人もわれわれと共に証言するところである。[*16]五惑星に対する古代の人々の仮説に関し、私は今、新しい（と、私は言いたいのだが）仮説と、古代の諸仮説の比較に必要とされる以上のことは言うまい。たしかに私は、プトレマイオスと彼の支持者たちを尊師と同じくらいに心から大事に思っている。というのも、私は昔からアリストテレスのあの聖なる教えを心と記憶にとどめているからである――〈われわれは当事者双方を尊重しなければならないが、より的確なほうについていかねばならない〉。[*17]どうしてそうなのか私は分からないけれど、尊師の仮説のほうにやや気持ちが傾いている。こうなるのはおそらく一つには、その重みと真実のゆえにプラトンに帰されているあの甘美な〈神は常に幾何学する〉[*18]という言葉をやっと今私がもっと正しく理解するようになったと納得したからだろうし、もう一つには、尊師の天文学再興のうちに、諺に言う如く私は両の眼で、[*19]そしてあたかも霧が晴れて、今や空が澄み渡ったかのように、『パイドロス』におけるあのソクラテスの知恵に満ち溢れた言明の力を見つめたからでもある――〈自然に多なるものから一なるものを見分ける能力を、誰か他の人のうちに私が見ると考えるならば、私はその人に従い、あたかも神であるかのように、その人の足跡を歩む[*20]〉。

〔XIV〕五惑星の経度運動の仮説

地球の運動に関してこれまで述べられたことはわが尊師によって確証されたので、そこから帰結するのは、〈仮説を革新するいくつかの理由において、われわれが指摘したように〉[*1]、〈太陽に対する配置で〉[*2]諸惑星に起こるようにみえるそれらの見かけ上の運動の不規則性すべては、偉大な天球上における地球の年周運動のゆえに生ずること、また同様に、諸惑星には獣帯の様々な部分との関連で観測されるたった一つの別の不規則性しか起こらないことである。それゆえ、この二つの運動の不規則性が証明できるような仮説だけが相応しい。だが、月の場合に尊師が周転円上の周転円を使うことを選んだのとちょうど同じように、順序と運動に関して共通尺度をもっと適切に証明するために、上位三惑星の場合には離心円上の周転円を、しかし金星と水星の場合には離心円上の離心円を選択した。

さてわれわれは、いわば地球の中心からする如くに上位三惑星の運動を見上げているが、いわば自分たちの下に下位二惑星の回転を見ているので、諸惑星の天球の諸中心は偉大な天球の中心との関係に入ることになるのが相応しかったのであり、次にそこから、それらの運動と現象のすべてを地球の中心そのものとの関係に移し替えるのである。したがって五惑星に対し、その中心が偉大な天球の中心から外れたような離心円が了解されねばならない。

　しかし、新しい仮説を打ち立てる方法をより良く理解するために、要するに、すべてが公開されてますます明瞭になるために、五惑星の離心円面は黄道面上にあり、導円とエカント円の諸中心は、古代の人たちのもとでは地球の中心の近くにあったように、偉大な天球の中心〔つまり平均太陽〕の近くにある、とわれわれは仮定することにしよう。それから、偉大な天球の中心とエカント円の一点つまり二つの中心間の距離が四等分されたとしよう。次に、偉大な天球の中心から遠日点に向かう三番目の分割点に[*3]、上位三惑星それぞれの離心円中心が立てられ、残りの四分の一の長さで離心円の円周上に周転円が描かれたとすると、それぞれの経度方向への固有運動の作成術が明らかになるだろう[*4]。

　こうしてわが尊師の意見では、諸惑星がこの周転円の円周上の上側で順方向へ周回し、その下側では逆方向へ次のように進む。つまり周転円の中心が離心円の遠日点にあると、惑星はその周転円の近日点に見出され、そして逆に、周転円の中心が離心円の近日点に留まると、惑星は周転円の遠日点に達することになる。しかも運動のこの類似性により、周転円上の惑星は離心円上の周転円中心と一緒に、等しい時間にその周期を完了するならば、エカント円が取り除かれたとしても、偉大な天球の中心に関して上位惑星の運動の不規則性は規則的であり、そして一様運動から合成されていることは明らかである。というのは、この理論で仮定されている周転円はエカント円の機能を引き継いでおり、そして離心円はそれ自身の中心の周りに等しい時間に等しい角度を描き、そして周転円上の惑星は、その付着している周転円の中心に対して等しい時間に等しい角度を描くからである[*5]。

しかし金星の運動は次のようにして打ち立てられるだろう。[*6] 偉大な天球が取って代わる導円を退けて、第三の分割点の周りに、残り四分の一の長さで小さな円が描かれたとする。次に金星の周転円——ここでは後に離心円上の離心円、第二の可動的離心円と呼ばれることになるが——の中心が、前述の小円の円周上を次の規則に従って動くとする。すなわち地球の中心が長軸線に落ちるときはいつでも、離心円の中心自体は、偉大な天球の中心に最も近い小円上の点にあるが、地球がその円上で長軸の両端の間の真中にあるときはいつでも、金星の離心円の中心自体は、偉大な天球の中心から最も離れた小円上の点にあって、[*7] しかも地球と同じ方向へ、つまり十二宮の順方向へ動くことになる。しかし、前のことから帰結するように、それは地球の一回転の間に二回転する。

しかし水星の運動の理論は一般に金星の理論にたしかに合致しているが、それは、残された不規則性のゆえに、水星が振動によってその直径を描くことになる付加的な周転円を認めたうえでのことだ。[*8] 地球の運動に対して適合するようにすると、可動的な導円の半径の長さは3573、第一導円の離心値は736単位、導円の可動的中心を保持する小円の半径の大きさは211単位、[*9] しかるに偉大な天球の中心から地球の中心までを1万単位とした場合に、既述の周転円の直径は380単位。さてその運動においては、次の規則を彼は定めている。[*10] つまり金星において生じたのとは反対に、地球が惑星の長軸線上にあると、可動的離心円の中心は偉大な天球の中心から最も離れており、そして、地球が惑星の長軸線から矩の距離にあると最大接近に近づく。水星は、ここから明らかなように、確定した周転円をもつだろう。惑星自体は振動運動によって直線的に爬行しながら可動的導円の中心に向かうその直径を、次の規則に従って描く[11]。つまり、可動的離心円の中心が偉大な天球の中心から最大距離にあったとき、惑星はその周転円の近日点、すなわちその描く直径の低いほうの限界点をもち、逆に、可動的離心円の中心が偉大な天球の中心に最も近いとき、遠日点と称されるもう一方の限界点にある。

しかし諸惑星の長軸線の運動は、いくつかの他のトピックと同様に、「第二解説[12]」用に取っておく。

以上は、惑星の経度運動に固有なすべての不規則性を救済するための仮説のもつ理論のほぼ全貌である。したがって、もしわれわれの目が偉大な天球の中心にあったならば、そこから惑星を通って恒星天球へ引かれた視線は、あたかも真なる運動の線のように、既述の円と運動の理論が必要とするのとまさに同じように黄道上を回転することになるだろうし、その結果、獣帯におけるこれらの運動に固有な不規則性を露わに示すだろう。しかしわれわれ地上の住人は、地球から見かけの天界運動を観察しているので、その〔地球の〕中心へ、いわばわれわれの住まいの基礎および奥深い所へ、あらゆる運動と現象を関連づけるのである。そこから惑星を通って線が引かれるのであれば、あたかも目が偉大な天球の中心から地球の中心へ移されたかのように、われわれにたしかに見えている通り、あらゆる〈現象の〉不規則性は地球の中心から計算されねばならないのは明らかである。しかしもし精神とは惑星運動の真実で固有な不規則性を熟考することであるならば、前に述べられたように[13]、それは偉大な天球の中心から引かれた線によって為されねばならないだろう。

とはいえ、惑星の〈現象において〉論ずべく残された事柄から一層たやすくわれわれを救い出すために、そして論考全体をもっと易しくかつもっと望ましいものとするために、地球の中心から惑星を通って黄道へと進む本当に見かけ上の運動の線のみならず、偉大な天球の中心からの、それゆえ本来的な意味における運動の不規則性の前述の線を十分心に留めておこう。

地球が偉大な天球の運動で進むにつれ、上位三惑星のひとつと太陽の間で一直線になる位置に達したとき、惑星は夕べの上昇で昇ってくるのが見られるだろう。そしてそのような位置にある地球はその惑星に最接近するので、古代の人々は、惑星は地球に最も近く、その周転円の近地点あたりにあると仮定したのである。しかし太陽が惑星の真であると同時に見かけ上の線に近づくとき――これが起こるのは、地球が前述の位置とは反対のところに達するときだが――、惑星は夕べの没で消え始め、惑星の真位置の線が太陽の中心を通過するまで、地球から最も大きく離れ始める。しかし太陽は惑星と地球の間にあるので、惑星は掩蔽される。掩蔽後も地球の運動は中断することなく続き、また太陽の真位置の線は惑星の真位置の線から退いていくので、視覚の弧が必要とする太陽からの適切な距離になったところで、昇ってくるのが知覚されるだろう。

更に偉大な天球は、これら三つの惑星の仮説において、古代の人たちによって各惑星に帰された周転円の役割を果たすのであるから、惑星の真の遠地点や近地点は、偉大な天球に関しては、惑星までずっと延長された偉大な天球の直径上に見出されるだろう。しかし平均の遠地点や近地点は偉大な天球の直径上にあり、その直径は離心円の中心から周転円の中心へ引かれた線に平行に動く。そして地球は惑星側の半円で惑星自身に近づき、残りの反対側では遠ざかるので、前者では偉大な天球の直径の端は近地点であるが、後者では遠地点である。というのは、〔古い理論では〕前者の半円は周転円の低いほうの部分の、だが後者では高いほうの位置に近づく〔ことに対応する〕からである。*14

次のように想定してみよう。*15 地球の中心が太陽と惑星の合からそれほど離れておらず、惑星の遠地点の真の位置——もちろん偉大な天球に関してだが——にあるとし、固有の不規則性の線自体が惑星の見かけの位置の線と一致しているとする。しかし、地球が自らの運動でこの位置から進むと、固有の不規則性の線と惑星の真の位置の線は惑星本体において互いに交わり始める。一方〔の真位置の線〕は惑星の規則的な不等運動でもって十二宮の順方向へ進むが、もう一方〔の見かけ上の位置の線〕はそこから自ら向きを変え、固有の真実な運動で進むよりももっと速く惑星が動くようにわれわれに思わせる。しかし地球が、惑星にもっと近くなるような偉大な天球の部分に達すると、その運動方向は直ちに西向きになり、その結果、惑星の見かけの前進は直ちにわれわれにとってずっと遅くなるように見える。更に、地球が惑星のほうへ上がっていくので、太陽の真の運動の線は惑星より前へ動き、あたかも惑星はその上側の部分から下ってくるかのごとく、われわれに近づいてくるように判断される。しかしながら、惑星はしばらく順行しているように思われるが、ついに地球の中心は惑星に対する関係で、惑星の真位置の線が日々逆方向へ動く角度分が、順方向への固有の不規則性の日周角度分に等しくなるような偉大な天球の地点に到達する。たしかにそこにおいては、互いに打ち消し合う二つの運動によって、惑星は数日間、惑星の離心円に対する偉大な天球に特有の比率や、その天球上での惑星そのものの位置や、その固有な運動の速さに応じて、その最初の留点に留まっているように見えるだろう。それから地球がこの位置から惑星にもっと近づくにつれ、惑星が逆行し西向きに動くとわれわれは信じることになる。なぜなら、この反転そのものが惑星の固有な運動を認識可能なほど超過するからで、地球が偉大な天球に関して惑星の真の近地点に達するまで続き、その場所で惑星は逆行の真最中で、太陽と衝の位置にあり、地球に最も近くなっている。火星がこの位置に見出されると、偉大な天球による通常の反転あるいは視線の変動に加え、細心の観測が証言するように、火星の距離に対する地球半径の知覚可能な大きさによる更にもう一つ別の視覚の変動を許すことになる。[*16] 最後に、地球が惑星とのこの中央の——と、私は称したいが——合から順方向へ動くにつれ、西向きの反転そのものは、以前増加してきたのとまったく同じように減少してきて、ついに二つの運動が相殺し合うと、惑星は第二の留点で動かなくなる。それから地球が進んで、惑星の固有の運動が反転を凌駕すると、惑星がその順方向運動の真中の点に現われるような状況に導かれる。そして地球が再び、われわれがその運動をスタートさせた惑星の真の遠地点を得て、各惑星の前述したすべての現象を順にわれわれに対して生み出すのである。

そしてまた以上のことは、惑星運動の考察における偉大な天球の最初の用法であって、これによってわれわれは、土星、木星、火星における三つの大きな周転円から解放される。[*17] 古代の人々が惑星の引数と呼んだものを、尊師は惑星の共変運動（motum commutationis）と呼んでいる。[*18] というのは、これによって、われわれは様々な現象を、偉大な天球上での地球の運動の理論によって生ずるものとして考察するからである。これらの現象は明らかに偉大な天球によって生ずるものに他ならず、それはちょうど月の視差が、月の天球に対する地球半径の関係によるのと同じである。各惑星の周転円中心の運動は、地球の一様運動――これは太陽の平均運動でもあるが――から引かれると、共変の一様運動を残す。そしてこれは、地球が一様に離れ始める平均遠地点から計算される。それゆえ、黄道における各惑星の真の運動と見かけの運動は、尊師による惑星のプロスタファイレシスの表から容易に得られる。

　更に、先のものに劣らぬ偉大な天球の用法の第二の部分を、われわれは金星と水星の理論において手に入れるだろう。というのも、われわれはこれら二つの惑星を、望楼から見るように、地球から観測するので、たとえそれらが太陽のように固定されたままだとしても、われわれは偉大な天球の運動によってそれらの周りを回っているために、それにもかかわらず、これらの惑星そのものも太陽と同様に、それら自身の運動で獣帯を移動していると考えてしまうからである。さて、金星と水星は各自の天球上をそれに固有な運動でも動くことを観測が証言しているので、順方向へ運ばれる太陽の平均運動に加えて、偉大な天球にもとづく他の偶有的な現象もまたそれらのうちに認められる。というのは、われわれは最初にそれらの天球を、あたかも太陽と等しい性質をもつ固有の導円によって獣帯を移動する周転円と考えてしまうからである。こうして、地球がこれら二惑星の導円の近日点〔方向〕にあると、それらの天球全体が離心円の遠地点にあると考えてしまい、そして逆に〔地球が〕遠日点〔方向〕にあると、二つの天球は近地点に〔あると考えてしまう〕[19]。更に、上位の諸惑星の場合、各惑星に関する遠地点と近地点は偉大な天球上で決定されるように、それとは反対であるが、地球の中心に関して、それがどこにあろうと、それらは金星と水星の天球上に印され、そして地球の年周運動のゆえに、それらは導円のすべての位置を通って引っ張って行かれる。可動的な導円の直径——これは太陽の平均運動の線、すなわち偉大な天球の中心から地球の中心への線、と平行に動くが——の両端は、平均長軸点である。可動的導円の部分で、地球と衝にある長軸端は最高長軸端と、近くにあるほうは、最低〔長軸端〕と呼ばれても不当ではないだろう。

さて、もし地球の年周運動が止まってしまったとするならば、前に述べられたように[20]、金星は九ヵ月で、そして水星はほぼ三ヵ月で回転するので、この二つの惑星は地上のわれわれにはそれ自らの時間間隔で、二回太陽と合になり、二回留に、二回導円の湾曲の最遠端に達し〔つまり、最大離角になり〕、だが朝方と夕方とに、逆行と順行とに、遠地点と近地点とに一回ずつ現われるだろう。更に、もし目が偉大な天球の中心にあると、とにかく金星と水星に固有な不規則運動は、残りの諸惑星と同様に、現われるだろう。そして二惑星はそれ自身の運動で獣帯全体を移動するので、太陽と衝になるだろうし、太陽を他の〈配置で〉見ることも認められるだろう。

しかしたしかにわれわれは偉大な天球の中心から惑星の運動を見ているのではないし、また地球の年周運動が止まってしまうのでもないから、地球に住むわれわれにこれらの現象があれほど多様に現われてしまうのは何故なのかは、全く明らかだろう。金星と水星はそれぞれの天球の大きさに応じてより速い運動で地球の前で踊り、地球自体は年周運動でそれらに後からついていく。したがって地球に対し、金星は約一六ヵ月で、水星は四ヵ月で元に戻り[21]、そしてこの時間間隔で、地上から見られるようにと神が望まれたすべての現象を、それらは繰り返しわれわれに示すのである。

運動の固有の不規則性の線は規則的に進み、神により前もって定められた時間をかけて偉大な天球の中心の周りをそれぞれ回転している。しかし、地球の中心から金星と水星を通って引かれた真の位置の線は、全く異なった仕方で回転する。それはひとつには、それらの天球の外側の点から線が引かれているからであるし、もうひとつには、その点そのものが動くからである。金星と水星は、古代の人たちが周転円上を動くと判断したその運動で自らの天球上を進む、とわれわれは考える。しかしこの運動は、より速い惑星が地球ないし太陽の平均運動を凌駕するその超過分になっているのである。上位三惑星におけるのとまったく同じ理由から、尊師はこの超過分を共変運動と呼んでいる[22]。したがって、もし仮に地球が固定されていたとしたら起こったはずの金星と水星のすべての現象は、地球の運動のゆえにもっとゆっくりと繰り返され、その結果、それは各導円のすべての部分および黄道上の諸点で起こるだろうし、そこではあらゆる種類の運動が認められるだろう。というのは、地球が巨蟹宮に固定されていなくてさえ、プトレマイオスは、水星が太陽からの最小離角を天秤宮あたりにもち、金星は金牛宮あたりにもつのを理解していたはずなのだ。[*23] だが、地球が偉大な天球のどこにあったとしても、金星や水星は導円の両側に認められるときに、それらは太陽からのその最大離角をわれわれに対してもつように思われる。しかし金星と水星の導円に対して地球の中心から両側に二本の接線が引かれると、地球との関係でいうとその上側の部分で、惑星は十二宮の順方向に、地球に最も近い下側では逆方向へ運ばれる。その所でそれらは感覚的には留となり、逆行するように見えるからである。なぜなら、惑星の真位置の線は地球の中心の周りで、地球の運動である順方向の平均運動の角に等しい、あるいはより大きな、等々の逆方向の日周角を作るからである。したがって以上のことから、金星と水星がなぜ太陽の周りを回転しているように見えるのかが明らかになる。

さて、地球を運ぶ天球が「偉大な（Magnum）」と称されるのが正当であることが、白日よりももっと明らかになる。というのは、もし将軍が戦時の手柄や異邦人の征服のゆえに偉大なという称号を（Magnorum cognomena）受けるならば、たしかにこの天球も、威厳ある名前が与えられるに値していた。というのは、それはほとんど単独でわれわれを天界という政体の諸法に関与する者とさせてくれるし、運動のあらゆる誤謬を訂正し、かつまた哲学のこの極めて麗しい部門を本来の品位に回復させてくれるからである。更に、これが偉大な天球と言われるのは、上位惑星の天球に対しても下位惑星の天球に対しても、主要な現象の起因となる顕著な大きさを（magnitudinem notabilem）もつからである。

〔XV〕どのように諸惑星は黄道から逸脱するように現われるか

更に、惑星の緯度に関し――注目すべき最初の点が、地球の中心を搬送するもの（deferenti, 導円）に対して「偉大な（Magni）」という形容が割り当てられるのは正当なことだとして――、この緯度に関する古代の人々の教えが全く混乱しかつ曖昧であるということからしても、それよりもっと大きな称賛を受けるに値する。惑星の経度運動は、われわれが「偉大な」と言う天球を地球の中心が描くということの優れた証拠を提供している。しかしこの有用性は惑星の緯度において、あたかもスポットを当てられたかのように、もっと明白になる。というのは、それ自体は黄道面から決して逸れず、緯度における現象のあらゆる不規則性の主要原因だからである。[*1] でも、学識豊かなシェーナー先生、この天球を最大の愛で抱擁し、栄誉を称えるべきであることは、貴方ならお分かりでしょう。というのも、あらゆる原因を眼前に提示することで、緯度運動の教説全体をあれほど簡潔に、しかもあれほど明瞭に示すからである。

最初に、上位三惑星の導円は、プトレマイオスの判断にしたがって、[*2] 黄道に対して傾いているとし、その遠地点は北側に、その近地点は南側に見出されるとする。そして月が傾斜天球上でその平面から逸れることがないのと同様に、これらの惑星はそれぞれの天球上で回転するとしよう。固有の不規則性の線は、黄道との関係では俗に言うところの「竜頭・竜尾（Dracones, 昇交点・降交点）」を、そして惑星運動との関係では交線を指し示すだろう。一方、真の位置の線は惑星の中心で前述の〔不規則性の〕線と交わり、惑星との関係では偉大な天球上の地球中心の位置、および傾斜した自らの天球上での惑星自身の位置に応じて、数学の理論が要求するように、黄道面に対してなす角度に応じて、獣帯の中央〔つまり黄道面〕を通る線により近いとか、よりそれから遠いといった惑星の真位置を指示する。[*3] この理由から、惑星が傾斜円上でその導円と周転円のどの部分にあろうとも、地球の中心が惑星からずっと離れた偉大な天球の半分――古代の人々が周転円の上側の部分と呼んだもの――の上にあると、見かけ上の緯度は、黄道面に対する導円の傾斜角よりも小さくあらねばならないのは明らかである。というのは、惑星との関係では地球中心のこの位置では、見かけ上の緯度の角は傾斜角よりもとがっている、すなわち内角が外側の対角に対しているからである。更に、地球の中心が惑星との関係で偉大な天球のより近づいた半分に達すると、逆に、全く同じ理由からだが反対に、見かけ上の緯度は傾斜角よりも大きくなるように見える。というのは、以前は外側の対角であったものが今は内角だからである。[*4]

これこそ、古代の人々が次のように考えてしまった理由である。つまり、〔1〕周転円の中心が交点以外にあったとき、周転円の上側の部分が常に導円面と黄道面の間にあったこと、〔2〕だが残りの半分は、周転円の中心によって占められた導円の半分が傾くのと同じ方向へ向いていたこと、〔3〕しかし周転円の中間の経度を通る直径は黄道面と平行に進んでいること、〔4〕そして交点上の周転円では、周転円のどの側においても惑星は緯度をもっていないこと。惑星が昇降交点のいずれかにあり、そしてたとえ地球が偉大な天球上のどの部分に見出されようと、以上のことはこの〔われわれの〕仮説では証明されよう。もし古代の人々の仮説における導円面に対する周転円面の角が導円面と黄道面の傾斜角に常に等しいことが見出されていたならば、すなわち、もし周転円の面が黄道に対し常に平行であると認められていたならば、先ほど述べた緯度理論で十分であっただろう。[*5] しかし、プトレマイオスの〈『大総合』の〉〔つまり『アルマゲスト』の〕最後の巻に見られるように、[*6] いくつかの幾何学的に検討された観測はその不規則さを述べているので、尊師は振動運動を用いて、もちろん傾斜円での惑星の平均運動と偉大な天球での地球の平均運動との関係で、黄道に対する導円の傾斜角は明確な根拠に基づいて増減すると仮定する。[*7] もし共変運動の一周期において、振動の生起する直径が傾斜円の両端点間で二回描かれ、しかもこれが次の条件――つまり、惑星が夕方の上昇にあるとき、その傾斜角は最大であり、それゆえ見かけの緯度の角はさらに大きいが、朝方の上昇にあれば最小で、それゆえ見かけの緯度そのものは、それに相応しく、さらに小さくなる――が守られるとするならば、先に仮定した黄道に対する導円の傾斜角の増減〔つまり導円傾斜角の変動〕が生ずるだろう。[*8]

しかし金星と水星の緯度現象は、偏位（deviatione）を唯一の例外として、探求の容易さでは上位三惑星の理論を凌いでいる。そこでわれわれはまず金星の緯度を検討するとしよう。偉大な天球の内部にあって、金星の天球が最初に現われる。だから尊師の仮定では、最初の導円に固有な長軸線を通る直径上で、金星の動く面は黄道面つまり偉大な天球の平面に対して傾いており、その有様は、プトレマイオスの仮説では周転円面が導円面とで含むことになる傾斜角の分だけ、東側の半分が黄道の平面から北側へ、西側の半分は南側へ高くなっている。「東側の半分」ということで理解さるべきは、高いほうの長軸端の位置から順方向にあるもののことである、等々。この単純な仮説によるだけで、惑星面に対する地球の位置の関係から、「傾き」と「反転」のあらゆる規則を（omnes declinationum et reflexionum regulas）、その原因と共にわれわれは容易に見通すことができる。

　というのは、地球の年周運動によって、われわれが最初の導円の長軸最端点の反対側に[9]――この場所では、〔伝統的な理論の用語で言えば〕導円の遠地点上にある周転円のように、われわれは金星の天球を考えるのだが――達するとき、金星の運ばれる平面はわれわれには黄道面から反転[10]していると思われるだろう。なぜなら、そのような位置でわれわれはそれを横方向から見るからである。そしてまさにこの面をわれわれは下から〔ママ〕眺めるので、目を南へ向けているわれわれには、〔黄道面の〕北側へ突き出ている部分は左側に、だが南側の残り部分は右側になるだろう。

　しかし地球が惑星の長軸最端点に向かって更に前進していくと、金星の天球はその離心円の遠地点から下っていると思われるようになり、金星を運ぶ傾いた平面そのものをいわばわれわれはより高い位置から見下ろし始める。[11]したがって、「反転」は次第に「傾き」へと変わっていき、その結果、地球が先程の位置から矩の距離にあるとき、高い部分のどこに惑星が見えようと、それはただ黄道からの「傾き」だけをもつことになる。このような位置では、われわれは長軸最端点から順方向にあり、しかも黄道面から北側へと高くなる導円の半分と反対側にあって地球に張り付いているので、古代の人々は「金星の周転円は降交点にあり〔ママ〕、周転円の遠地点は北側へ、近地点は南側へ最も大きく傾いている」と言ったのである。

それから、地球がその年周運動で金星の長軸最上端の位置に向かって高いほうへわれわれを持ち上げると[*12]、周転円のごとき金星の天球はその導円の長軸最下端へ近づくように見られるだろうし、そして周転円の面、われわれにとっては金星という星のある面は、黄道面に対し以前はわれわれに対面して傾いていたのだが、われわれに対し再び「反転」するように現われるだろう。そして導円の北側の半分は黄道面の外へ突き出し、われわれは金星の天球を上から見るので、それは右側になる。地球の中心が金星の長軸最上端の位置に達するところでは、傾きではなく「反転」のみが認められる。しかし古代の人々の判断では、金星の天球はその導円の長軸最下端にあると信じられるだろう。しかしながら以上が、地球の中心が半回転を完了する間に、金星の長軸最下端の位置から金星の長軸最上端の位置へと十二宮の順方向に前進していく際の〈現象の〉順序である。

同じ理由で地球が〔金星の軌道面に対し〕下っていくと[*13]、「反転」はわれわれの視覚に対し少しずつ「傾き」へと変わっていくだろう。そして長軸最上端とは反対側の導円面の半分は、地球のこのような進行により、われわれと反対側になるので、金星の導円の遠地点は黄道面から南側へ傾き始め、ついに、地球が長軸端の位置から90度になると、両半分は黄道面に対して傾いていると認識され、昇交点（ママ）における金星の天球ないし周転円は長軸最上端に向かうと見なされる。地球がこの位置から退くと、「傾き」は再び「反転」へ変わるだろう。そして地球が金星の長軸最下端の位置に達すると、それはもう一度金星における同じ緯度現象を生じ始める。

以上のことから明らかなのは、地球が金星の長軸線上にあると、惑星を運ぶ平面は反転するように思われ、地球が長軸から矩の距離にあるときは傾いており、そして中間の位置では混合した緯度が認められることである。

古代の人々が金星の周転円に割り当てたこれらの緯度〈成分〉の他に、もう一つのもの——古代の人々によれば「偏位」、プトレマイオスによれば〈離心円の傾斜〉と呼ばれた*14——があり、先の緯度〈成分〉と混在させて、彼らは今では廃棄された金星の周転円の中心を運ぶ導円によってそれを論証したので、諸観測とより良く一致するもう一つ別の理論を始めるべきだ、と尊師は断を下した。*15 偏位を救済するためのわが尊師にして博士のこの理論を、ずっと易しく、しかもほとんど異なることなく残りの提題を理解するために、次に言及する平面を平均平面、それゆえに固定されているとする。真平面はここからあるときはこちらへ、あるときはあちらへと計算上確定した仕方で逸れていく。両極のすべての運動は僅かな費用と労力を顧慮すれば理解されるので、まず平均平面の両極の一方は黄道面の北へ傾斜角の量だけ高くなっており、反対側のもう一方の極は南へ同じだけのところにあるとしよう。そして北極あるいはその周囲で生ずる事柄をわれわれは明らかにするだろう。当然ながら対当関係が守られるので、南極に関しても同じように理解されねばならない。
　したがって、平均平面の北極の周りに可動的な円があり、その半径は平均平面と真平面の間の最大の傾きに対応すると仮定しよう。[*16] だが真平面の北極そのものは振動運動で前述の円の直径を描くとする。更に、可動的な円は惑星の運動に従うとし、自らの運動で進む金星は、後続してくる二つの交点のうちの任意の一方を後に残すことになるが、正確に一年で取り残された交点へ戻るという規則に基づいている。さて二つの平面の極を通る大円が引かれ、真平面とのこの共通交点から両側に90度を数え、そして真平面と平均平面の極が異なるときに、昇降交点、あるいは前述の〔共通〕交点が決定される。昇降交点のいずれかへの金星の周期が満たされる間に、真平面の極は振動運動によって前述の可動的円の直径を二回描くとする。以上のことは、惑星が地球の中心と次の契約を結んだような仕方で生ずる。すなわち、地球が導円の長軸線上にあったときはいつも、金星がその真の導円上のどこにあろうとも、金星は平均平面から北側へ最も大きく逸れ、つまり、その平均経路から最大の距離にある。更に、地球が導円の長軸両端点から矩の距離にあるとき、惑星そのものはその真の平面全体とともに、平均導円の平面上にある。しかし地球が残りの中間の位置をめぐり歩くと、金星もまた中間の偏位でその運行を保つ。地球と惑星のこの契約は永久に続くようにと神がお命じになったもので、振動の第一小円——と私は言いたいが——は、可動的な交点のいずれかへの金星の一回の回帰が起こるのと同じ時間をかけて、一回転するのである。[*17]
　以上のことは事例でもっと明瞭になるだろう。[*18] もし偏位運動の始めに真平面の北極〔V'〕

がそれに近い平均平面の極〔V〕から南側の最大距離〔Y〕にあるとし、しかももし金星が、北側にある偏位の最大限界点〔R〕にあるとするならば、地球の中心も金星の長軸端の一方〔たとえばO_1〕にあるので、一年の四分の一の年周運動によって地球は長軸両端の間の真中〔O_2〕に、またその同じ時間で惑星はその交点つまり可動的な交点〔V〕に来ているだろう。そして振動運動は、その昇降交点ないし両交点への惑星の周期的な回帰と共測的なので、振動の第一小円も四分円を回転しているだろうし、第一のものよりも二倍速い残りの〔第二〕小円により、真平面の極〔V'〕は平均平面の極〔V〕のもとに置かれているだろう。それゆえ両平面は結びつくだろう。しかし惑星がこの交点から離れると、地球は最初の離心円のもう一つの長軸端へ進むだろうし、真平面の極〔V'〕は振動により平均平面の極から北側へと前進するだろう〔つまり、V'はXへ向かうだろう〕。こうして、われわれの事例におけるように、たとえ金星が南側にあるとしても、南側の緯度は減少することになり、もし北側ならば増加することになる。しかしこの位置に到達した所で、真平面の極は振動運動により北側の限界点〔X〕に達する。そして惑星は、両交点へのその一年間の運動により二つの交点の真中では、再び北側への最大偏位をもつだろう〔O_3で再び北緯は最大〕。こうして、仮定された円の運動が以下のような有用性をもつことが明らかになる。両交点に対して金星の回転は一年で起こり、そして地球が長軸線上にあるときは常に、惑星がその真平面上のどこにあろうとも、平均平面からの最大偏位をもつことになり、さらに地球が長軸両端間の真中では、地球は両交点上にある。更に、振動運動によって、金星がいずれかの交点にあると、二つの平面は結びつき、そしてそれが進んでいく真平面の部分は平均平面から常に北側へ逸れており、その結果、この緯度〔成分〕は、それ相応に、常に北緯に留まることになる。われわれが「平均的」と呼ぶことにした金星の平面は、最初の離心円の長軸線上で黄道によって切断され、そしてその平面の半分は長軸最上端から順方向へ北側に突き出ているのと同じように、残りの半分は、対当関係の法則により、南側へ沈んでいる。

そこで水星の場合、同じような理由で平均平面があり、それは当然ながら長軸線上で黄道面のそれぞれの側に傾いており、その有様は、平均平面の半分が長軸最上端から逆方向に向いて北側にある。[*19] したがって、地球中心の年周回転において、水星における傾きと反転は、金星のそれと比べると、入れ替わっているのが認められる。この相違をもっとはっきりさせるために、神は水星の真平面の平均平面からの偏位も次のように配置した。つまり、その進んでいく半分は平均平面から常に南側に逸れ、そして地球が長軸両端点にあると、惑星はその真平面とともに平均平面上に位置している。従ってその結果、金星とは緯度方向では前述の違い以外に何ももたないことになる。ただし、水星のほうがより大きな傾斜角をもっているので、この偏位もまた金星におけるよりも水星においてずっと大きい点は除く。[*20] その他、水星の緯度の残りの相違点は、金星におけるのと全く同じに、極めて容易に結論されるだろう。詩人の言葉で、この「第一解説」を締めくくるとしよう。[*21]

私の企てたことはまだ残っているが、その一部はやり終えた。

この辺で錨を投じて、わが船をとどめることにしよう。

さて、わが尊師の著作全体を十分に専念して読み終えたら、私の約束の後半[*22]を考察し始めよう。そのいずれもが貴方にとって、良い定義が被定義項と相互に交換可能なほどに、わが尊師の諸仮説が〈現象と〉一致していることを、学者たちの提示した観測によって一層明瞭に貴方が見て取られるくらい、もっと意に沿うことになるのを私は望んでいます。

私が父のごとく敬愛してやまない、令名高く学識豊かなシェーナー先生、今やもう残っていることといえば、何であれ私のこの著作に公正と善意をもって対処していただくことです。というのは、自分の肩がどれほどの重荷を運べるのか、あるいはどんな重荷を運ぶのを拒むのかを私は知らないわけではないが、それにもかかわらず貴方の類い稀な、そしてこう言ってよければ慈父のごとき愛情が、何も恐れることなく私がこの地に入り、能力の及ぶ限り貴方にすべてを報告させているからです。至高至善の神が正しい方向へ向けてくださるように、と私は祈るが、正しい道に沿って当初の目的を目指して、着手した仕事を成し遂げることができるよう、私を励まし支えて下さい。もし私が若気の至りで何か言ったり（われわれ若い者は常に、と彼は言うのですが、実用的というよりむしろ高揚した気質を備えている）、あるいは主題の重要さと品位が要求する以上に厚かましく、尊重すべき聖なる古代に反抗していると思われかねない言葉をうっかり漏らしてしまったりしたならば、貴方はきっと、そしてこのことを私も疑いませんが、それを良いほうに受け取ってくださり、何かしら私が成し遂げたことよりもむしろ貴方に対する私の心を見てくださるでありましょう。

更に、学識豊かなわが尊師にして博士については、彼にとってプトレマイオスの足跡を歩み、またプトレマイオスその人と同じように、古代の人々や彼よりもずっと前の人たちに大いに倣うことよりも良く、あるいはより重要なことはないということをはっきりさせたいし、また貴方にも心から納得していただきたいのです。しかしながら、天文学者を規制する〈現象〉と数学とが、彼の意思にさえ反していくつかの仮定を立てるよう強制していることに自ら気づいたとき、たとえプトレマイオスのものとは全く異なるタイプの素材でできた弓と矢を手に取るにしても、もしプトレマイオスと同じ技法で同じ標的に向けて矢の狙いをつけるならばとにかく十分である、と彼は考えたのだ。しかしこのところでしっかり捉えておくべきは、〈哲学シヨウト欲スル者ハ、ソノ判断ガ自由デアルベシ〉[*23]だろう。

しかしわが尊師は、善意の人一般の精神に、特に哲学的な本性に、疎遠なものを嫌悪しているので、然るべき理由があることや事実そのものが強制するのでなければ、奇を衒って、正当に哲学する古代の人々の健全な意見から性急に離れるべきだ、とは決して考えなかったのです。彼の年齢も、徳の偉大さも、学識の素晴らしさも、そして最後に、精神の崇高さと魂の卓越性も、そのどれにも、若気の至りや、あるいはアリストテレスの言葉を使えば[*24]、〈つまらぬ思弁で自惚れるような人たちの〉ものや、あるいはどんな風向きであれ己の感情に動かされて支配されてしまう激情的な精神の持ち主のようなものが、あるいはまた〈操舵手〉が振り落とされたにもかかわらず、手近にある何でも引っつかみ、じたばたと激しく戦うようなことが、彼の中に入り込むことができる余地など全くないのである。[*25]

しかし、真理が勝ちますように、徳が勝利しますように、彼の名誉が学術において永久に保たれますように、そして彼の学術の良き製作者〔たとえば天文暦製作者〕は誰であれ、役立つものを白日の下に齎し、彼が真理を求めたと分かるような仕方で守られますように。尊師は善意の学識ある人たちの判断を嫌悪することは決してないでしょう。彼としてもそれを引き受けるお考えなのです。[*26]

プロシャ賛歌[*1]

ミネルヴァを祀る寺院に黄金の文字で伝承されているオリンピック競技の勝者、ロドス島の拳闘家ディアゴラスを記念して、ピンダロスはその頌歌の中でこう述べている。彼の祖国はヴィーナスの娘であり、心から愛された太陽神の妻であった、と。その上、ユピテルはそこに黄金を雨と降らせたが、それは彼らが心から崇めた彼女のゆえに、ロドス人は知恵と〈教育〉の名声を報われたのだ。

　この響き渡るロドス人〈賛歌〉を、このわれわれの時代に、プロシャ（この所について、おそらく貴方も聞きたいと願っておられる事柄を私は少し言及する心算です）以外にもっと適切に当てはめることのできる他の地域を、この私はたしかに知りません。もし術に秀でた占星術師が、この極めて麗しく、肥沃で、幸運な地域を支配する星々を入念に探究するならば、同じ神々がこの地域を主宰していると認めることを、私は疑いません。ピンダロスが言うように、

　　〈古人のつたえによれば、
　　ゼウスをはじめ、神々が

大地の領分をわけてとったときには、
いまだロドスの姿は海の面になく、
黒潮うずまく海底に　かくれた
島であったという。
だが　神々はそのとき、
遠くにあったヘーリオスの分けまえを
定めようとはせず、あの聖なる
神には、大地の住まいを与えぬままにした。
これを訴えたヘーリオスのために、
ゼウスは　大地を分けなおそうとした。
しかしヘーリオスは　それをとどめて
こう言った、海底のただなかに
地の根から芽をだした大地がみえる、
やがて人間に豊饒をあたえ、
羊のむれを愛する大地がみえる、と〉[*2]

こうして疑いもなく海がかつてプロシャを覆っていた。琥珀がこんにち海岸から非常に遠く離れた内陸に発見されること以上に、適切で明白な証拠を誰が提示できようか？　したがって同じ法則に基づき、海から生まれ出たものとして、神々の贈り物として、プロシャは〔太陽神〕アポロの掌中に落ちた。アポロは彼の妻ロドスをかつて慈しんだように、今はプロシャを慈しんでいるのだ。太陽はロドス島のように垂直な光線でもってプロシャへ達することはできないのでは？　できないことを私は認めるが、他の多くの仕方でこれを埋め合わせている。その垂直な光線によってロドス島で成し遂げることを、プロシャにおいては地平線の上に長居することで行っている。

更に、琥珀は神の特別な贈り物であり、それによってこの地域を特に飾り立てようと望まれたことは、誰一人否定しないだろうと私は思う。実際、もし誰か琥珀の高貴さと医薬におけるその用法を考察したならば、理の当然だが、それをアポロにとって神聖な、それゆえ素晴らしい贈り物だと判断するだろう。それを溢れるばかりに、最も貴重な宝石のように、その妻プロシャに贈与してくださるのだ。

しかし、アポロが初めて発明し育んできた医術と〈予言術〉のほかに、狩猟の研究にも熱をあげていたので、彼は他のどの土地にもましてこの地を選んだように思われる。そして野蛮なトルコ人がロドス島を強奪するだろうと彼はずっと前から予見していたので、彼はその住まいをこれらの地方へ移してしまい、その妹ダイアナと共にここへ移住したというのは、ありそうもないとは思えない。というのも、どの地方へ目を向けようと、もし森を考えてみれば、ギリシャ語では〈パラダイス〉にあたる猟鳥獣保護区域、そして養蜂区域は、アポロによって備えられたと言うだろう。もし叢林や平原、野ウサギ等の飼育場や鳥小屋、またもし湖、池、泉を考えても、それはダイアナの聖地や神々の養魚池だと言っただろう。

そしてアポロは、他の地域にましてプロシャを選んだと思われる。そこへ、つまり自分のパラダイスへ、雄鹿、雌鹿、熊、猪、そして他の場所で普通に知られている種類の野獣の他に、彼は野牛、ヘラジカ、バイソン等、他の場所ではほとんど見られない種をも持ち込んだのだ。数多くの極めて稀な種類の鳥や魚の類いについては言うまでもない。

アポロがその妻プロシャと儲けた子孫は次のものである。[*3] ケーニヒスベルク――プロシャ大公、ブランデンブルク侯爵、著名な君主で、あらゆる学者および我らの時代の著名人たちのパトロンであるアルブレヒト殿下の玉座、トルン――かつてはその市場のゆえに、今はその息子であるわが尊師のゆえに極めて有名、ダンツィヒ――知恵とその協議会の威厳、その富とその復興しつつある文芸の輝きゆえに卓越したプロシャの首都、ワルミア――学識もあり敬虔な人々の大集団、その雄弁と賢明さで卓越した司教のヨハネス・ダンティスクス尊師[*4]のゆえに高名、マリエンブルク――ポーランド国王陛下の宝庫、エルビング――文献の聖なる管理が行われているプロシャの旧居住地、クルム――その文芸で有名で、クルム法[*5]がその起源をもつ所。

こう言ってよければ、建物や砦はアポロの宮殿や神殿、庭園や田畑やこの区域全体がヴィーナスの喜び。だから正当にも〈ロドス〉[*6]と言うことができるだろう。そればかりか、もしその土壌の豊かさあるいはその土地全体の美と魅力をよく検討すれば明らかなように、プロシャがヴィーナスの娘であることはほとんど隠れようもない。

ヴィーナスが海から現われたと言い広められているように、プロシャもヴィーナスと海の娘である。それゆえに、その土地は肥沃で、オランダとデンマークはその穀物で養われるのみならず、近隣の王国、さらにイングランドやポルトガルのいわば穀倉地帯でもある。以上の素晴らしい生産物以外にも、あらゆる種類の魚とそのほかの豊富で貴重な資源をよそへ豊かに供給している。加えて、ヴィーナスは文化、威厳、人としての善き生活に関連した事柄を深く心にかけ、自然本性だけではこの地方にそれが生まれ出ることも、それを保つこともできなかったことは否定できない。そういうわけで、外国からプロシャへ首尾よく輸入できるように、海の助けを借りて、女神はそれを成し遂げたのだ。学識豊かなシェーナー先生、以上の事実は貴方には既知のことでしょうから、私がそれらについてこれ以上長く話す必要はありません。そして他のいくつかの書物でこれらは主題としてすでに扱われていますので、これ以上称賛するのは控えます。

私はただ次のことだけは付け加えよう。主宰する女神の恩寵により、プロシャ人はその数も多く、特別な人情を賦与されている。更に、かれらはあらゆるタイプの技芸でミネルヴァを崇拝し、このゆえにユピテルの好意を受けている。というのは、建築とその関連技芸といったミネルヴァに帰されるさほど重要でない技芸は言うに及ばず、まずは極めて著名な大公、ついで、重要な政務にあたるプロシャの司教と指導者の全員、さらに国家の指揮官たちは、偉人にふさわしく、この地域における文芸の復興を至る所で熱烈な関心をもって歓迎している。彼らは、独立にあるいは共同して、それを鼓舞し支援しようと努めている。したがってユピテルも、黄色の雲を寄せ集め、多くの金を雨と降らせるのだ。[*7] 私の解釈では、これが意味するのは、ユピテルは帝国や国々を主宰すると言われているので、権力者が研究や学問や文芸の支援を行うとき、神はその臣下の神々、近隣の王や王族そして人々の心をその黄金の雲のなかへ集めるのであって、まるで黄金が滴るように、そこから神は、平和と平和のあらゆる祝福、静穏な心と公共的な平和への愛、正しい法の支配する都市、賢人、子供たちへの高潔で献身的な教育、宗教の敬虔で純粋な広まりなどを滴り落とすのである。

ロドス島でアリスティップスが為したと言われているその難破[*8]が、しばしば引き合いに出される。そこに打ち上げられた彼が浜辺に描かれたいくつかの幾何学図形に気がついたとき、彼は人の跡を見たと叫び、仲間たちに元気を出せと命じた。そして彼の思った通りだった。というのは、彼は一目置かれることになったその学識により、教育も人情もある人々から、命を長らえるのに必要な事柄をやすやすと手に入れたからだ。

神々が私を愛してくださっているように、学識豊かなシェーナー先生、プロシャの人は手厚いもてなしをするので、この地方の誰であれ著名な方のお宅へ入るさい直ちにその敷居に幾何学図形を見ないとか、彼らの心に幾何学があるのに気がつかないといったことは、今まで私には起こったことはありません。そういうわけで、彼らのほぼ全員が善意の人なので、これらの技芸を研究する人々に、可能な限りあらゆる便益と奉仕を与えている。というのは、真の知識と学問は決して善意と親切から分離されないからである。

私は自ら評価して、自分がいかに学識の不完全な器にすぎないかを容易に悟っておりますので、特に、私に対するお二人の偉大な方のご厚意にいつも驚いています。そのうちの一人は、私が最初に言及した著名な高位聖職者、クルムの司教ティーデマン・ギーゼ尊師です。〔使徒〕パウロ[*9]が司教に求めるような徳と学識のいずれをも備えたその方の尊敬すべき敬虔は、信仰の極みにまで完成し、しかも時の流れに適った教会行事と〔天体〕運動の確実な計算と理論があれば、キリストの栄光にとって小さからぬ重要性をもたらすことを彼はよく理解していた。長年にわたるその研鑽と学説を知り、わが尊師博士にこの務めを果たすべきだと、以前から激励するのを彼は止めなかったのである。

〔わが〕尊師は生来〈社交的〉であり、そして学問界もまた〔天体〕運動の改良が必要な状態にあると見通していたので、友人である高位聖職者尊師の懇願に容易に譲歩し、そして、天文表を新しい規則つきで彼自ら作成すること、そしてもし誰かが個人用に使うのであれば、とりわけヨハネス・アンゲルス[*10]が為したことにならい、自らの仕事において公益を損ねないようにすることを、彼は約束した。しかし、運動と天球の順序について、世間に受け入れられ信じられてきたという意味で、正当にもこれまで議論され吟味されてきたものを、諸観測がある程度それ自ら正当にもひっくり返してしまうのみならず、われわれの感覚に矛盾してしまうような仮説を必要としていることが、彼にはかなり前から明らかだったので、プトレマイオスよりむしろアルフォンソ表を模倣し、証明はつけないが、細かな規則をつけた天文表を提示すべき、と彼は判断したのだ。こうすると、哲学者の間に混乱を引き起こさないだろうし、世間の数学者たちは運動の正しい計算法をもつことになるが、ユピテルが尋常ならざる好意的な眼差しを注いだ〔天文学の〕真の熟練職人たちは、提示された数値から、すべてが導出される元になる原理と初期値にたやすく到達するだろうし、学識ある人々が今まで恒星天球運動の真の仮説をアルフォンソ表の教説から作り出さねばならなかったのと同じように、学識ある人々にとってすべては全く明瞭になるだろうが、世間の天文学者は、理論的知識は別として、その人が求め気にかけている表の使用を奪われてはいないだろうし、しかも内奥の秘密は学識があり数学の訓練を受けた人々に開示される云々という仕方で哲学するべきだ、とのピュタゴラスの原則は守られることになるだろう[11]。

この点についてそのとき尊師はこうも指摘した。もしわが尊師がその天文表の根拠を提示せず、またプトレマイオスを模倣し、その決断あるいはその理論によって、学術の基礎と証明を信頼して平均運動やプロスタファイレシスを探求し、時間の開始点としての元期を確立したことを更に付け加えようとしないならば、それは公益にとって不完全な贈り物にしかならないだろう。以上のことに彼はこうも付け加えた。こうしたやり方が多大な不便と数多くの誤謬をアルフォンソ表に生み出してしまったのは、好き勝手なことを仮定し、〈師、宣(のたま)はく〉[12]が言い習わしとなってしまったように、数学においては断じて容認できないことを是認するようわれわれが強いられたからである。さらに、これら〔コペルニクス〕の原理や仮説は古代の人々の諸仮説といわば正反対であるが、その天文表が真理と一致しているという力を得てしまったら、天文表の原理を検討して、それを出版しようとする人は熟練職人のなかにはほとんど一人もいないだろう。果実をつけるのが認識されて、疑念ではなく希望を作り出して計画そのものが是認されるようになるまでは、その計画はしばらく隠されてしまうといったような、王国や会議や公の交渉においてしばしば起こることは、ここでは断じて容認できないのだ。

さて、哲学者たちに関する限りでは〔と彼は続けて〕、分別にも学識にも富んでいる人なら、アリストテレスの一連の議論をずっと注意深く検討し、アリストテレスが数多くの議論で地球の不動性を証明してしまったと自ら信じた後でも、彼が結局はどのようにして次の議論に逃げ込んでいるのかを、慎重に判断するだろう。〈われわれの見解に対する証拠を、数学者たちが天文学について言っていることのなかに、われわれはもっている。というのは、星々の配置が記されている図形のうちに変化が起こるときに観測される諸現象は、地球が中心に位置しているとの仮定に基づいている場合に、起こるのである[13]〉。

更にここから彼ら〔哲学者〕は自らこう決意するだろう。もしこの結論が以前の議論の下に置かれ得ないならば、費やした時間と努力をわれわれが無駄にしようとしないのであれば、むしろ天文学の真の理論を仮定すべきであろう。次に、残された議論の適切な解決が探求されねばならず、もっと注意深く、そして同じように精を出して、諸原理に戻ることによって、地球の中心が宇宙の中心でもあることが証明されたのかどうかを調べねばならない。もし地球が月の天球へもちあげられたとすれば、引き離された地球の一片〔つまり土塊〕は、土塊すべてが大地の球体の表面に直角をなして落下するのであれば、それ自らの中心ではなく、宇宙の中心を求めるのだろうか？　またその上、磁石はその自然運動を北向きにもつのを目にしている以上、日周回転の円運動も必然的に強制的運動に帰されるのだろうか？[*14]更に、三つの運動――中心から離れる、中心へ向かう、中心の周りを巡る――は、事実として、分離されているのだろうか？　それとも『ティマイオス』やピュタゴラス派の見解を彼が論駁する基礎とした他の見解なのか？[*15]しかしもし彼らが天文学の主要目的および神と自然の能力と仕事ぶりを見渡そうと望むならば、彼らは以上のことや同種のことを自ら考察するだろう。

さてもし学者たちが心のうちで自己の原理にあくまで頑固に激しくしがみつこうとし、またそう決意しているならば、と彼は〔わが〕尊師に警告したのだが、この学問の王であるプトレマイオスの運命よりももっと幸福な運命を期待すべきではない。このことについて、他の点では第一級の哲学者のアヴェロエスは、周転円と離心円は自然領域に全く存在することはできず、しかも古代の人たちが旋回運動をなぜ措定したのかをプトレマイオスは知らなかったと結論した後、最終的にこう宣告した。「プトレマイオスの天文学は存在においては無価値だが、存在しないものを計算するには都合が良い[*16]」。

更に、ギリシャ人が〈理論も音楽も哲学も幾何学も知らない連中[*17]〉と称した無学な人々の叫び声は無価値なものと見なすべきだ。というのも、良き人々は彼らのためにその仕事を引き受けてはいないからだ。

以上のこと、及び事情に通じた幾人かの友達から私が知ったそのほか数多くのことによって、学識豊かな高位聖職者〔ギーゼ〕は尊師を説き伏せ、学者たちと後世の人々に彼の労作について判断を委ねるよう約束させることになったのである。それゆえ、この著作を公益のために提示するに至ったことを、良き人々と数学の研究者たちは私と共に、クルムの司教尊師に深く感謝するであろう。[*18] ところで、厚意に満ちたこの高位聖職者はこれらの研究を大いに愛し、熱心に実践しているので、彼は昼夜平分点を観測するための銅製の〔アーミラリ〕天球儀を持っている。幾分大きめだがその種の二つのものがアレキサンドリアにあったとプトレマイオスは述べており、それを見るためにギリシャ全土の各地から学者がやって来たのだった。[*19] また彼は真に君主に相応しいグノモン〔一種の日時計〕をイングランドから運んでくるよう取り計らった。私はこの上ない喜びをもってそれを目にしたが、確かにそれは数学に精通した最上の熟練職人によって製作されたものだった。[*20]

私の支援者のうちの第二の人物は、私が敬意を表する精力的なニュルンベルクの貴族にしてダンツィヒという有名な都市の市長ウェルデンのヨハネス氏[*21]である。彼は何人かの友人から私の研究について聞いたとき、平々凡々な私にもわざわざ挨拶し、私がプロシャを去る前に、自分に会いに来るよう招いてくださった。そのことをわが尊師に伝えたら、師は私のために喜んでくださり、私にはホメロスの〔描く〕あのアキレスによって招かれたかのごとくに思われた人物の絵を描いてくれた。[*22] というのは、その人〔＝ウェルデンのヨハネス〕は戦時と平時の技術において卓越していることに加え、ミューズの神々の愛顧を受けて、音楽にも長じており、この上なく甘美なハーモニーによって自らの精神をリフレッシュし、職務の重責を担い遂行するために気持ちを駆り立てている。至高至善の神が彼を〈人々の牧羊者[*23]〉

とされたのは、まことに相応しい。そして神がこのような指導者たちをその職に任じた国は幸いだ。

『パイドン』[*24]においてソクラテスは、魂を「ハーモニー」と呼んだ人々の意見を非難しているが、もしハーモニーを身体における要素物体の混合としてしか理解しなかったのであれば、たしかに正当である。しかしもし理由があって彼らが魂をハーモニーと定義し、神々の他では人間精神だけがハーモニーを理解する——〔数学の一分野である〕音楽のみが〔音を〕数え上げ、その数を言うことを気にしない者もいるように——のであり、[*25]また命にかかわる病を患っている魂が、音楽を一緒に歌うことによって時に癒されることもある、と知っていたからでもあるとするならば、その場合、人間の——ことに英雄的な——魂がハーモニーと言われているのだから、この意見は不適切ではないように思われるだろう。したがって、われわれはハーモニーに満ちた魂、すなわち哲学的な自然本性を指導者たちがもつ国を幸福と述べたのは全く正当であった。[*26]たしかにスキタイ人はそうした魂を全く持っておらず、他の人々が呆然として耳を傾けるような特別優れた音楽家よりも、馬の嘶きを聞くほうを好んだ。願わくは、国王、君主、高位聖職者、その他領邦の貴顕たちが、ハーモニーに満ちた魂の器からその魂を手に入れますように。[*27]そして、これら至高の学問とそれ自身のために最もよく追究さるべき事柄が何であれ、その本来の威厳をやがて獲得することを、私は疑いません。

卓越せる先生、今まで述べたことが、わが博士の諸仮説、プロシャ、私の支援者たちについて、今貴方に書いておくべきと考えた事柄です。さようなら、学識豊かな先生。そして拒むことなく貴方の助言で私の研究をご指導ください。というのも、われわれ若者には年配の賢人の忠告が何にもまして必要であることを、貴方はご存知だからです。そしてギリシャ人のあの魅力的な意見が、貴方から逃げ去ることはないでしょう。〈年長者の意見ほど良い〉[*28]。

ワルミアの我らが図書室から

主の一五三九年、一〇月朔日の九日前〔＝一五三九年九月二三日〕

訳者解説「レティクスなくして、コペルニクスなし」

この解説の表題は、レティクスの評伝『最初のコペルニクス主義者』（邦訳の題名は『コペルニクスの仕掛人』田中靖夫訳、東洋書林、二〇〇八年）の著者デニス・ダニエルソンがその著作の巻頭に記した刺激的な言葉である。刺激的な言葉がしばしばそうであるように、この言葉は極論と言えるかもしれない。しかし、レティクスがいなかったとしても、歴史に名を遺すコペルニクスはいた、と確言できるかというと、それも大いに疑問である。この極論にも重要な真理の一片はあるのだ。その一片の真理の内実をこれから探ることにしよう。

探るべき主な項目は次のようになるだろう。コペルニクスは太陽中心説（地動説）の構想を温めながら、どのように理論を仕上げていったのか。そして、仕上がった理論を公表するのを彼はなぜ長い間躊躇っていたのか？　またレティクスはどのような経緯でコペルニクスと出会い、彼の太陽中心説を学ぶことを許され、それをどう理解し、どこに魅了されたのか。そしてコペルニクスの唯一の直弟子となったレティクスが、師の太陽中心説の公表と普及に対してどのような役割あるいは貢献をなしたのか。この二人の出会いが、彼らの人生および科学の歴史において決定的瞬間になったと言えるのは何故なのだろうか。さらに、「最初のコペルニクス主義者」のその後の歩み、そして出版されたコペルニクスの著書『天球回転論』の運命はどうなったのであろうか。

さて、この二人が出会ったのは、一五三九年五月末のことだった。このときカトリック信徒であるコペルニクス（一四七三―一五四三年）は六六歳の老人、一方のレティクス（一五一四―七四年）はプロテスタントの信徒で、二五歳のウィッテンベルク大学の若き数学（天文学）教授だった。出会った場所は、コペルニクスの居住地、ポーランドのフロンボルク。ここはワルミア司教区の聖堂参事会員であるコペルニクスが通常居住しているところで、大聖堂の所在地だ。コペルニクスが「地の最果て」と表現したこのフロンボルクは、ウィッテンベルクから直線距離にしておよそ五六〇キロメートル。その長旅をおして若者はわざわざ訪ねてきたのだった。若者にはどうしても、詳しく学んで確かめたいことがあった。その情熱が若者を駆り立てていた。

そこでまずこの二人が出会う前の活動略歴をそれぞれ見ておこう。

コペルニクスの活動略歴――太陽中心説の概要と伝播

ニコラウス・コペルニクス（ラテン語表記。ポーランド語ではミコワイ・コッペルニク）は、一四七三年二月一九日、ポーランドの商都トルン（ポーランド語ではトルニ）に生まれた。父は息子と同じ名でミコワイ・コッペルニク、母はバーバラ・ワッツェンローデ。コペルニクスには兄、二人の姉がおり、彼は末っ子の第四子であった。ヴィスワ河沿いの都市トルンはハンザ同盟の内陸都市であり、ポーランドとハンガリーと西欧を結ぶ陸海の交通の要衝であった。この地で父は成功をおさめて富裕な商人となり、併せてトルン市の参事会員となる名誉も獲得した。一方、母方のワッツェンローデ家も市の有力な名門商家であり、その一族には市の顧問官やカトリックの司教がいる。

コペルニクスが一〇歳の一四八三年頃、一家にとって大きな転機が訪れた。父が亡くなったのである。この時以降、母方の叔父ルカス・ワッツェンローデ（一四四七―一五一二年）が二人の甥の後見役となり、彼の手厚い庇護のもとに育った。この叔父は後にワルミア司教となり（一四八九年）、コペルニクスの生涯に大きな影響を及ぼすことになる。

二人の甥の将来を考え、コペルニクスが一八歳になった一四九一年秋、叔父は二人をポーランド随一の名門大学であるクラクフ大学へ入学させた。学問を身につけさせることが将来の安定のために必要であるだけではなく、自分の司教区の聖堂参事会員として採用し、二人のどちらかを自分の後継者にすえることも考えていたらしい。参事会員になるためには教会法に通じていなくてはならなかったので、更に名門法学部をもつイタリアのボローニャ大学へ留学させた（一四九七―一五〇〇年まで在学）。この大学の天文学教授にドメニコ・マリア・ノヴァラ・ダ・フェラーラ（一四五四―一五〇四年。ルネサンスの偉大な天文学者レギオモンタヌスの弟子であった）がおり、コペルニクスは彼と一緒に生活し、『第一解説』（第Ⅰ章）によると、「学生というよりは観測助手およびその証人として」遇された。コペルニクスの現存する最古の観測記録（アルデバランの星食）がボローニャで、一四九七年三月九日になされていることから見ても、天文学研究が彼の関心事であったことは間違いない。彼の学生時代の蔵書もそれを証言している。表向きは法学の研究をしながら、天文学の研究にのめり込んでいく姿を見ることができる。当初の留学期間を終えると、司教区のために医学を学ぶという名目で留学許可を更に申請し、今度は有名な医学部をもつイタリアのパドヴァ大学で学んだ（一五〇一—〇三年）。当時、医学は占星術を通じて天文学と密接な関係をもっていた。だから医学研究というのは実は名目的なもので、天文学研究を継続するためだったのかもしれない。そして一五〇三年にはイタリアのフェラーラ大学から教会法博士の学位を取得し、勉学期間を終えて帰国した。

帰国してからは聖堂参事会員の職責を全うしつつ、叔父である司教の居城があるリズバルク（ハイルスベルク）で秘書官兼医師としても仕えていた。しかし一五一〇年頃と推定されるが、彼はリズバルクを去り、聖堂参事会の拠点のあるフロンボルク（フラウエンブルク）へ移った。叔父の許を離れたのは、おそらく太陽中心説という画期的な理論の構想を得て、天文学研究に専心するためではなかったかと思われる。伝統的な地球中心説に替えて太陽中心説に至る経緯とその解釈については研究者の間で諸説があり、解説すると専門的になり過ぎるので、拙訳著『完訳 天球回転論——コペルニクス天文学集成』（みすず書房、二〇一七年。新装版、二〇二三年）を参照していただきたい。

科学革命の口火を切ることになった太陽中心説の基本構想は、通説では一五一〇年頃に出来上がっていたとされる。その骨子を記したのが、現在、「コメンタリオルス」と称される文書であるが、元々は表題も著者名も記されていない一二頁ほどのメモである（『完訳　天球回転論』所収）。地球は動くという革新的な理論内容を知るには、コペルニクスがその基本的前提を七つの「要請」として述べているので、これを見ておけば、その概要はつかめるだろう。『天球回転論』第Ⅰ巻第10章の宇宙体系図を見ながら読むと良いかもしれない。

要請1　あらゆる天球ないし球の単一の中心は存在しないこと。
要請2　地球の中心は宇宙の中心ではなく、重さと月の天球の中心にすぎないこと。
要請3　すべての天球は、あたかもすべてのものの真中に存在するかのような太陽の周りをめぐり、それゆえに、宇宙の中心は太陽の近くに存在すること。
要請4　太陽－地球間の距離・対・天空の高さの比は、地球半径・対・太陽の距離の比よりも小さく、したがって天空の頂きに比べれば感覚不可能なほど〔小さいもの〕であること。
要請5　天空に現われる運動は何であれ、それは天空の側にではなく地球の側に由来していること。したがって、近隣の諸元素〔水・空気・火の三元素〕とともに地球〔土という元素〕全体は、その両極を不変にしたまま、日周回転で回転しており、天空と究極天は不動のままである。
要請6　太陽に関する諸運動としてわれわれに現象するものは何であれ、それは太陽が機因となっているのではなく、地球およびわれわれの天球――われわれはあたかもある他の一つの星によるかのように、太陽の周りをその天球によって回転している——が機因となっていること。かくして地球は複数の運動によって運ばれていること。

要請7　諸惑星において逆行と順行が現われるのは、諸惑星の側にではなく、むしろ地球の側に由来していること。したがって、天界における数多くの変則的な現象に対しては、地球一つの運動で十分である。

補足説明をいくつか加えておこう。コペルニクスは伝統的な天球概念のもとで天体の運動を考えている。天体は、回転することを自然本性とする天球に付着することによって、回転するのである（天体自体が回転するとか、天体軌道とかいった概念は、後になってヨハネス・ケプラー（一五七一―一六三〇年）が提唱することになる）。要請4は太陽と地球の間の距離（現在いうところの天文単位）すらも、点と見なし得るほど宇宙は膨大で、ほとんど無限とも言い得ると主張している。そしてこれは恒星の年周視差が検出されないことへの予防線にもなっている。さらに地球の運動について、コペルニクスは自転と公転だけではなく、三種類の運動を考えていた（『天球回転論』第I巻第11章を参照）。

コペルニクスは「コメンタリオルス」のコピーを複数作り、友人や知人に送ったらしい。それを受け取った人がコピーをさらにまた複数作り、またそれを知り合いに送って……という形で、太陽中心説は人々の間に浸透していく。科学情報の伝播は、当時、このような形をとっていたのだった。

その浸透力と範囲がどれほどであったのかは、幾つかの事実から知ることができる。第五回ラテラノ公会議（一五一二—一七年）で教会暦の改革が論議され、教皇レオ一〇世が全ヨーロッパの天文学者に意見を求めたとき（一五一四年）、『天球回転論』序文の末尾でコペルニクスが述べているように、実務担当者ミドルブュルフのパウルスより改暦の意見を懇請されていた。辺境の一参事会員にすぎないコペルニクスは、この時点ですでに天文学者と認知されていたのである。回答したという記録は残っているものの、残念ながら、回答内容は不明である。一五二四年には、友人から送られたヨハン・ヴェルナーの著作『第八天球の運動について』（一五二二年）への批判書簡を書いている（『完訳　天球回転論』所収）。そして一五三三年には、コペルニクスの説はカトリックの総本山ローマにも達していた。教皇クレメンス七世（一四七八—一五三四年、在位一五二三—三四年）の秘書官ヨハン・アルブレヒト・ヴィドマンシュタット（一五〇六—五七年）が「ヴァチカン庭園にて、地球の運動に関するコペルニクスの見解を」進講しているのである。そして一五三五年にシェーンベルク枢機卿の秘書官に転じたヴィドマンシュタットから話を聞いて、同枢機卿はコペルニクスに書簡を書いて寄越した（『完訳　天球回転論』所収の書簡を参照）。こうした事例だけからでも、「コメンタリオルス」あるいはその噂がかなり広範囲に浸透していたことが窺えるだろう。

レティクスの活動略歴──太陽中心説に出会うまで

本書のもう一人の主人公レティクスは、正式にはゲオルク・ヨアキム・フォン・ラウヒェン・レティクスという長い名前をもっている。ここには生い立ちから幼少期の暗い影が潜んでいる。彼は、一五一四年二月一六日、現在ではスイスとの国境に近いオーストリアのフェルトキルヒに生まれた。父はフェルトキルヒ市の公認医師ゲオルク・イゼリン。母はトマシーナ・デ・ポリスという名のイタリア人。一四歳まで父を家庭教師として学んでいたが、一五二八年に事件が起こった。父が魔術の廉で（一説では詐欺師として）訴えられ、有罪判決を受けて、斬首刑に処せられたのである。死刑執行に伴い苗字は剝奪され、母方の姓をとってゲオルク・ヨアキム・デ・ポリスを名乗った（元の姓であるドイツ語のフォン・ラウヒェンを、イタリア語のデ・ポリスに戻した）。その後、生地の古代ローマの属州名であるラエティア（Rhaetia）を加え、レティクスと名乗るようになった。名前の変遷を見るだけでも、多感な少年に心的トラウマを残したのではないかと想像される。そして彼の後の生涯には父性への憧れといったものが見え隠れするのである。父親を失ったとはいえ、母方が富裕な家柄だったので、教育は十分に受けることができた。

父の死後、チューリヒのフラエンミュンスター聖堂の教会学校で、一五二八年から三一年まで、高名な人文主義者オスヴァルト・ミュコニウス（一四八八―一五五二年）の薫陶を受けた。その学友の中には、博物学者となるコンラート・ゲスナー（一五一六―六五年）がいた。また著名な錬金術師で医者のパラケルスス（一四九三―一五四一年）とも会い、一五三二年には会話を交わしたとのことである。同じく一五三二年にレティクスは、フェルトキルヒ市の公認医師となったアキレス・ピルミン・ガッサー（一五〇五―七七年）の推薦書をたずさえてウィッテンベルク大学に入学し、一五三六年には修士号を取得した。そしてその年に、ルターの盟友としてドイツの教育改革に腕を振るったウィッテンベルク大学の総長フィリップ・メランヒトン（一四九七―一五六〇年）に、「数学を研究するために生まれてきた」と形容されるほどの数学的才能を認められ、弱冠二二歳で下級数学（算術と幾何学）の教授に任じられた。俸給は一〇〇グルデン。

そしてこの頃からすでに彼の放浪癖は現われている。一五三八年一〇月、彼は休暇を願い出て、当時の慣例に従って召使いおよび助手として学生のググラーを伴って、南方へ遊学の旅に出かけた。まずは、メランヒトンに招聘されてニュルンベルクのギムナジウムの数学教授になっていたヨハン・シェーナー（一四七七―一五四七年）（『第一解説』は彼に宛てた書簡の形式をとっている）を訪れた。彼は天球儀の製作者としてもよく知られた名士であった。また有名な印刷業者のヨハネス・ペトレイウス（一四九七―一五五〇年）と出会ったのもこの町でのことであり、コペルニクスの『天球回転論』は彼の印刷所から出版されることになる。その後、有名な天文学者や人文主義者を各地に訪問した――インゴルシュタットの天文学者ペトルス・アピアヌス（一四九五―一五五二年）、チュービンゲンでは大学の天文学者フィリップ・イムゼル（一五〇〇―七〇年）、人文学者ヨアキム・カメラリウス（一五〇〇―七四年）（そして終生の友となるその息子（同名、一五三四―九八年））、故郷フェルトキルヒでは、天文学者で歴史家でもある医者のガッサーとの再会を果たした。

恐らくこの遊学で情報を得たのであろうが、コペルニクスの新理論を直接確かめたいという情熱を抑えきることができず、教授としての職責を放り出して、レティクスは「地の最果て」フロンボルクへの旅を決意する。後年その事情を友人に宛てた書簡（一五四二年八月一三日付）で「最後に、北の地方においてはニコラウス・コペルニクス氏の名声が非常に大きいことを聞き及んだので、たとえウィッテンベルク大学が私をこれらの学術の公式教授に任命した後とはいえ、その方の教えによって、さらに何ほどかを学ぶまでは心が落ち着かないだろうと考えました」と述懐している。大学総長にまたもや休暇延長の願いを提出し、今度は学生のハインリヒ・ツェルを伴って、一五三九年の五月初旬にはウィッテンベルクを発った。名士を訪ねるときのレティクスの慣例だが、この時は特別に五つもの貴重な贈り物を用意していた。プトレマイオスの『アルマゲスト』（バーゼル、一五三八年、テオンの注釈付き、ギリシャ語原典の初版本）、エウクレイデスの『原論』（バーゼル、一五三三年、プロクロスの注釈付き）、そしてニュルンベルクのペトレイウス社刊行の三冊――レギオモンタヌスの『三角法万般』（一五三三年）、アピアヌスの『正弦あるいは第一可動者の道具』（一五三四年、一分毎のサインの値を計算したもの）、ウィテロの『視学』（一五三五年、G・タンシュテッターとアピアヌスの共編）。もしかすると新理論の内容を学ぶだけではなく、ペトレイウスから「印刷して早く世間に公表することを打診するよう」依頼され、印刷見本を提示する意図があったのかもしれない。時代は、一五一七年に始まったルターの宗教改革の激動の中にあったが、宗教的に穏健な路線をとるカトリックの老人は、ルター派の若者をあたたかく迎えた。

フロンボルクでの二年半――説得工作と『第一解説』の出版

レティクスはもともとほんの二、三週間滞在するつもりであった。しかし主著の出版についてコペルニクスを説得するのに意外に手間取ってしまい、約二年半（一五三九年五月末――四一年一〇月）も滞在することになってしまった。レティクスのみならず、コペルニクスの親友でクルム（ヘウムノ）の司教ティーデマン・ギーゼ（一四八〇――一五五〇年）の強い勧めにもかかわらず、コペルニクスは頑なな態度だったらしい。三者会談の中で、コペルニクスが妥協案を出したこともある――自分の新しい計算法に基づいて天文表を作成するが、その理論的基礎・証明は付けない、というものだった（その経緯については『第一解説』の「プロシャ賛歌」の項を参照。またギーゼの貢献については『天球回転論』の「序文」および『第一解説』の「プロシャ賛歌」の項を参照）。

コペルニクスが新理論の公表を躊躇う理由はただ一点に集約される。太陽を中心として地球は惑星の一員として実際に動いているいると信じるコペルニクスには、その運動の証拠がないばかりか、それに反対する強力な議論にも取り囲まれていたことである。天文理論は数学的な虚構であるとする伝統的理解を超えて、自然学でもあるとする実在主義的理解をとるコペルニクスには、アリストテレス自然哲学と聖書の伝統的理解が大きく立ちはだかっていたのである。言葉を換えれば、コペルニクスは哲学者と神学者の反応を怖れていたのである。そして「地球は静止している」との常識のうちに生きる一般の人々の反応も気になっていただろう。

結局、三人が合意に達した内容は、新理論を展開した主著そのものは出版せず、レティクスがコペルニクスの原稿を読んで、その内容をまとめて一書として世に出すことであった。未だに怖れを払拭できず慎重に振る舞うコペルニクスは、レティクスという観測気球を打ち上げて、まず世間の反応を見る戦略で妥協したといえるだろう。

合意を得て早速レティクスはコペルニクスの原稿に取り組んだ。『第一解説』の序言で述べているように、一〇週間あまり（病気になるほど）原稿に没頭し、一五三九年九月二三日、その一書『第一解説』を脱稿した。序言の中でレティクスは、『天球回転論』全六巻のうち、最初の三巻をマスターし、第Ⅳ巻の一般的な考え方を把握し、残りの諸仮説を吟味し始めたばかりである、と述べている（『天球回転論』全六巻各章の目次を参照するとよいだろう）。しかしその出来映えはすばらしく、数ヵ月でよくこれほどまで理解したと思えるほどである。

レティクスにとってコペルニクス説の最大の魅力だったと思われる点は、地球は運動しているという仮定のもとで、ギリシャ以来の伝統である「天体の運動はすべて円運動かあるいは円運動から合成されるという〈公理〉」（『第一解説』第XIII章）を厳密に守りつつ、宇宙の体系的構造を初めて解明し、惑星の運動現象の原因を明らかにしている点にあるだろう（同

第VIII章、特に注5と11に対応する本文を参照）。そして公理を実現する数学的仕組みの説明（同第XII章）が、例外的に、微に入り細をうがっていることに、その現われを見ることができる。

なるべく早く出版するために、印刷所がある近くの町グダニスク（ダンツィヒ）で、翌一五四〇年に世に出た。この本に図版が一切欠けているのも、出版を急いだためだろう（訳注で補足しておいたので参照してほしい）。この書はニュルンベルクの天文学者シェーナーに献げられ、本文の中でレティクスはコペルニクスの名を挙げず、扉頁の中でたった一度言及したのみで、常に「わが尊師」とだけ述べている。コペルニクスのことをこう呼べるのは、後にも先にも、レティクスただ一人である。この若者はフロンボルク滞在中にコペルニクスの直弟子になったのである。

レティクスやギーゼやそのほかの友人たちは印刷された『第一解説』を、これはと思う知人たちに贈呈した。一般的に世間は、好意的な反応を示したと思われる。いくつかの例を挙げてみよう。シェーナーから一冊を受け取ったペトレイウスは「君たちの説得により、〔コペルニクスの〕観測結果がわれわれに分け与えられるならば、輝かしい宝物になる」と書いている。そして早くも翌年の一五四一年には、ガッサーの手によりバーゼルで第二版が出ている。そのガッサーは友人のフェーゲリに宛てた序文の中で、「本書はこれまで通例であった教え方には対応していないし、どのテーマをとっても学校で使われている理論とは正反対で、しかも（修道士たちならそう言うかもしれませんが）異端的であると見なされるでしょうが、それにもかかわらず、新しくしかも極めて真実な天文学の再興、いやむしろ〈再生〉をもたらすことは間違いないのです」と肯定的な評価をしている。そして「〔天文学の女神〕ウラニアにおける幾多の困難から解放され、更にわれわれには深奥に隠されている〔ゴルディオスの〕結び目が消え失せるとわれわれは考えているので、送られたこの小著を丹念に読み通し、その内容を批判的に吟味し、数学に携わる人々」へ推薦してほしいと述べている。また地図・天文観測機器の製作者として名高いオランダ人ゲンマ・フリシウス（一五〇八—一五五五年）はワルミア司教ヨハネス・ダンティスクス（一四八五—一五四八年）に宛てて「この研究がどのように結実するかを是非見たいものです。私と同じように願う学識者は、どこにも少なからずいるはずです」と書いて寄越した（一五四一年七月二〇日付）。

そして『第一解説』は『天球回転論』の内容を簡潔に解説した書物と評価され、コペルニクスの主著が出版されてからも、様々な機会に再刊されるほど人気があった。一五六六年には『天球回転論』のバーゼル版と共に、一五九六年には、チュービンゲンで刊行されたケプラーの『宇宙誌の神秘』と共に（ケプラーの師ミヒャエル・メストリンの注釈付きで）出版され、一六〇〇年以前に四版を数えるほど好評だったのである。

哲学者と神学者の反応を懼れるコペルニクスへの対応の一環であろうか、レティクスはニュルンベルクの戦闘的神学者で天文学にも関心をもつアンドレアス・オジアンダー（一四九八—一五五二年）を紹介した。彼とコペルニクス（およびレティクス）は手紙のやり取りをするようになった（一五四〇年）。オジアンダーは伝統的な考え方で対応してきた。つまり、数学の一分野である天文学は、たとえ数学的虚構であっても観測データをきちんと説明でき、暦の作成に寄与できれば学問として十分であり、自然哲学のように、実際に地球は動いているというような自然の実在構造に関わる主張までする必要はない。こうすれば、哲学者や神学者からの反応を心配することはない（『天球回転論』に挿入された読者宛ての無記名序文「読者へ　この著述の諸仮説について」を参照）。こうした道具主義的な天文学理解に違和感を持ったにせよ、哲学者と神学者に対するコペルニクスの懼れは和らげられたかもしれない。そして『第一解説』が好評を博しているというニュースはコペルニクスにも伝わっていただろう。こうして主著出版の機運は高まってきた。

遅くとも一五四一年六月二日には、コペルニクスが『天球回転論』原稿の改訂作業に着手していたことが知られている。『天球回転論』が『アルマゲスト』を手本として構成されていることは疑いない。レティクスが『第一解説』で三回も証言しているように（序言、第VI章、「プロシャ賛歌」）、コペルニクスは理論の構成法において「プトレマイオスを模倣して」いたのである。そして、ルネサンスという時代にあっては、古代の権威を尊重して模倣するということは、その品質証明にもなっていた。このことをわれわれは銘記しておかねばならないだろう。違うのはただ一点、「地球は動いている」という実在論の主張である。その他の点では、天文学の伝統の頂点と言える内容である。出版を決断したコペルニクスには平面および球面の三角法定理の数学的証明、一〇二二個に及ぶ恒星の経度と緯度の表の作成、古代の観測データの取捨選択と自らのデータの収集、膨大な量の数値計算、多数の図版の点検等々（詳しくは六巻各章の目次の項目を参照）、そのすべてに目を通し、改めて取捨選択し、推敲するという膨大な作業が待っていた。その適例は、最初に起草した序文（本書『天球回転論』第I巻第1章注1に掲載）に替わるパウルス三世宛ての序文の新たな執筆、出版を決意したので不要となったピュタゴラス派のリュシスの手紙（同第11章注13に掲載）の削除である。

レティクスもテキスト改訂作業に協力したであろうが、フロンボルク滞在中、彼も彼なりに精力的に作業をしていた。ギーゼからレティクスに宛てた後年（一五四三年）の手紙が証言しているように、レティクスは「コペルニクスの伝記」（残念ながら散佚）と「コペルニクス体系の神学的弁明」（ギーゼの言葉では、「聖書が一致していないことから、貴方がきわめて適切に地球の運動を立証した、あの貴方の小論」）（散佚したと思われていたが一九七三年頃に発見され、邦訳に、R・ホーイカース『最初のコペルニクス体系擁護論』高橋憲一訳、すぐ書房、一九九五年がある）を執筆していた。そしてコペルニクスがプロシャ大公アルブレヒトの友人の治療のためにケーニヒスベルクに赴いた際には同道し、パトロン獲得のために作成した「プロシャ地図」を同公に献呈している。そのお返しの報酬としてアルブレヒトは、サクソニアの選帝侯とウィッテンベルク大学宛てに書簡を認め（一五四一年九月一日付）、（二年間も講義をすっぽかしてしまった）大学での俸給保証と書物印刷の便宜を図るよう、要請してくれた。そして遅くとも一五四一年一〇月に冬学期の講義をするためにレティクスはウィッテンベルクに帰還しているから（一〇月一八日には同大学の学芸学部長に選出された記録がある）、その際に『天球回転論』の改訂された清書テキストを持ち帰ったと推測される（だからコペルニクスの直筆原稿Msよりも改訂原稿に基づく一五四三年の初版本Nのほうが、コペルニクスの最終的な理論を伝えている）。

『天球回転論』の出版（一五四三年）

ウィッテンベルク帰還後、レティクスは一五四二年の早い時期に『天球回転論』の三角形を扱った部分（本書『天球回転論』第Ⅰ巻第12―第14章）を詳しくし、独立した純粋な数学書『三角形の辺と角について』としてウィッテンベルクで先に刊行している。『天球回転論』第Ⅰ巻第12章の末尾にある半弦の数表（sine の表に相当）にレティクスは手を加え精緻なものにした。円の半径の長さを一〇万から一〇〇〇万に、角度変化を一〇分毎から一分毎に替えたのである。桁が増えれば数値計算の量は飛躍的に大きくなるから、短期間にこれだけの計算をこなすエネルギーと集中力は並外れている。三角法の数値計算の精度を上げたことが、おそらくレティクス自身の大きな貢献であったろう。レティクスの後年の述懐（後述）からすると、数値計算のこの作業はフロンボルク滞在中に既に始まっていたと推測されるが、出版以後も三角法は彼の主要な学問対象であり続けた。

神学的に問題を引き起こしかねない『天球回転論』全巻をルター派の牙城で刊行する危険を懸念したのかもしれないが、一五四二年五月頃、冬学期が終わるとただちにレティクスは清書原稿を携えて、ニュルンベルクのペトレイウスのもとに赴いた。いよいよ印刷が開始され、校正作業などを含む一切の印刷の責任をレティクスは負ったのである。何と献身的な弟子であろうか。同年六月には、「地の最果て」ポーランドでコペルニクスがパウルス三世宛ての献辞を新たに執筆していた。しかしメランヒトンの推挙でライプツィヒ大学の上級数学教授として転職が決まっていたレティクスは、一五四二年一〇月までにはかの地へ行かねばならず、印刷の責任を共通の知人であるオジアンダーに託した。レティクスの献身はここまでが限界だった。そのことで思いがけないことが「わが尊師」の出版物に生じようとは夢にも思わなかっただろう。

一五四三年に刊行された『天球回転論』の巻頭には、読者に宛てた無記名の序文がある。読者は当然コペルニクスが執筆したものと思うだろうが、実はオジアンダーの筆であったことが後に判明する。コペルニクスやレティクスの了解なしに勝手に挿入されたこの序文は、『天球回転論』の命運に微妙な影を投げかける。序文で表明された天文学の伝統的な道具主義的理解は、短期的には、大方の天文学者や天文暦製作者への理論の浸透と利用を促進したが、長期的には、序文によって覆い隠されていたコペルニクスの実在主義的理解が明らかになるにつれ、哲学者や神学者の反感や敵視を生み出すことになり、ローマ教皇庁の訂正命令（一六二〇年）、そしてガリレオの宗教裁判（一六三三年）に至ることになる。

一五四三年の三月二一日以前に、待望の主著はニュルンベルクのペトレイウス社から出版された。天文学史家オーウェン・ギンガリッチが現存する世界中の初版本（一五四三年、ニュルンベルク）と再刊本（一五六六年、バーゼル）を悉皆調査したが、推定では初版本の発行部数は五〇〇―六〇〇部というところらしい。コペルニクスがその生涯をかけた著書がフロンボルクの彼の許へ届いたのは同年五月二四日で、奇しくもこの日にコペルニクスは亡くなった。享年七〇。同僚参事会員ゲオルク・ドンナーはプロシャ大公アルブレヒトへの手紙（一五四三年八月三日付）で、「ニコラスさんの本は、この上なく美しい歌声で生涯を終える「白鳥の歌」に喩えることができます」と書き記した。

コペルニクスがオジアンダーの無記名序文を見たかどうかについては、歴史家の意見が分かれている。ヨハン・プレトーリウスの一六〇九年の手紙による証言では、コペルニクスの所へその本の最初の数頁が送られてきて、その少し後に、著作全体を見ることができないまま死亡したという。またレティクスからの伝聞だとして、オジアンダーの序文は著者にとって不快の種だったと伝えている。しかし、コペルニクスは無記名序文を見なかったという意見を訳者は採りたい。前年の一五四二年一二月八日に、親友ギーゼはドンナーに手紙を送り、親友の一人として病床のコペルニクスを見舞って看護してほしいと依頼している。コペルニクスは脳卒中をおこし、体の右半分に麻痺症状も出ていたようである。一五四三年五月、ギーゼはポーランド国王の結婚式に出席するためクラクフに出かけていて、フロンボルクにはいなかったが、ギーゼがレティクスに宛てた手紙（一五四三年七月二六日付）によると、コペルニクスが亡くなる当日、完成した主著が病床に届いた。しかしその何日も前から彼は意識を失った昏睡状態にあり、事態を理解できる状態ではなかったというのである。

同じ手紙の文面によると、ギーゼ自身は、コペルニクスの死後、同年の七月に初めて親友の印刷本を目にした。そして、著者の意図に反する無記名序文を見て怒った。その中でオジアンダーとペトレイウスを非難し、問題の序文を削除し、代わりにレティクスの書いた「コペルニクスの伝記」と「コペルニクス体系の神学的弁明」を追加し、巻頭部分を再印刷するよう提案している。(コペルニクスが新しい序文の中でレティクスに言及しそこなった「不手際」を、彼の「ある種の無頓着と無関心」と「病気での衰弱」に由来する、とギーゼは弁明しているが、一種の言い訳だろう。カトリックのローマ教皇への献辞では、無用なトラブルを避けるため、プロテスタント信徒の名前は伏せておいたのだろう)。レティクスも版元から送られた『天球回転論』の無記名序文に赤ペンで大きなバツ印を入れて全面削除したことで、怒りの反応を表わしている(O. Gingerich, *An Annotated Census of Copernicus' "De Revolutionibus"* (Nuremberg, 1543 and Basel, 1566), Leiden, Brill, 2002)。またギーゼはこの不正を善処してほしいとニュルンベルク市会へ訴えたが、それは功を奏さなかった。こうして、コペルニクスの没年に出版された『天球回転論』は、著者と直弟子の与り知らない仕方で世に生まれ、独自の歩みを辿ってゆくことになった。

『天球回転論』出版後のレティクス

レティクスについて語る前に、出版後のいくつかの反応を見ておこう。本解説で何回か登場したガッサーは一五四六年に『実用天文暦』(独語版)を出版したが、友人タンツェルへ宛てた献辞(一五四五年に執筆)の中で、ヒッパルコス、プトレマイオスから始まってレギオモンタヌス、ヴェルナーに至る天文学者たちの天文研究を批判的に略述した後、こう述べている。「ごく最近、我らの時代になって、遥かプロシャでは、学識豊かな天才ニコラウス・コペルニクス氏がこの仕事を引き受け、精励格勤して揺らぐことなく、天文学の建設復興のために、これまで誰も聞いたことのない全くもって斬新な基礎、あるいは他の学者たちが使わなかった諸仮説を彼は許容して提示せねばならなかった。……こうして数学者たちの間では、自分の理論を論証的に証明し、苦労の末に、天文学の面目を正道へ齎したのですが、〔それ以外の人々には〕不信仰の瀬戸際に達したと直ちに見なされ、実際、このことを理解できない大衆にはすでに非難されているのです」。ガッサー個人の評価がどこまで一般化できるか確実ではないが、彼が学識者と大衆の対応の違いについて指摘していたことは正当だと認められるだろう。コペルニクスは「数学は数学者のために書かれているのです」（『天球回転論』序文）、つまり、天文学は天文学者のために書かれている、と言い放っていた。理論の道具主義的理解をとる天文学者と天文暦製作者には太陽中心説の利用価値は認められたが、一般の哲学者や神学者および大衆には、理論の実在主義的理解が当然とされていたから、信仰に悖る学説として非難したり、異端として糾弾したりする道が開かれていただろう。

　事実、コペルニクスが序文を献げたパウルス三世に献呈された『天球回転論』を、教皇自身は、教皇付き教授バルトロメオ・スピナ（一四七五頃―一五四六年）に内容を検討させた。スピナは反論するつもりであったが、その前に死去してしまい、友人のドミニコ会士ジヨヴァンニ・マリア・トロサーニ（一四七〇／七一―一五四九年）にその仕事は託された。『聖書の真理について』（一五四四年刊）に後に付された小論『不動の至高天と最下で静止する地球およびその中間にあって動く天界と元素界』（一五四六―四七年に執筆）においてトロサーニは、地球の運動について、コペルニクスが不敬なピュタゴラス派の教説を復活させたことに反論を加えた。無記名序文の作者が著者とは別人であることを鋭く見抜いているが、彼によると、コペルニクスは「数学と天文学にはよく通じているが、自然学と弁証術には全く欠けており、聖書にも通じていないらしい」人物ということになる。『天球回転論』第I巻におけるコペルニクスの自然学的議論（特に第8、第9章）がトロサーニには全く説得力をもたず、むしろ著者の無知を示すものとしか映らなかったのである。

しかし『天球回転論』を異端とする計画が水面下で進行していたとしても、それが実現しなかったことも事実である。オジアンダーの無記名序文は、コペルニクス自身が込めた起爆力をそぐことに成功した。コペルニクスの数値パラメータを使った天文暦が続々と作成されるとともに、太陽中心説の技術的な天文計算法が人々の間にまず浸透していった。利用価値がある限りにおいて、カトリックの宗教権力はコペルニクス説に行使されなかったし、またその必要もなかったのである。

その好例は、現在も使われているグレゴリオ暦の出現（一五八二年）である。長年にわたる教会暦改革の論議にこの時点で終止符を打てたのは、新旧の天文理論における一回帰年の長さが、古いアルフォンソ表（365;14,33,10日）でも新しい『天球回転論』（365;14,33,13

日）でも、六〇進法の小数第二位までは同じだったからである。いずれにせよ、365;14,33日＝365＋14/60＋33/60^2日＝365＋97/400日＝365.2425日となり、四〇〇年間に九七回の閏年を入れる方法が新たに採用された（古来のユリウス暦では四年に一回（一回帰年は三六五・二五日になる）、つまり四〇〇年に一〇〇回閏年になっていたが、これを三回減らすという単純な計算法なのだ）。

さてレティクスであるが、コペルニクスの主著が出版された後の彼の人生は波乱に満ちている。ライプツィヒで三年間教えた後、一五四五年に彼は再び休暇を願い出た。フェルトキルヒにまず戻った後、イタリアのミラノへ行き、そこでジローラモ・カルダーノ（一五〇一―七六年）や他の学者たちと会い、誕生占星術のデータの交換をしたらしい。一五四七年の最初の五ヵ月間、彼はリンダウで酷い精神疾患を患い、正気を失い死んだとの噂が出るほどだった。しかし同年の後半にはコンスタンツで数学を教えるほどには回復したようである。それからチューリッヒに戻り、旧友のゲスナーと共に医学を学んでいる（一五四七―四八年）。一五四八年の冬学期にはライプツィヒ大学学芸学部長に復職した。だが、一五四九年には金細工師との訴訟問題が起こり、また一五五一年には学生との同性愛問題を起こし、学生の父親から訴えられた彼はライプツィヒから這う這うの体で逃げ出さざるを得なくなった。欠席裁判ということになり、追放一〇一年の判決が下り、彼の所有物はすべて没収された。その際にレティクスの遺留品リストが作成されたが、その中で特に目を引くのは、様々な形状の膨大な量の紙――棚の上に一〇梱包、中折紙一梱包二連、白地の中折紙一六巻、半中折紙三梱包九連、半中折紙一五巻、小型紙一八巻、（推定総計は七万六七二五枚とのこと）――が残されていたことである。訳者には、三角関数表の数値計算と出版のために用紙を備蓄していたとしか思えないのだが、果たしてどうだろうか？　実際、一五五〇年には数値計算の成果を『……ゲオルギウス・ヨアキム・レティクスにより、その師・トルニ出身のニコラウス・コペルニクス氏の〈諸回転について〉学説に依拠して作り上げられた一五五一年用の新天文暦』として（英語版はロンドンで、独語版とラテン語版はライプツィヒで）刊行しているのである。師の名前を書名として表に出すとともに、序文の中で感謝を込めて思い出を語ってもいた。「……私自身も若気の好奇心に駆り立てられていわば星の内奥に到達しようと熱望していたころのことを思い出します。しかし彼は私の精神の誠実にして善良で優れた人コペルニクスと、時折、口論すらしました。だから、この研究について、私は極めて熱意を喜んでいたので、優しく私を抱擁し、そして数表からも手を引いて休むことを私が学び知るように、と励ましてくれたものでした」。しかし師の忠告に反し、数値計算に対するレティクスの情熱は彼自身でも止めようもなかったようだ。一五五一年には『三角形学の数表定則』をライプツィヒで出版し、10^7を単位として、六種の三角関数表（現在の名称では、サイン、コサイン、セカント、コセカント、タンジェント、コタンジェントに相当）の数値を七桁まで与えているのである。

ライプツィヒから逃走したレティクスは、一時ケムニッツに身を隠し、それからプラハへ出て、一五五二年には生活の資を得るためにプラハ大学で医学を勉強した。その間、ウィーン大学から招聘を受けたというが応じず、レティクスにとっては異例というほかないが、一五五四年春から二〇年間はクラクフに定住した。同地がコペルニクスの観測地点フロンボルクとほぼ同じ経度にあったからである。一五六四年の友人宛て書簡によると、その間にペトルス・ラムス（一五一五―七二年）からパリ大学教授に招聘したいとの打診が非公式にあったというが、これにも応じていない。この間彼は何をしていたかと言えば、一五六八年のラムス宛て書簡が語ってくれる。このクラクフで彼は数値計算のために六人もの助手を雇い入れ、その時までの一二年間に少なくとも二二〇〇グルデンは支払ったという。ある科学史家の推計では、以前からのものを加えると、おそらく四四〇〇グルデンはつぎ込んだのではないかと思われる。ウィッテンベルク大学での初任給の年俸が一〇〇グルデンだったことを思えば、莫大な金額である。パトロンからの資金調達に加え、医術で稼いだ身銭を切ってまで傾注し、三角法の数値計算表を作成しようとの情熱、いやむしろ執念といったものすら感じさせる事業である。

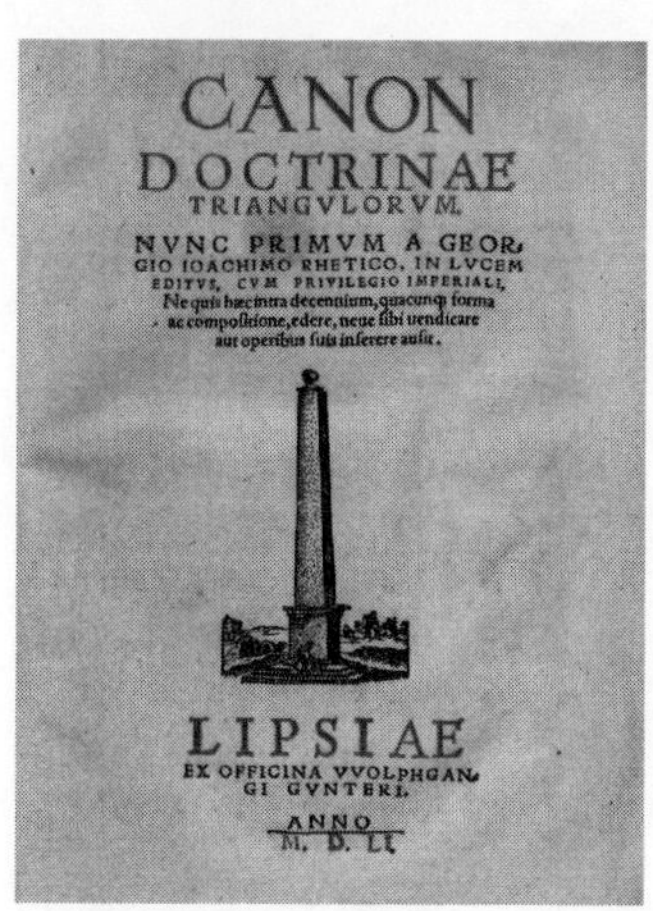
CANON
DOCTRINAE
TRIANGVLORVM.
NVNC PRIMVM A GEORGIO IOACHIMO RHETICO, IN LVCEM EDITVS, CVM PRIVILEGIO IMPERIALI,
Ne quis hæc intra decennium, quacunque forma ac compositione, edere, neue sibi uendicare aut operibus suis inserere ausit.
LIPSIAE
EX OFFICINA VVOLPHGANGI GVNTERI.
ANNO
M. D. LI.

『三角形学の数表定則』初版の扉（図版はオベリスク）

　そして彼が富豪のヨハネス・ボネルの支援を受けて、クラクフ郊外に一五メートルの高さのオベリスクを建てたのも、精確な天文観測データを得ようとしたためであった。彼によれば、「天の王国の法律」を確立する上でプトレマイオスよりもっと古い「エジプト人の天文学」の主要機器であるオベリスクは「自然の解釈者」であり、「人間の発明品ではなく……天と地における神の幾何学を教えるために、創造者なる神が授けたもの」で「自然哲学の装置」として「天文学、地理学、そして星辰の影響〔占星術〕に関わって、人間生活に関連する自然学の部分を構築し、確立し、そして推進することが可能になる」天文機器だった（以上、パトロンの一人である神聖ローマ皇帝フェルディナント一世宛ての一五五七年の書簡）。

クラクフでの二〇年間は、レティクスにとっては、コペルニクスの命に忠実に従ったものだったと要約することができるだろう。前段で引用した一五五七年の同書簡では、レティクスを駆り立てた情熱の由来をこう語っている。「いくら褒めても褒め過ぎることのない我らの時代のヒッパルコス、ニコラウス・コペルニクスこそ、恒星天球のこの不規則性〔現代の用語で言えば、歳差運動の定量的説明〕を理解した最初の人物です。……事実、プロシャに三年ほど過ごしたとき、偉大な老人は、老いと自らの運命に妨げられて彼自身では仕上げることができなかったことを完成させるよう努力せよと、立ち去る私に命じたのでした。……この〔恒星天球の〕研究は大変重要で……師としてのみならず父としてその方を私は尊敬し、従い、そして喜ばせようといつも研究してきたのです」。精密な観測データを得るためのオベリスクの建設と、観測データの数的処理の誤差を防ぐために三角関数の数値計算の精度を上げることの二つは、レティクスにとって、師の願いを実現するための重要な課題だったのである。

先程触れたラムス宛て書簡（一五六八年）にレティクスの長年にわたる研究項目がまとめられている。項目は四つある。⑴三角法の数値計算表の作成（計算助手を一二年も雇用した記述はここにある）。⑵球面三角法（一〇巻を作成中、更に九章を追加予定）。⑶天体現象（九章の著作）。⑷（仮説から解放された）観測データのみに基づく天文学の研究（「エジプトの天文学」）。そして補足として、⑸医学（当時は異端的だったパラケルスス流の医学、七章をほぼ書き上げた）。

そして一五七四年には、地元の貴族のルーバー男爵に招かれてハンガリーのカッサ（現スロバキアのコシツェ）にいたことが分かっている。そこにウィッテンベルク大学の学生だったヴァレンティン・オットー（一五四五頃―一六〇三年）が訪ねてくる。彼は学生時代にレティクスの『三角形学の数表定則』（一五五一年）を読んで感激し、師事しようとしてはるばる訪ねて来たのだった。後年、この時の出会いを回想して（おそらく、誇張し文飾も加えているだろうが）、オットーはこう記している。「われわれはあれこれのことについて二言三言交わさないうちに、私の訪問の理由を知るや否や、彼は突然こう叫んだのだった――私がコペルニクスを訪れたのと同じ歳に、君は私に会いに来てくれたんだ。もし私が彼を訪ねなかったとしたならば、彼の著述の何ひとつとして陽の目を見なかった」。

しかしレティクスは、新しい弟子を得て間もない一五七四年一二月四日に亡くなった。

「自分が死んだら、やりかけの著述をオットーに託して、完成させるように」と遺言したという。レティクスの没後二十数年をかけて弟子オットーは師の委託を忠実に実行し、大作『三角形の殿堂』（一五九六年）の出版にこぎつけた。全体で一五〇〇頁にもなる著作のうち数表は七〇〇頁余を占め、一〇〇億（10^{10}）を単位として（レティクスは10^{15}を単位として計算していたが）、六種の三角関数の数値を時には一一桁まで与えている（余談ながら、後にバルトロマエウス・ピティスクス（一五六一―一六一三年）は計算ミスを発見し、訂正版を一六〇七年に出版し、六年後の一六一三年には、10^{14}を単位とする数表を『数学宝典』として出版した）。

このように見てくると、『天球回転論』出版後（すなわち、コペルニクスの死後）、波乱万丈のレティクスの生涯に、父のごとき尊師コペルニクスの導きの糸が一本はっきりと貫いていることが分かる。だから、その意味で、「コペルニクスなくして、レティクスなし」はなお一層真実なのだ、と言ってよい。

*

本書の前半部の『天球回転論』は、みすず書房より二〇一七年に『完訳 天球回転論――コペルニクス天文学集成』として出版されたものの一部を転載したものである。文庫化を快諾していただいたことに対し、みすず書房に深くお礼申し上げたい。文庫化に際しては、誤植を訂正し、訳注を整備し、本文を推敲するなど手を加えた。また、レティクスの『第一解説』を学術文庫に収録するにあたり、『天球回転論』第I巻と抱き合わせにするという妙案は、互盛央編集長のアイデアに由来する。本書の産婆役となった同氏に心から感謝の言葉を捧げたい。また文庫としての体裁を整える様々なアイデアを出し、迅速に編集作業を進めていただいた岡林彩子さんにも感謝したい。「ありがとう」。

そして最後に、しかし最小にではなく、本書の出版をまたずに急逝した妻・友子に感謝の言葉を献げたい。半世紀以上を共に歩み、私と家族に大きな喜びを与えてくれた。長い間、本当に有難う。

inria.fr/inria-00543931v2.（数表分析の一例）

科学革命という広い文脈で扱ったものとして、

Applebaum, W. ed. (2000): *Encyclopedia of the Scientific Revolution: From Copernicus to Newton*, New York, Garland.

Shapin, S. (1996): *The Scientific Revolution*, Chicago, University of Chicago Press.（邦訳スティーヴン・シェイピン（1998）：『「科学革命」とは何だったのか——新しい歴史観の試み』（川田勝訳）、白水社）

Dear, P. (2001): *Revolutionizing the Sciences: European Knowledge and Its Ambitions, 1500-1700*, Basingstoke, Palgrave.（邦訳ピーター・ディア（2012）：『知識と経験の革命——科学革命の現場で何が起こったか』（高橋憲一訳）、みすず書房）

Henry, J. (1997): *The Scientific Revolution and the Origins of Modern Science*, New York, St. Martin's Press.（邦訳ジョン・ヘンリー（2005）：『一七世紀科学革命』（東慎一郎訳）、岩波書店）

Osler, M. (2010): *Reconfiguring the World: Nature, God, and Human Understanding from the Middle Ages to Early Modern Europe*, Baltimore, Johns Hopkins University Press.

Westman, R. (2011): *The Copernican Question: Prognostication, Skepticism, and Celestial Order*, Berkeley-Los Angeles-London, University of California Press.（科学の社会史的研究）

with Commentary," *Proceedings of the American Philosophical Society* 117: 423-512.

Swerdlow, N. M. and O. Neugebauer (1984): *Mathematical Astronomy in Copernicus's De Revolutionibus*, 2 parts, New York-Berlin-Heidelberg-Tokyo, Springer.

アダムチェフスキ、ヤン（1973）：『ニコラウス・コペルニクス――その人と時代』（小町真之・坂元多訳）、日本放送出版協会。

高橋憲一（2020）：『コペルニクス』（よみがえる天才5）、筑摩書房（ちくまプリマー新書）。

――（2023）：「コペルニクスは何をどの様に転回したか」、『ユリイカ』1月号（特集：コペルニクス）、57-66頁。

ホイル、フレッド（1974）：『コペルニクス――その生涯と業績』（中島龍三訳）、法政大学出版局。

湯川秀樹ほか（1973）：『コペルニクスと現代――コペルニクス生誕500年記念』、時事通信社。

レティクスについては、

Burmeister, K. H. (1967-68): *Georg Joachim Rheticus, 1514-1574, Eine Bio-Bibliographie*, 3 vols., Wiesbaden, G. Pressler.

Danielson, D. (2006) : *The First Copernican: Georg Joachim Rheticus and the Rise of the Copernican Revolution*, New York, Walker & Company.（邦訳デニス・ダニエルソン（2008）：『コペルニクスの仕掛人――中世を終わらせた男』（田中靖夫訳）、東洋書林）

Hooykaas, R. (1984) : *G. J. Rheticus' Treatise on Holy Scripture and the Motion of the Earth*, Amsterdam, North-Holland.（邦訳R・ホーイカース（1995）：『最初のコペルニクス体系擁護論』（高橋憲一訳）、すぐ書房）

Roegel, D. (2021): *A Reconstruction of the Tables of Rheticus' Canon Doctrinæ Triangulorum (1551)*, HAL Id: inria-00543931, https://hal.

the Earth a Planet, New York, Oxford University Press.（邦訳オーウェン・ギンガリッチ&ジェームズ・マクラクラン（2008）：『コペルニクス――地球を動かし天空の美しい秩序へ』（林大訳）、大月書店）

Goddu, A. (2010): *Copernicus and the Aristotelian Tradition: Education, Reading, and Philosophy in Copernicus's Path to Heliocentrism*, Leiden-Boston, Brill.

Koestler, A. (1959): *The Sleepwalkers: A History of Man's Changing Vision of the Universe*, New York, Macmillan.（部分邦訳アーサー・ケストラー（1977）：『コペルニクス――人とその体系』（有賀寿訳）、すぐ書房）

Koyré, A. (1961): *La révolution astronomique: Copernic, Kepler, Borelli,* Paris, Hermann.（英訳（1973）：*The Astronomical Revolutions*, trans. R. E. W. Maddison, Paris-London, Hermann）

—— (1968): *From the Closed World to the Infinite Universe*, Baltimore, Johns Hopkins University Press.（邦訳アレクサンドル・コイレ（1973）：『閉じた世界から無限宇宙へ』（横山雅彦訳）、みすず書房）

Kuhn, Thomas (1957): *The Copernican Revolution: Planetary Astronomy in the Development of Western Thought*, Cambridge, MA, Harvard University Press.（邦訳トーマス・クーン（1976）：『コペルニクス革命――科学思想史序説』（常石敬一訳）、紀伊國屋書店；（1989）講談社学術文庫）

Prowe, L. (1883-84): *Nicolaus Coppernicus*, 2 Bds., Berlin, Weidmann; (1967) Repr., Osnabrück, O. Zeller.

Rosen, E. trans. (1939): *Three Copernican Treatises: The Commentariolus of Copernicus; the Letter against Werner; the Narratio Prima of Rheticus,* New York, Columbia University Press; (1971) 3rd ed., New York, Octagon Books.

Swerdlow, N. M. (1973): "The Derivation and First Draft of Copernicus's Planetary Theory: A Translation of the Commentariolus

—— (1974-2019) : *Nicolaus Copernicus Gesamtausgabe*, im Auftrage der Kommission für die Copernicus-Gesamtausgabe, ed. H. M. Nobis *et als*., Gerstenberg, Akademie Verlag, De Gruyter.

Bd. 1 (1974): *De revolutionibus, Faksimile des Manuskriptes.*

Bd. 2 (1984): *De revolutionibus, Libri Sex.*

Bd. 3. 1 (1998): *Kommentar zu* "*De revolutionibus*."

Bd. 3. 3 (2007): *De Revolutionibus: Die erste Deutsche Übersetzung in der Grazer Handschrift.*

Bd. 4 (2019): [Opera minora] *Die kleinen mathematisch-naturwissenschaftlichen Schriften. Editionen, Kommentare und deutsche Übersetzungen.*

Bd. 5 (1999): [Opera minora] *Die humanistischen, ökonomischen und medizinischen Schriften: Texte und Übersetzungen.*

Bd. 6. 1 (1994): [Documenta Copernicana] *Briefe: Texte und Übersetzungen.*

Bd. 6. 2 (1996): [Documenta Copernicana] *Urkunden, Akten und Nachrichten: Texte und Übersetzungen.*

Bd. 8. 1 (2002): [Receptio Copernicana] *Texte zur Aufnahme der copernicanischen Theorie.*

Bd. 8. 2 (2015): [Receptio Copernicana] *Texte zur Aufnahme der copernicanischen Theorie: Kommentare und deutsche Übersetzungen.*

Bd. 9 (2004): [Biographia Copernicana] *Die Copernicus-biographien, des 16. bis 18. Jahrhunderts: Texte und Übersetzungen.*

Gingerich, O. (2002): *An Annotated Census of Copernicus' "De Revolutionibus" (Nuremberg, 1543 and Basel, 1566)*, Leiden, Brill.

——(2004): *The Book Nobody Read: Chasing the Revolutions of Nicolaus Copernicus*, New York, Walker & Company.（邦訳オーウェン・ギンガリッチ（2005）：『誰も読まなかったコペルニクス——科学革命をもたらした本をめぐる書誌学的冒険』（柴田裕之訳）、早川書房）

Gingerich, O. and J. MacLachlan. (2005): *Nicolaus Copernicus: Making*

厚生閣)

アラビアの天文学史については、

Ragep, F. J. comm. (1993): *Naṣīr al-Dīn al-Ṭūsī's Memoir on Astronomy*, 2 vols., New York, Springer.

Saliba, G. (2007): *Islamic Science and the Making of the European Renaissance*, Cambridge, MA-London, MIT Press.

鈴木孝典（2021）:「アラビア天文学から科学史を見直す」、『科学史研究』No. 296, 377-386頁。

コペルニクスの天文学と伝記については、

Biskup, M. (1973): "Regesta Copernicana." *Studia Copernicana* 8.

Copernicus (1543): *Nicolai Copernici Torinensis De revolutionibus orbium cœlestium, Libri VI*, Nuremberg [editio princeps, *N*]; (1966) Repr., Bruxelles, Culture et Civilisation.（邦訳コペルニクス（2017）:『完訳 天球回転論――コペルニクス天文学集成』（高橋憲一訳・解説）、みすず書房；(2023) 新装版；『天球回転論』の諸版については解題を参照）

―― (1934): *Nicolas Copernic: Des Révolutions des Orbes Célestes*, textes et traduction par Alexandre Koyré, Paris, Félix Alcan.

―― (1952): *On the Revolutions of the Heavenly Spheres*, trans. C. G. Wallis, Great Books of the Western World, 16, Chicago, Encyclopædia Britannica.

―― (1976): *On the Revolutions of the Heavenly Spheres*, trans. A. M. Duncan, Newton Abbot, David and Charles.

―― (1978): *On the Revolutions*, ed. J. Dobrzycki, trans. and comm. E. Rosen, Warsaw-Cracow, Polish Scientific.

―― (2015): *Nicolas Copernic, De revolutionibus orbium cœlestium: Des révolutions des orbes célestes. Édition critique,* traduction et notes par Michel-Pierre Lerner, Alain-Philippe Segonds et Jean-Pierre Verdet, 3 vols., Paris, Les Belles Lettres.

参考文献

もう少し調べたいという読者のために、基本的な文献を挙げる。もっと詳しい情報を得たい読者は、以下の文献のうち、山本義隆（2014）とコペルニクス・新装版（2023）の文献一覧を道案内にするとよいだろう。

古代から近代初期までの天文学史を扱ったものとして、

山本義隆（2014）：『世界の見方の転換』1-3巻、みすず書房。

ウォーカー、クリストファー編（2008）：『望遠鏡以前の天文学――古代からケプラーまで』（山本啓二・川和田晶子訳）、恒星社厚生閣。（特に、スワードローの論文は秀逸）

Crowe, M. J. (1990): *Theories of the World from Antiquity to the Copernican Revolution*, Mineola, NY, Dover Publications; (2001) Second Revised Edition.

Neugebauer, O. (1975): *A History of Ancient Mathematical Astronomy*, 3 parts, Berlin-New York, Springer.（古代天文学の専門書）

プトレマイオスの天文学については、

Ptolemy (1898-1903): *Syntaxis mathematica*, in *Opera quae exstant omnia*, ed. J. L. Heiberg, 2 vols., Leipzig, In Aedibus B. G. Teubneri.（英訳（1984）: *Ptolemy's Almagest*, trans. and annot. G. J. Toomer, London, Duckworth; 邦訳プトレマイオス（1982）：『アルマゲスト』（復刻版、藪内清訳）、恒星社厚生閣）

Pedersen, O. (1974): *A Survey of the Almagest*, Odense, Odense University Press.

Neugebauer, O. (1957): *The Exact Sciences in Antiquity*, 2nd ed., Providence, RI, Brown University Press.（邦訳O・ノイゲバウアー（1984）：『古代の精密科学』（矢野道雄・斎藤潔訳）、恒星社

＊22　直筆の絵を贈るほどコペルニクスが日頃から絵画に親しんでいたことを窺わせるエピソードである。残念ながら彼のその直筆画は残っていないが、スイスの画家トビアス・シュティンマーが模写した自画像は、ストラスブール大聖堂で見ることができる。

＊23　ホメロスにおいて、王侯に対するお馴染みの形容辞。たとえば、『イリアス』II-243.

＊24　『パイドン』86B-C, 92A-95Aを参照。

＊25　たとえば、アリストテレス『霊魂論』I-2, 404b21以下、I-4, 408b3以下、『形而上学』I-5, 985b23以下、マクロビウス『「スピキオの夢」注釈』I-6-5, I-14-19など。

＊26　プラトン『国家篇』V-473C-Dを参照。

＊27　プラトン『ティマイオス』41Dへの言及か。

＊28　エウリピデス『ベレロポン』の断片291からの引用。

ギーゼの説得工作に抵抗するコペルニクスの姿を活写している。当初コペルニクスは、天文表の提示は認めても、自説の理論的基礎や証明は世間から隠して秘密にしておこうとしていた。ここでレティクスは、哲学の奥義を守秘する義務を「ピュタゴラスの原則」と書いているが、それはコペルニクスが直筆原稿の中で「ヒッパルコス宛てのリュシスの手紙」をギリシャ語原文からラテン語訳して引用し、その原則を奉じていたからである。しかし出版に同意した後は、その手紙を含む部分は割愛された。『天球回転論』第I巻の第11章注13を参照。

＊12　ディオゲネス・ラエルティオス『ギリシャ哲学者列伝』VIII-46およびキケロ『神々の本性について』I-5-10を参照。

＊13　アリストテレス『天界論』II-14, 297a2-6.

＊14　アリストテレス『天界論』II-14, 296b18-21および297b18-20.

＊15　アリストテレス『天界論』II-14, 296a24-b6.

＊16　アヴェロエス『アリストテレス「形而上学」大注解』XII巻、スンマII, 第IV章、45項の由。

＊17　ローマの著述家アウルス・ゲリウス（Aulus Gellius）（125頃-180年以後）の『アッティカの夜』からの引用の由。

＊18　ギーゼに対するコペルニクス自身の謝意は、『天球回転論』の「パウルス3世宛て序文」（本書所収）にある。

＊19　プトレマイオス『地理学』I-2.

＊20　科学史家E・ツィンナーによれば、ギーゼ師はプロシャ大公アルブレヒト宛ての手紙で「この科学器具はある非常に有名な数学者によってイングランドで作製された」と述べている由。その数学者とは、ドイツ生まれの数学者・天文学者・時計師のニコラス・クラッツァー（Nicholas Kratzer）（1487？-1550年）であり、彼はヘンリー8世の天文学者に任命され、生涯の大半をイングランドで過ごした。

＊21　ウェルデンのヨハネス（1495-1554年）は資産家で、ダンツィヒで権勢を振るった市長。

成』第1巻「古代・中世篇」、平凡社、1963年所収）を踏まえているからだろう。

＊4　ダンツィヒ生まれの人文主義者で、詩人としても名をはせた（1485-1548年）。ポーランド王の外交使節としてオランダに長期間滞在し、デジデリウス・エラスムスの知遇を受けたのち、1530年にクルム（ヘウムノ）司教、1537年にはワルミア司教に就任。レティクスがワルミア司教区のフラウエンブルクにコペルニクスを訪れたときの教区の最高責任者。

＊5　11世紀後半から13世紀にかけてドイツでは大小さまざまな領邦（ラント）が形成された。その領域に一般的に妥当する法およびその法記録がラント法で、その法記録として確認される最も古いのがクルム法。1233年にドイツ騎士団総長が公布した。

＊6　凡例にも掲げた仏訳の注はここに「ロドス島（ῥόδος)」と「薔薇（ῥόδον)」の言葉遊びを見ている。

＊7　『オリュムピア祝捷歌集』（久保正彰訳）第七歌2を踏まえているだろう。「……潮にあらわれた牧場の島〔ロドス島〕へ行け、と。／そこは　はるかなる昔に神々の／偉大なる王者がその町を／黄金の雪はなびらで蔽いたもうたところ、……」（前出の『世界名詩集大成』第1巻「古代・中世篇」、平凡社、1963年所収）。

＊8　ウィトルウィウス『建築書』VI-序-1を参照。

＊9　新約聖書「テモテへの手紙」二の第3章第1-7節および「テトスへの手紙」の第1章7-9節を参照。

＊10　ヨハネス・アンゲルス（あるいはエンゲル、1463年以前-1512年）はレギオモンタヌスの弟子で、バイエルンの医師、天文学者・占星術師、インゴルシュタット大学の自然学・数学教授。ここで言及されているのは、1510年と1512年用の『新訂天体暦』と題する書物（1509年と1511年にウィーンで刊行）であろう。

＊11　太陽中心説の全貌を公表するようにと迫るレティクスや

告。コペルニクス自身、『天球回転論』の「パウルス3世宛て序文」（本書所収）の中では、こう記すことになる。「私が何人の判断をもまったく回避しようとしてはいないことを、学識ある人にもない人にも等しく見て取っていただくために、私は他の誰よりもまず聖下に私のこれらの労作を献呈したいと思いました」。

プロシャ賛歌

＊1　本書の末尾に付されたこの「プロシャ賛歌」は、レティクスの支援者（パトロン）獲得戦略の一環と見ることができる。本文の後出箇所で、プロシャの七都市を列挙した際に筆頭に挙げたケーニヒスベルクそしてダンツィヒについての文言、およびワルミア司教ダンティスクスへの言及を参照。また、ギーゼ司教が『第一解説』の新刊本をプロシャ大公アルブレヒトに献呈したときの添え書き（1540年4月23日付）にもその一端を見ることができる。「……新刊本をお送りします。殿下、どうぞこの博学の客人に、その大いなる知識と熟練のゆえに寛容な眼差しを注ぎ、殿下の慈悲深い庇護をお与えください」。さらに、本書はダンツィヒで刊行されているので、その市長ウェルデンのヨハネスを「支援者のうちの第二の人物」として言及しているのもその戦略の一部であろう。

＊2　ピンダロス『オリュムピア祝捷歌集』（久保正彰訳）第七歌3-4（『世界名詩集大成』第1巻「古代・中世篇」、平凡社、1963年所収）。

＊3　以下に列挙される七都市の位置については、「コペルニクス時代のプロシャの地図」を参照（本文での列挙順に番号が振ってある。⑧以下は関連都市名）。レティクスが七都市に限定しているのは、おそらくピンダロスの詩文「〔ヘリオス〕神はロドスと　そこで交わって／七人の、その昔にはいずれの人にも／まさる知恵をさずかった、／子らを生んだ」（前出『オリュムピア祝捷歌集』久保正彰訳、第七歌4、『世界名詩集大

の円弧上を振動運動する。するとこれで黄道傾斜角iの変動が説明できる。次に「偏位」を説明するために対円技法をもう一つ使う。点Vを通り、先程の円弧TRと直角に、第二の対円技法によって生ずる円弧XYを当てはめる。この偏位運動を加味すると、先程の点Vではなく、この円弧XY上を移動する点V'が真の軌道面の北極ということになる。

地球が長軸線上にあるとき（図xvii-aのO_1とO_3)、点V'は振動XYの北側の最端点Xにある。そして地球が矩の位置にあるとき（図xvii-aのO_2とO_4)、点V'は点$\overline{V}$に一致する、等々の調整をすれば、点AとΠで北緯が生ずるようになる。

直感的に見て取れるようにするには、図xvii-aにおいて、AM$\bar{S}$Πを軸として金星の軌道面を回転させれば、黄道傾斜角iの変動が説明でき、PMQを軸として金星の軌道面を回転させれば、「偏位」が説明できる。

＊17　詳しくは、『天球回転論』VI-2を参照。

＊18　以下本文中に、本章注9の図xvii-aおよび本章注16の図xviiiの点記号を挿入して、理解するための一助とする。

＊19　本章注9の金星に対する図xvii-aにおいて、降交点と昇交点を入れ替えれば、水星の偏位についてその大要は理解されよう。

＊20　コペルニクスは古人による偏位の値として、金星は10分、水星は45分と述べている（『天球回転論』VI-8)。

＊21　以下の引用は、オウィディウス『恋愛指南』（岩波文庫、沓掛良彦訳、2008年）I-771~772.

＊22　執筆を予定していた「第二解説」への言及である。

＊23　『第一解説』の巻頭に掲げられたアルキヌースのギリシャ語原文の再引用なので、初出に合わせ片仮名書きにしておく。

＊24　偽アリストテレス『宇宙論』391a23-24.

＊25　プラトンの著作、たとえば『法律』296E-297A, から触発されたイメージである。

＊26　コペルニクスが『天球回転論』を出版することへの予

を扱う。

＊13　この段落はO_3からO_4（矩）の位置を経てO_1に戻るまでを扱い、これで金星の緯度現象の説明は一巡する。

＊14　『アルマゲスト』XIII-3. プトレマイオスは「周転円の中心が長軸上にあり、かつ惑星が周転円上の内合・外合上にあるとき、金星がわずかだが北緯に位置している」という趣旨の「誤った」観測データを説明するために苦闘した。なぜなら図xvii-aに明らかなように、金星が内合（Πの位置）や外合（Aの位置）になるとき、惑星は黄道面上にあるので緯度はゼロのはずだからである。しかしプトレマイオスはこの観測データを説明するために、金星の長軸線AΠを運動させて、北緯を生み出す工夫を考案した。

＊15　『天球回転論』V-8.

＊16　本章注9の図xvii-aの軌道面の極の部分を拡大した図を図xviiiとして示しておく。

図で、Nは黄道面の北極、$\overline{V}$は金星の平均軌道面の北極、円弧N$\overline{V}$は両極を通る大円。この大円上に点$\overline{V}$を中心に、対円技法による円弧TRをとり、まず金星の真の軌道面の北極Vはこ

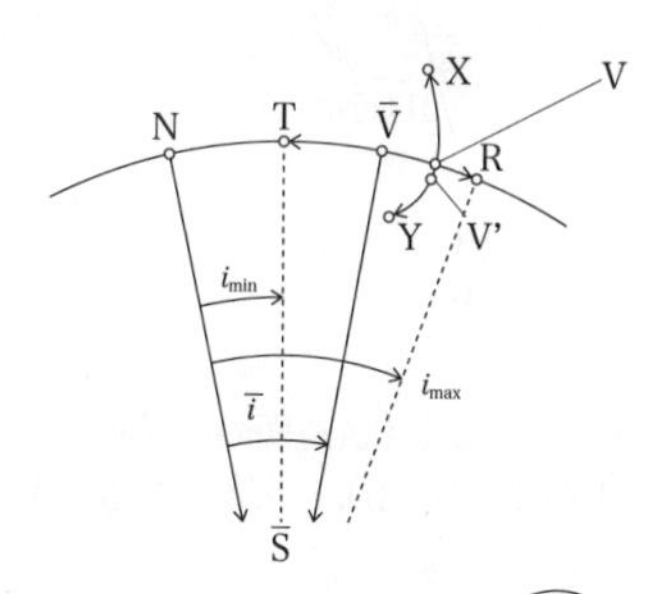

$\widehat{TR}$＝24分
$\widehat{XY}$＝56分

図xviii

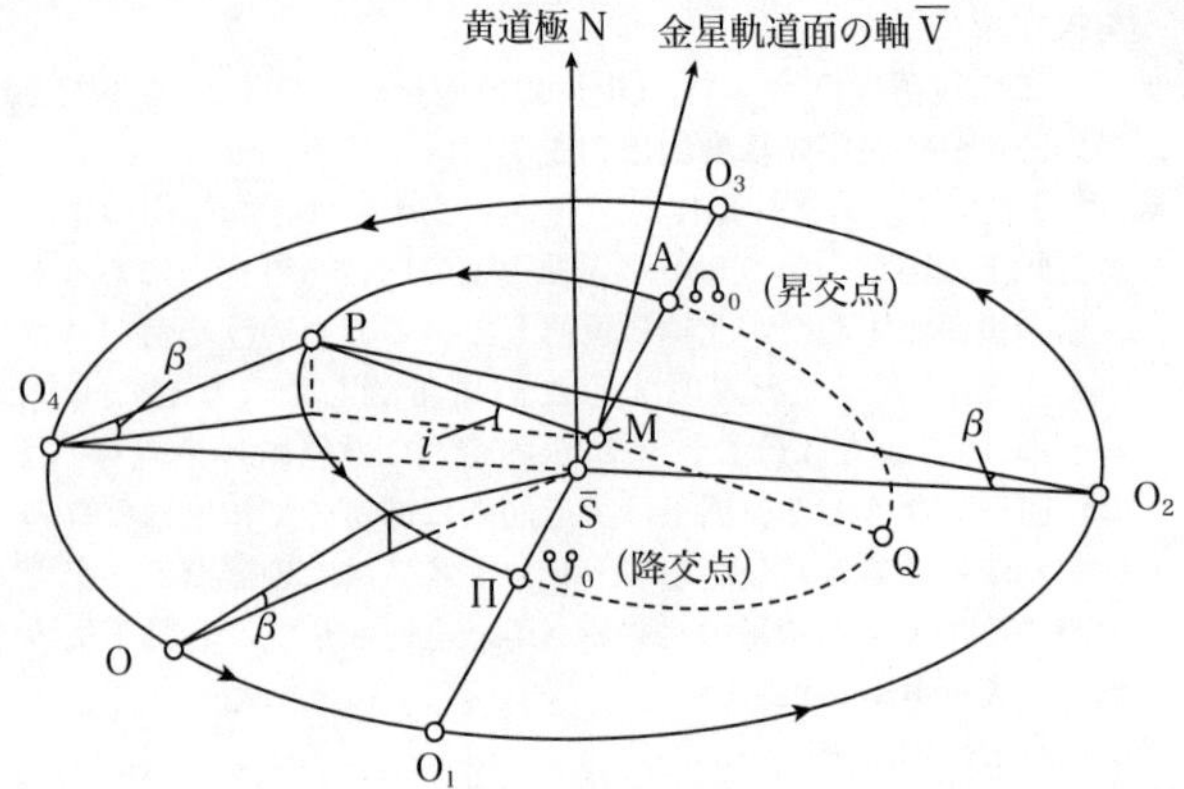

図xvii-a

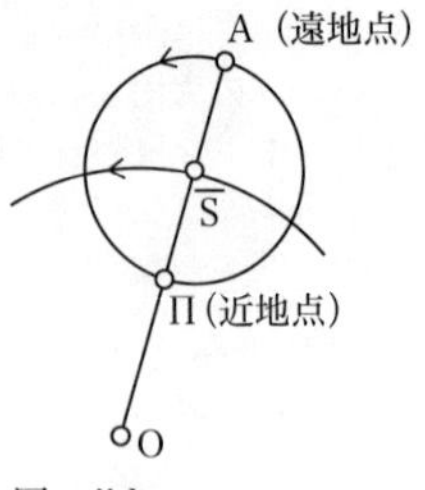

図xvii-b

い表現になってしまったが、「黄道面の反対側に転じて」、あるいはもっと意を汲めば「黄道面と交差して」ということだろう。

＊11　この段落は、地球OがO_1からO_2（矩）の位置に来るまでの現象を扱っている。

＊12　この段落はO_2からO_3（長軸最上端）の位置に達するまで

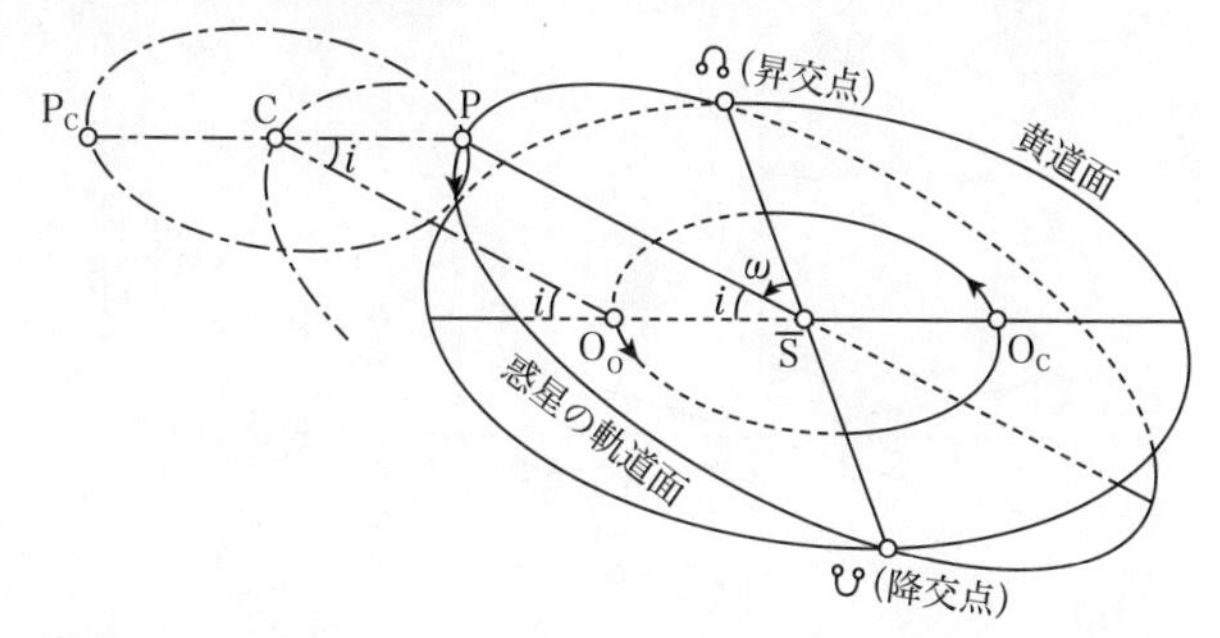

図xvi

いることに注意）。

＊6　『アルマゲスト』XIII-3.

＊7　『天球回転論』VI-1を参照。

＊8　『天球回転論』VI-2を参照。

＊9　後続する以下の四つの段落で「傾き」と「反転」の規則が具体例で述べられるが、その内容理解を助けるために、地球と金星の軌道面の関係を図xvii-aとして示しておく（図xvii-bはプトレマイオス理論での対応図）。

地球Oの公転円軌道（＝黄道面上）の中心は$\overline{S}$（平均太陽）で、矢印の方向へ東進しながら1年で1回転する。金星Pは黄道面に対し傾斜角iをなす円軌道上（中心M）にあり、同じく矢印の方向へ進みながら約9ヵ月で1回転する。金星軌道の実線部分は北緯を、点線部分は南緯を示す。金星の長軸線は二つの軌道面の交線上にあり、交点Aは昇交点、交点Πは降交点である。

本段落でレティクスは地球がO_1の位置から出発するとして説明を始める。この位置にいる観測者にとって、$O_1\overline{S}$方向が南になる。

＊10　訳語を統一するために「黄道面から反転している」と硬

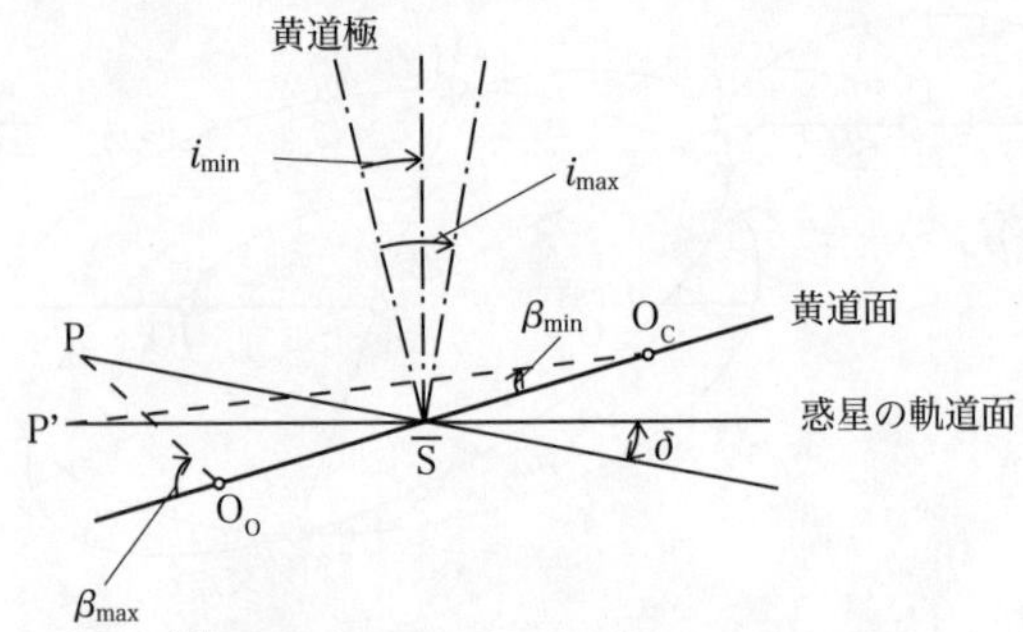

$\overline{S}$ ：平均太陽（「偉大な天球」の中心）

i ：黄道面に対する惑星軌道面の傾斜角

δ ：惑星軌道面の変動幅（$= i_{max} - i_{min}$）

P ：惑星

O_C ：惑星Pと合（conjunction）になるときの地球Oの位置

O_O ：惑星Pと衝（opposition）になるときの地球Oの位置

β ：地心緯度

図xv

＊4　本章注1の模式断面図xvにおける⊿$\overline{S}$P'O_Cや⊿$\overline{S}$PO_Oにおける惑星の傾斜角iと地心緯度βの関係をご覧願いたい（β_{min}は三角形の内角、β_{max}は三角形の外角になっている）。

＊5　外惑星に対するコペルニクスとプトレマイオスの基本モデルの対応は、図xviに示しておく。

実線はコペルニクス理論（地球Oと惑星Pは平均太陽$\overline{S}$の周りを回転、惑星の軌道面の傾斜角はi)、一点鎖線（—·—·—·）はプトレマイオス理論（ここでは仮に地球をO_oの位置に静止させ、半径CO_oの導円上に、半径CPの周転円が乗っている。周転円が地球の公転軌道$O_o O_c$と同じ大きさで、平行になっては、次のように書かれている。「これらすべて〔の惑星〕において、何であれ経度の二つの不均等性に対応する二つの逸脱を古代の人々は見出した。そして離心天球を機縁として生ずるものもあれば、周転円に関するものもある。それらの周転円に代えて、たった一つの偉大な地球天球をわれわれは今まで幾度も繰り返し受け入れてきた。それはその天球自体が、永遠にわたり一回的に決められた黄道面に対して何らかの仕方で傾いているからではなく――それらは同一なので――、それらの星々の天球が一定でない傾きでこれに対して傾いているからである」。

プトレマイオスにおいて周転円はその傾斜角度が変化していたが、（外惑星の場合）コペルニクスにおいてその周転円なるものは地球の公転軌道に他ならないから（本章注5の図xviを参照）変化せず、惑星の公転軌道（つまり導円）のほうが平均太陽の周りで振動して角度変化を生み出すことになる。その模式断面図を図xvに示しておく。

本章におけるレティクスには明晰さが欠けている。それは、『第一解説』の序言で述べているように、「私は〔「天球回転論」原稿の〕最初の三巻を徹底的に学び、第IV巻の一般的な考えを把握し、残りの巻の諸仮説を理解し始めました」からなのだろうか。

＊2　プトレマイオス『アルマゲスト』XIII-1.

＊3　黄道面に対する惑星面の変動の様子と角度変化は、本章注1の図xvを参照。『天球回転論』VI-3によると、上位三惑星の数値は以下の通り（単位は度数）。

	土星	木星	火星
i_{max}	2;44	1;42	1;51
i_{min}	2;16	1;18	0;09
δ	0;28	0;24	1;42

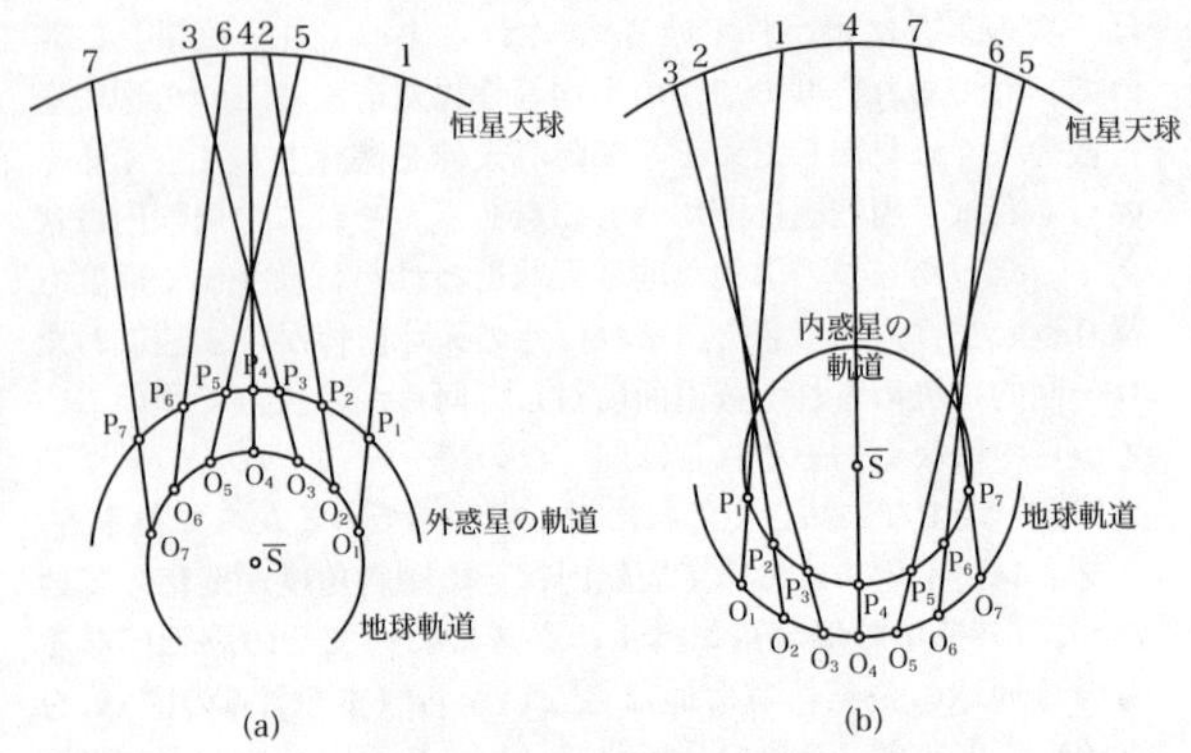

図xiv

＊17　ケプラーもこの長所を『宇宙誌の神秘』の第1章で述べている。

＊18　『天球回転論』V-1.

＊19　訳注の金星モデル（図xi）でいえば、地球Oが近日点方向の点A'にあると、距離A'Mが最大になるため、（天動説的には）離心円が遠地点にあるように考えられ、反対に地球Oが遠日点方向の点B'にあると、距離B'Mが最小になるため、（天動説的には）離心円が近地点にあるように考えられることになる。

＊20　『第一解説』の第X章。

＊21　『天球回転論』V-1でコペルニクスはもっと詳しい共変運動の周期を与えている。金星は（583;55,17,50）日、水星は（115;52,38,53）日。

＊22　本章注18と同箇所。

＊23　プトレマイオス『アルマゲスト』IX-8.

〔XV〕

＊1　コペルニクス『天球回転論』VI-1書き出しの対応箇所で

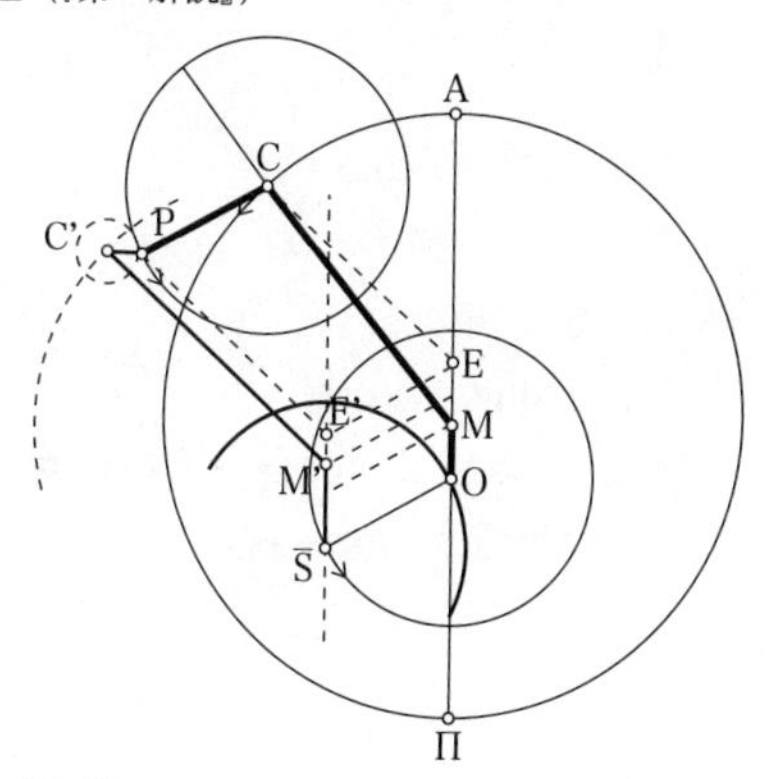

図xiii

と逆行）がコペルニクスの太陽中心説でも説明可能であることを具体的に述べている。その要点は、各惑星の公転速度が違うことにより、地球が上位三惑星を追い越す（あるいは下位二惑星に追い越される）前後に「見かけ上」変則的な現象が現われるとすることであって、伝統的なプトレマイオスの地球中心説のように惑星自体の変則現象ではないとする点にある。本段落の説明は、図xivの模式図で明瞭になるだろう。

＊16　火星の視差についての『第一解説』第VIII章の第三理由の段落を参照。

メストリンは『第一解説』（ケプラーの『宇宙誌の神秘』の付録として出版、1596年）のこの箇所の欄外注釈で、ティコ・ブラーエの観測データへの信頼に基づいて、旧理論に対するコペルニクス説の優位性を説いているが、1621年出版の第2版ではそのデータの誤りをケプラーに指摘され、意見を撤回した。しかし、火星の視差が天文学的に課題となり得るとのレティクスの指摘は、コペルニクス説受容の過程で一定の役割を果たしたと認めてよいだろう。

O：地球［$O\overline{S}$＝10000 とすると］

$\overline{S}$：平均太陽（＝「偉大な天球」の中心）

M：第一導円の中心［$\overline{S}M$＝736］

C：可動的導円の中心［MC＝211］

P：水星［$C\overline{P}$＝3573］（$\overline{P}$ は水星の平均位置）

［対円技法による直径＝380］

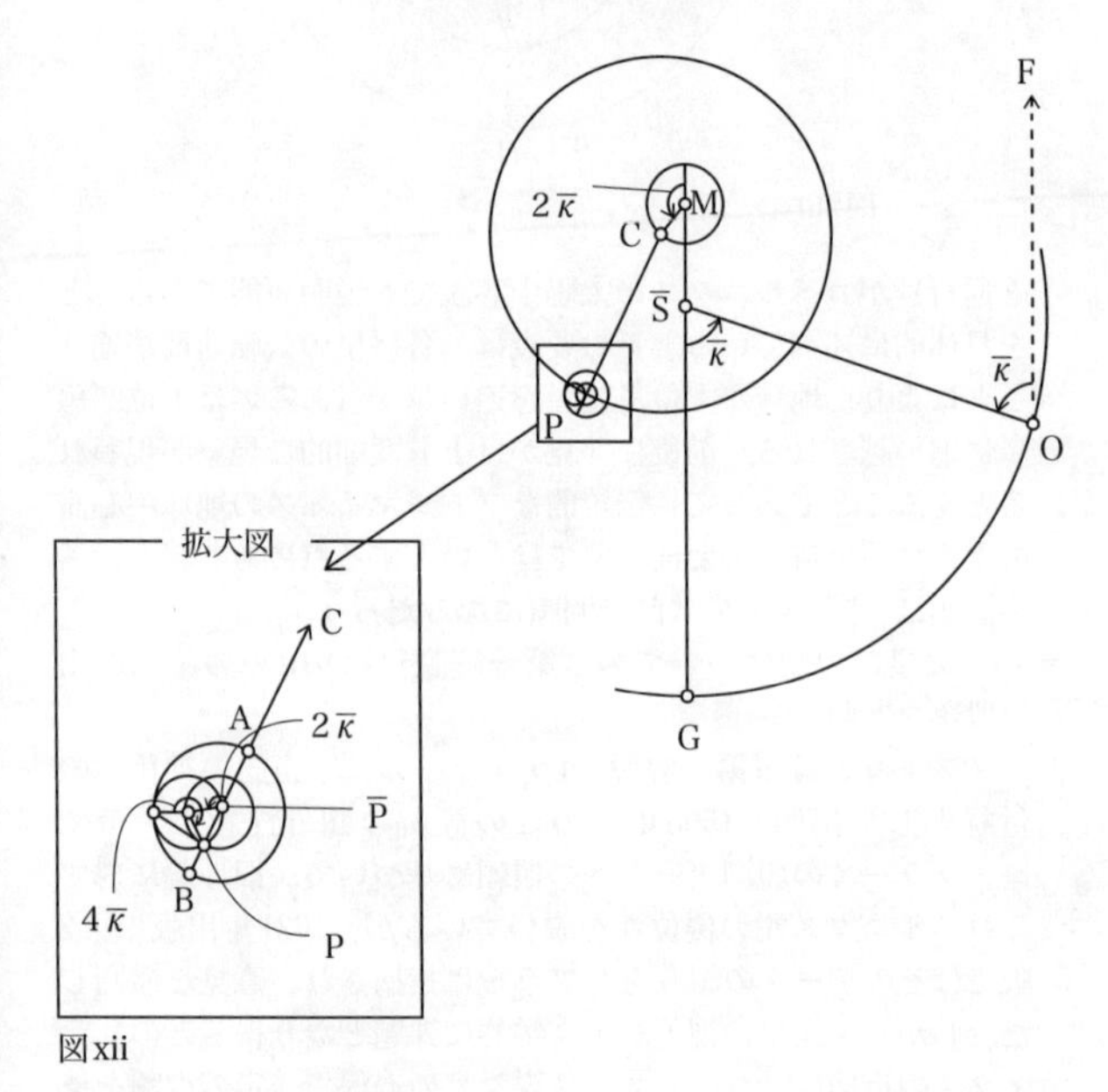

図xii

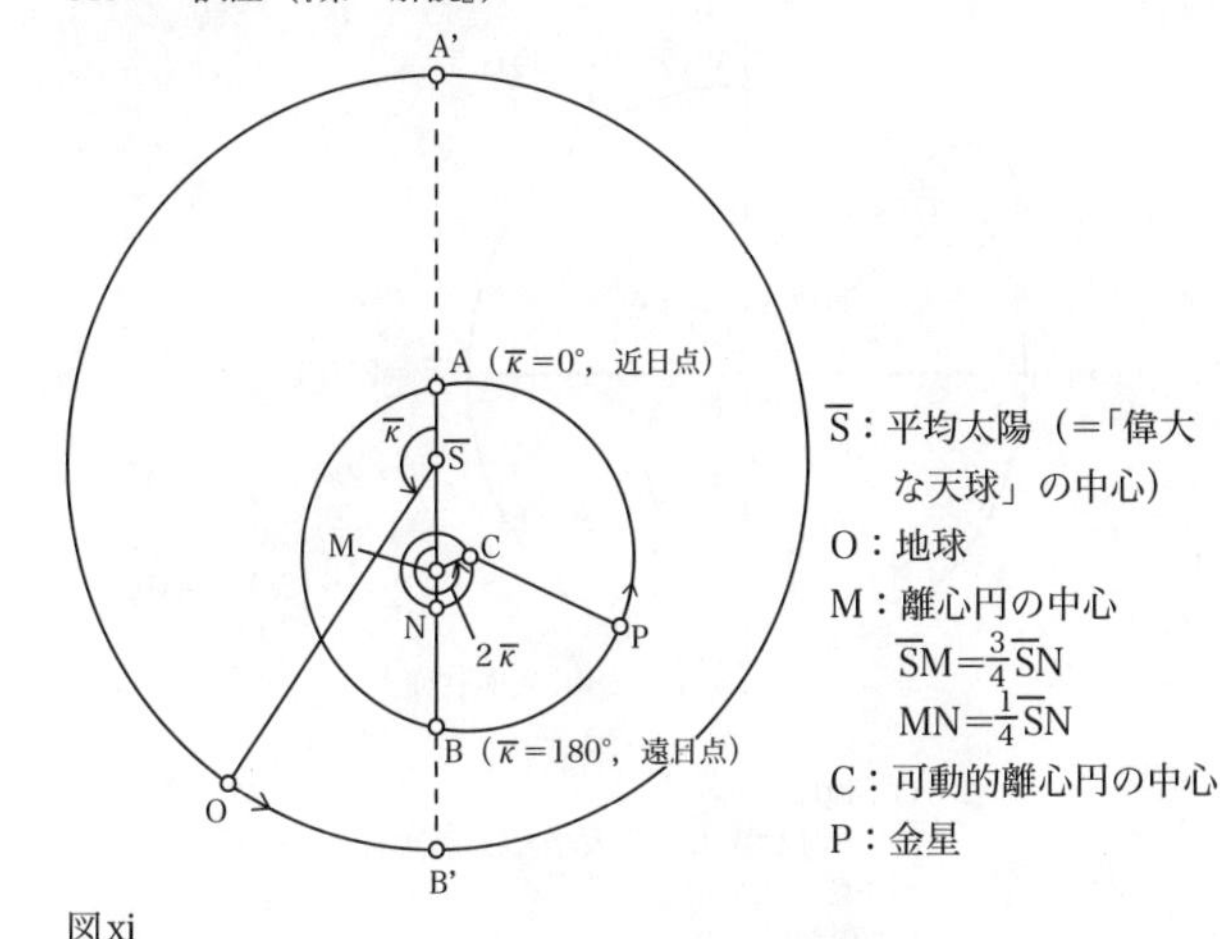

図xi

の位置は$2\overline{\kappa}$の値で決定される。よって、$C\overline{S}$が最大距離つまり$\overline{\kappa}=0°$と180°のとき、$2\overline{\kappa}=0°$と360°になるので、惑星Pは周転円の最下点Aになり、$\overline{\kappa}=90°$と270°つまり$2\overline{\kappa}=180°$と540°のとき、惑星Pは周転円の最上点Bになる。

＊12　第VI章注10の本文および第XII章の末尾に続き、「第二解説」への本文中での言及は、これで3回目。

＊13　『第一解説』の第X章を参照。

＊14　コペルニクスの「偉大な天球（公転軌道）」の導入が、古い伝統的なプトレマイオスの地球中心説と幾何学的に等価であると示すことは、コペルニクスの太陽中心説を広めるうえで、大きな意義をもっていた。後にケプラーもこの点を強調している（『宇宙誌の神秘』第1章）。その概要を図xiiiに示しておく。太実線はプトレマイオスの地球中心説（折れ線OMCP）、細実線はコペルニクスの太陽中心説（折れ線$\overline{S}$M'C'P）。

＊15　この段落でレティクスは、惑星の変則的な現象（特に留

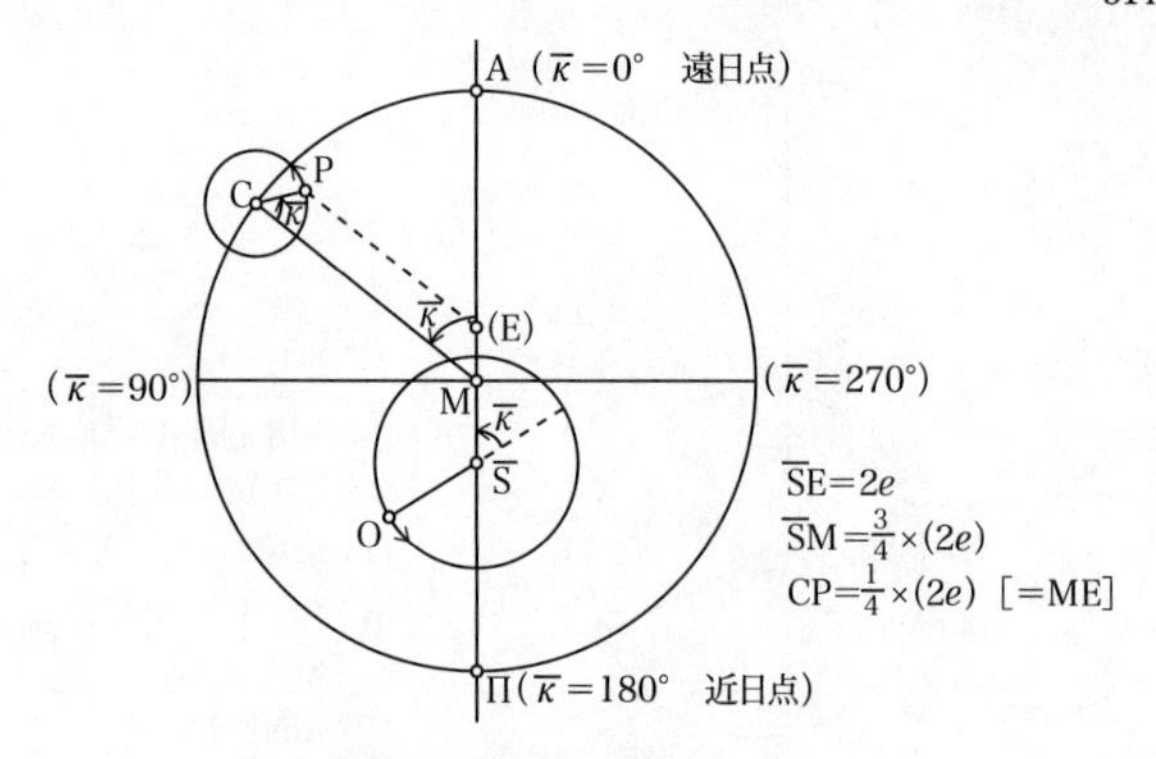

O：地球
$\overline{S}$：平均太陽（=「偉大な天球」の中心）
M：離心円の中心
C：周転円の中心
P：惑星
E：エカント点

図x

だろう。

＊6　金星の理論モデルを前もって図xiに示しておく。

＊7　図xiにおいて$\overline{\kappa}=0°$と180°のとき、$2\overline{\kappa}=0°$と360°だから$C\overline{S}$は最小となり、$\overline{\kappa}=90°$と270°のとき、$2\overline{\kappa}=180°$と540°だから$C\overline{S}$は最大となる。

＊8　水星の理論モデルを図xiiに示しておく。

＊9　コペルニクスは211単位ではなく、212単位を与えている(『天球回転論』V-27)。

＊10　その規則を本章注8の図xiiの記号で言えば、$\overline{\kappa}=0°$と180°のとき、Cは$\overline{S}$から最も遠くなり、$\overline{\kappa}=90°$と270°のとき、Cは$\overline{S}$に最も近くなる。

＊11　本章注8図xiiの拡大図に見る通り、周転円直径上の惑星P

＊17　『形而上学』XII-8, 1073b16-17.
＊18　この有名な格言はプラトンの著作には見出されない。プルタルコス『モラリア——酒宴の諸問題』VIII-2を参照。当時、この格言は周知のものらしく、ヨハン・ヴェルナーの『球面三角法』と『気象学』の著書（クラクフ、1557年）へのレティクスの献辞でも、またケプラーの『宇宙誌の神秘』第2章でも言及されている。
＊19　コペルニクスも「両の眼でしっかり眺めさえするならば」と述べていた（『天球回転論』I-9）。
＊20　プラトン『パイドロス』266B.

〔XIV〕
＊1　『第一解説』の第VIII章。
＊2　このギリシャ語表現はプトレマイオスに由来するもの。たとえば、『アルマゲスト』IX-5.
＊3　意をとって原語の“apogium”を「遠日点」と訳す。語源的には“apo（離れて）”に“gium（地球、gaeum）”の合成で「遠地点」を意味する。地球を中心とするプトレマイオス説では語義通りでよいが、中心を太陽に替えたコペルニクス説では転義的に使用されている（「中心」から「遠い地点」の意)。ちなみに「遠日点（aphelium)」という単語は後にケプラーが造語したものである。また対語の“perigium（近地点)”も太陽を中心としている場合は「近日点」と訳す。
＊4　上位三惑星のモデルを図xに示しておく。
＊5　コペルニクスはエカント点Eを理論の表面から消し去った(それゆえ図xにおいて、点Eには括弧をつけて補足しておいた)。作図上、四角形PCMEは等脚台形になっているので、∠PEA＝$\bar{\kappa}$となり、惑星Pは点Eの周りを一様に回転することになる。つまり、エカント点の機能を保存した理論構成になっているのである。コペルニクスが明示しなかった（『天球回転論』V-4）この論点を強調したレティクスの慧眼を称えるべき

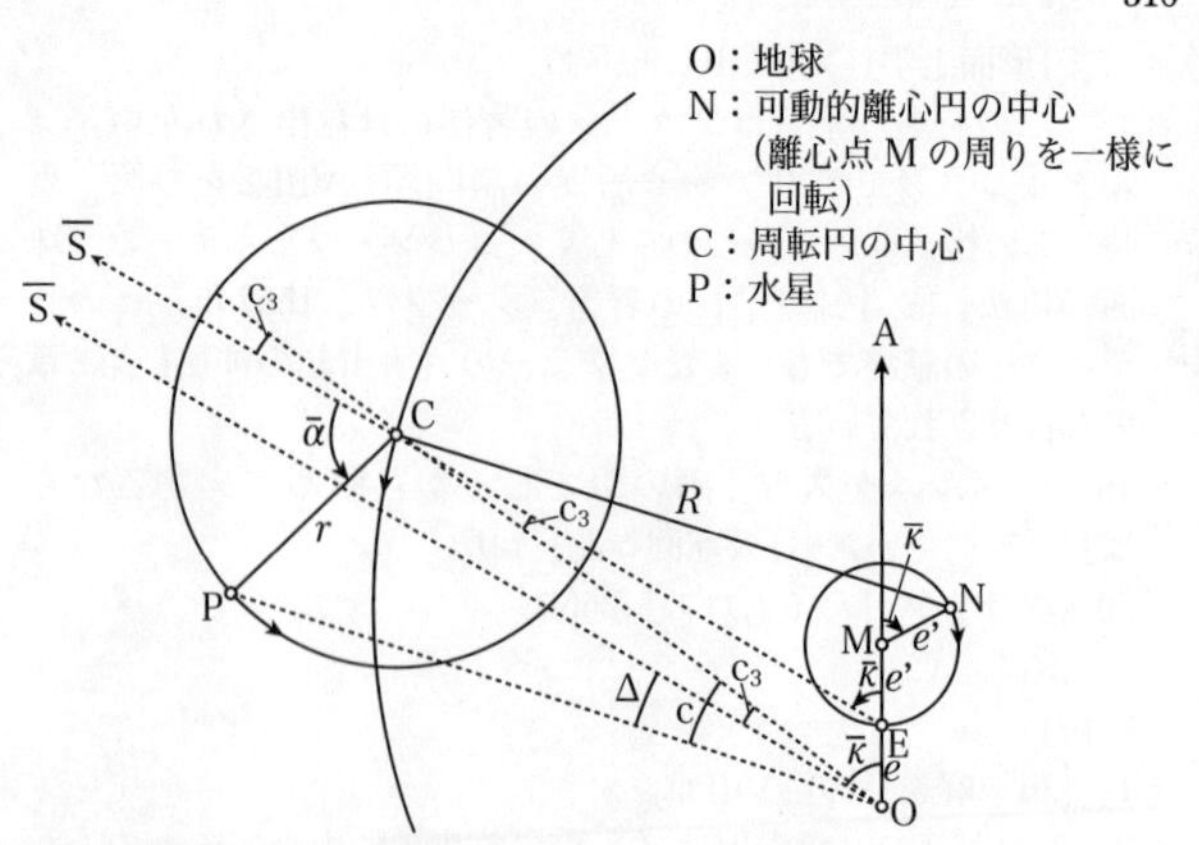

図ix

＊11　プトレマイオスの水星モデルは図ixに示すように、可動的離心円（中心N、半径NC）を使用している。
地球Oから（$e+e'$）離れた点Mを中心とする半径e'の円周上を離心円（半径R）の中心Nが一様に回転する。半径rの周転円の中心Cは離心円上に位置しながらも、離心円の中心Nの周りではなくエカント点Eの周りを、一様に回転する。水星Pは周転円上を一様に回転する。

＊12　コペルニクスは『天球回転論』I-4で「諸天体の運動は均等で円状、永続的であり、ないし複数の円〔運動〕から合成される」と主張しているが、これを明示的に「公理」と称してはいなかった。

＊13　『第一解説』の第XII章を参照。

＊14　メストリンはこの箇所で、レギオモンタヌスの『綱要』XIII-2を指示している。

＊15　『形而上学』I-1, 980a21.

＊16　プトレマイオス『アルマゲスト』XIII-2.

ており、凡例にも掲げた英訳者のE・ローゼンによれば、この単語はフィチーノの翻訳書の改訂版を作ったシモン・グリュナイオスの用いたものだという。

＊9　「エカント点」が問題を抱える理論的概念であったことを的確に指摘している。これはコペルニクスが地球の公転運動を導入して伝統を革新した重要な論点であった（『天球回転論』V-2を参照）。

＊10　この記述の要点を、プトレマイオスの地球中心説の外惑星の基本モデルで図示しておく（図viii）。

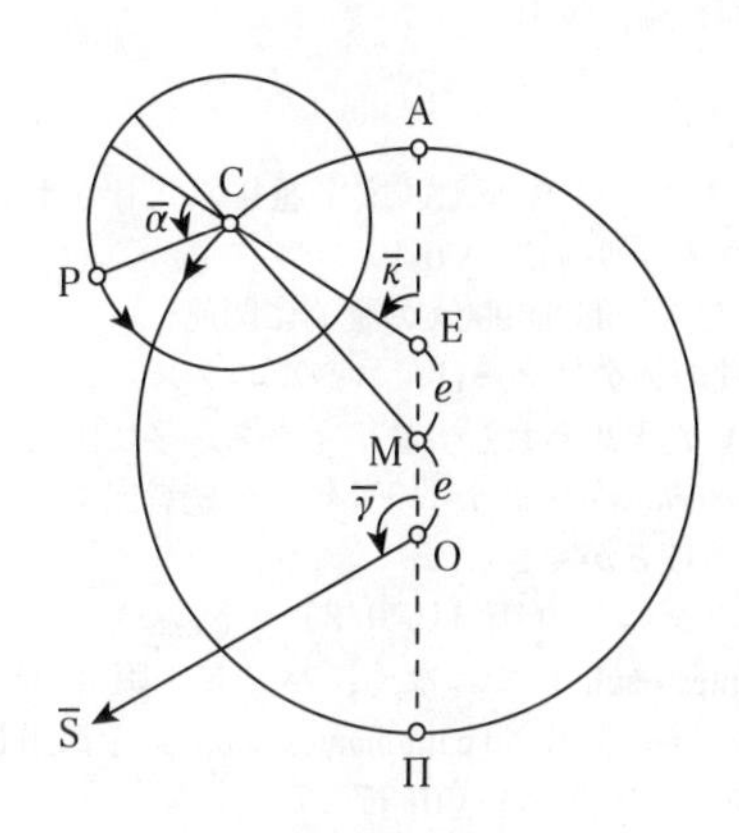

O：地球
M：離心的導円の中心
C：周転円の中心
P：惑星
$\overline{\mathrm{S}}$：平均太陽
E：エカント点
e：離心値

$\bar{\alpha}+\bar{\kappa}=\bar{\gamma}$つまり，CP//O$\overline{\mathrm{S}}$となっている

図viii

明。1529年のコペルニクスのデータによると（『天球回転論』V-23)、金星とその遠地点の間の離角は90度31分、そして金星の離角は37度24分だから、太陽の遠地点からの離角を求めると、96;40－(90;31－37;24)＝43;33度。

＊22　プトレマイオスからコペルニクスまでの離心値の変化は、火星の場合は1500から1460, 金星の場合は416から350であるから、その変化の比をとるとそれぞれ、1460/1500＝73/75≒41/42、350/416＝175/208≒5/6(≠4/5) となる。したがって金星の場合、本文は1/6とすべきであろう。

＊23　『天球回転論』IV-19.

〔XIII〕

＊1　『エピノミス』990B. 但し、文字通りの引用ではない。

＊2　プリニウス『博物誌』VII-10.

＊3　『エピノミス』989D-990Aの議論に関連。

＊4　盲人と杖のメタファーは、コペルニクスとレティクスの会話にも出ていたと思われる。レティクスが後に出版した『新天体暦（*Ephemerides novae*)』(1551年）の読者宛て序文に、会話の反映を見ることができる。

＊5　初版のグダニスク版（1540年）の読み（......investigendas, quam caligantes oculi?）ではなく、バーゼル版（1541年）の読み（......investigendas? quid caliginantes oculi?）を採用した。

＊6　ホメロス『イリアス』VIII-17~27.

＊7　旧約聖書「コヘレトの言葉」第3章第11節を踏まえているだろう。ラテン語訳では「……そして〔神は〕世界を彼ら〔人間〕の論議に委ねたが、神のなされた業をはじめから終わりまで人は見通すことはない」とある。

＊8　プラトン『ゴルギアス』458A. レティクスはギリシャ語原典ではなく、ラテン語訳から引用している。コペルニクスが使用したフィチーノのラテン語訳では、「有害な」にあたる単語はmalumであるが、レティクスはperniciosasという単語を用い

分あったので（『第一解説』第II章の表1）、牡羊座の第一星からの真の遠地点の位置は、64度30分－6度40分＝57度50分と求められる。近地点はこれに180度を加えて、237度50分。

＊13　このアノマリの周期は3434エジプト年であり、プトレマイオスまでの経過時間202年でのアノマリ角は、360°×202÷3434＝21;10°. コペルニクスのプロスタファイレシスの表（『天球回転論』III-24）より、対応する角度は2;26°だから、57;50°＋2;26°＝60;16°. そして反対側は、60;16°＋180;0°＝240;16°.

＊14　69度25分（『天球回転論』III-22の遠地点データ）に2度10分（プロスタファイレシス）を加え、反対側の近地点ということで180度を加えて251度35分。

＊15　『天球回転論』III-16を参照。

＊16　『第一解説』第VIII章の第二の理由を参照。

＊17　太陽の見かけの離心値の変化は、偉大な天球の約100分の1であり（『第一解説』第IV章の第2段落）、土星の天球は地球の天球の約9.5倍なので（『天球回転論』V-9）、土星の離心値の変化は地球の天球の1000分の1を超えないほどに小さい。

＊18　コペルニクスによると、木星の遠地点は牡羊座の角から（つまり恒星座標の）約159度であり、歳差は約27度なので、両者の和から太陽の遠地点経度96度40分を引くと、186;0－96;40＝89;20≒90度になる。

＊19　木星と同様に水星の遠地点が太陽の遠地点から90度離れているとのレティクスの言は不可解である。コペルニクスによれば、水星の場合、遠地点の位置は天蠍宮の28度30分（＝230;30,『天球回転論』V-30）、太陽の遠地点は巨蟹宮の6度40分（＝96;40,『天球回転論』III-22）であるから、両者の差は、230;30－96;40＝133;50度。

＊20　コペルニクスによると、火星の遠地点は恒星座標で119度40分にあり、歳差を考慮して差を求めると、146;40－96;40＝50;0度。

＊21　レティクスが42度という数値をどのように出したかは不

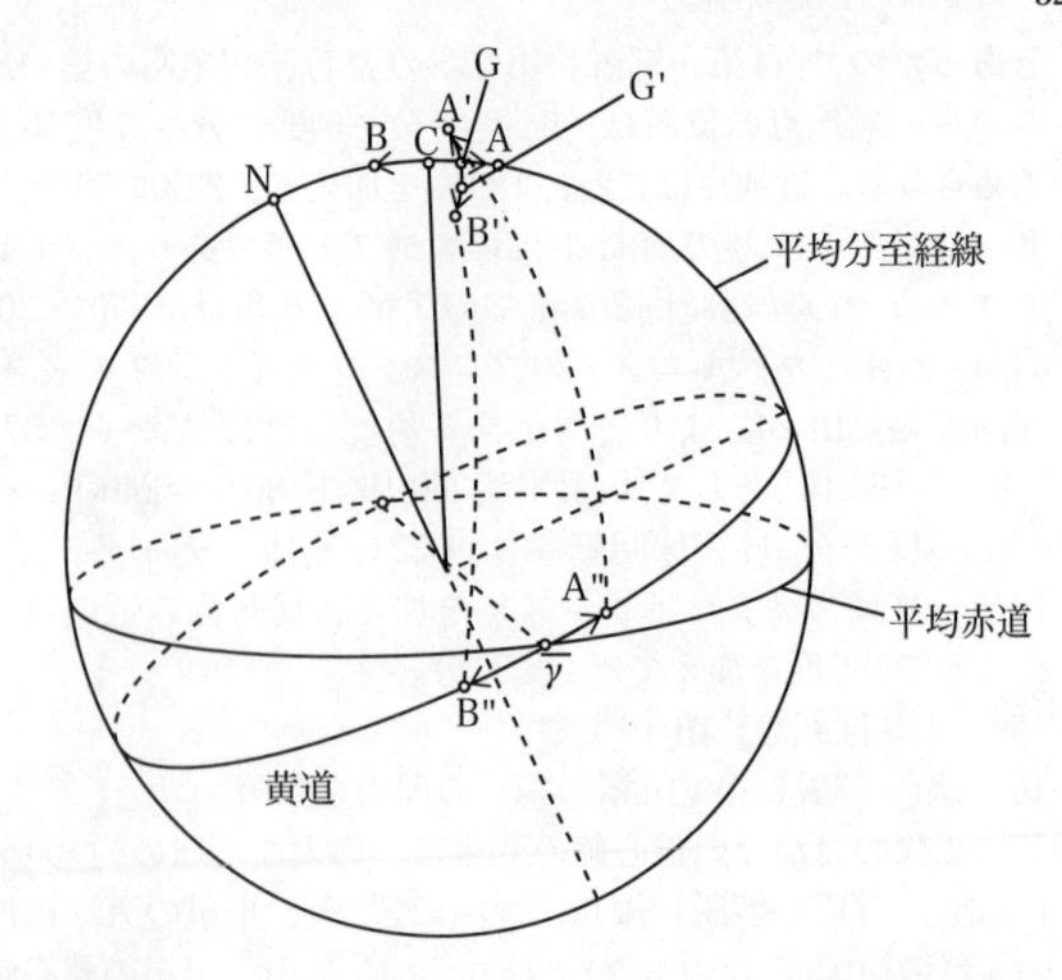

N：黄道極

C：平均北極

$\overline{\gamma}$：平均春分点

$\widehat{ACB}$：第一振動の振幅（2Δε＝24分）〔黄道傾斜角の変動用〕

G：第一振動での真の北極

$\widehat{A'GB'}$：第二振動の振幅（28分×2）〔歳差運動の変動用〕

G'：第二振動での真の北極

$\widehat{A''\overline{\gamma}B''}$：第二振動に対応する黄径上の変動（70分×2）

図vii

＊11　「コメンタリオルス」（『完訳 天球回転論』所収）において、コペルニクスは太陽の遠地点は不動であると考えていた。

＊12　プトレマイオスの時代、真の遠地点は真の春分点から64度30分にあったが（『第一解説』第V章）、真の歳差は6度40

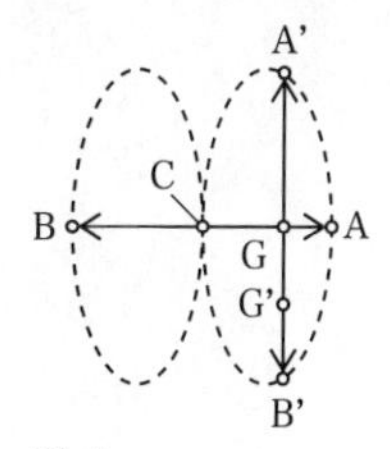

図vi

と解した。凡例にも掲げた英訳の「a second lesser libration」や仏訳の「une seconde libration plus petite」は採らない。仏訳はその注165で、第一振動の振幅ABは24分、第二振動の振幅A'B'は28×2分だから、"plus petite"とする理由は理解できない、と正直に告白している。この「inferior」は二つの振動の大きさの関係ではなく、むしろ両振動の（同心天球説的な）配置関係を述べたものと解すれば、その疑問は解消する。そして、コペルニクスの「コメンタリオルス」（『完訳 天球回転論』所収）の理解とも整合的になる。第一振動と第二振動を作り出す二つの小円は省略し、「直径方向への運動」のみを、平面的な模式図（正しくは、三次元的に描かねばならない）にして示しておく（図vi）。二つの振動の合成運動は、本章注9の本文が示すように、「捩れた小さな花輪の図形」になる（図viの点線部分）。

＊7　真の昼夜平分点が平均の昼夜平分点の前後で黄経上70分ずれるためには、真の北極を平均至点経線から両側へ28分ずらす必要がある。その計算は次式の通り。$(23;40)^\circ$は平均黄道傾斜角。

$$(0;70)^\circ \times sin(23;40)^\circ = (0;28)^\circ$$

＊8　黄道傾斜角の変動を作り出す第一振動の周期は1717エジプト年、歳差運動に変化を生み出す第二振動の周期は3434エジプト年であるから、単一のプロスタファイレシスの表を両者で兼用するために、コペルニクスはこのように命名したのである（『天球回転論』III-6）。

＊9　コペルニクスは「小さく巻いた花輪に似た線」と呼んだ。『天球回転論』III-3および同書の図42、本章注6の図viを参照。

＊10　本段落における第二振動の模式図を、第一振動と合わせて、図viiとして示しておく。

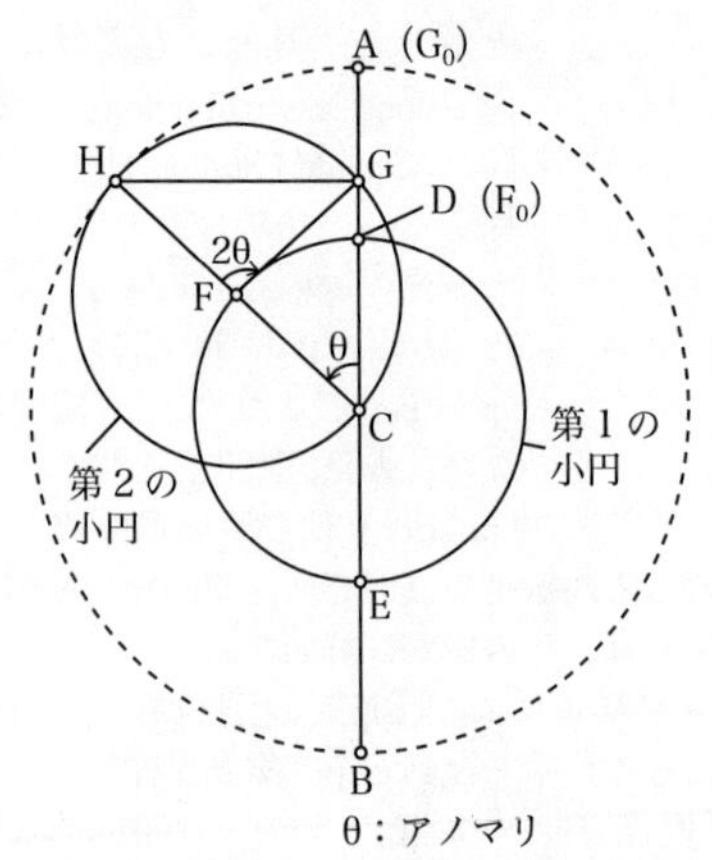

θ：アノマリ
第1小円は3434年で1回転

図v

クスが理解しているからである（そしてこれはコペルニクスの意図に沿っているだろう）。

＊3　名宛人のシェーナーが科学器具製作者でもあったこと（「序言」注1を参照）を念頭に置いて、対円技法装置の作成法に触れているように思われる。

＊4　点Gの運行速度変化の数学的証明は、『天球回転論』III-5で与えられている。

＊5　プロスタファイレシスとは、平均運動（天体が回転する際の平均角速度運動）と視運動（地球から見た天体の見かけの運動）の差を表わす術語で、平均運動の補正値のこと。直訳は「加減」。平均運動の値に加えたり（プロステシス）、減じたり（アファイレシス）して、視運動の値を得る。

＊6　「その下方に第二の振動を」のラテン語原文は「alteram inferiorem librationem」。本訳では「inferior」を「下方（lower）」

向に回転させて、地軸がいつも一定の方向を維持するようにしてやらねばならない。しかし、ちょうど同じ角度にすると、歳差運動が説明できなくなるので、「ほぼ同じ」角度で回転させることが必要になる。

＊8　本段落は『天球回転論』II-1の要約である。

＊9　『第一解説』の第IV章。

＊10　黄道傾斜角の最大値23度52分と最小値23度28分の平均値である。

＊11　『天球回転論』III-14の本文では、もっと詳しい値——（0; 59, 8, 11, 22）度——が与えられている。

＊12　『第一解説』の第I章。

＊13　8毛×365＝48秒40毛≒50秒

〔XII〕

＊1　この24分という数値は、黄道傾斜角（その最大値は23度52分、その最小値は23度28分）の変化量を念頭に置いている。

＊2　二つの一様円運動から直線運動を作り出す「対円技法」と称される数学的仕組みで、コペルニクスの『天球回転論』III-4で述べられたものの祖述。レティクスの本章での記述が、他の章のそれと比べて、技法のテクニカルな細部にまで及んでいるのを見ると、この数学的仕組みがレティクスにとって斬新なものであり、かつコペルニクス説の理解にとって必須なものと考えていたように思われる。なお本書では図が一切省かれているので（おそらく出版を急いだため）、彼の記述に合うようにコペルニクスの図の記号を改めた図を示しておく（図v）。ただし、括弧内の記号G_0, F_0は、動点G、Fの初期位置を示す。また、ABを直径とする大きな円の周は、コペルニクスの図の実線を点線に改めておいた。なぜなら、点Gの直線運動を作り出すには二つの小円で十分であり、大きな円は点Gの直径AB上での位置を「弦の理論」から計算するためのものだ、とレティ

〔XI〕

＊1　プラトンについては『ティマイオス』40B-Cが「大地の運動」に言及しているとされる。邦訳では「神は大地を……万有を貫いて延びている軸の周りを旋回しながら、夜と昼とを作り出して……」となっているが（『プラトン全集』種山恭子訳、岩波書店、1975年）、対立するテキスト解釈が乱立しているので、確言はできない。ピュタゴラス派については、コペルニクスが、『天球回転論』の「パウルス3世宛ての序文」（本書所収）の中で、ピロラオスとエクパントスの名を挙げて言及している。

＊2　『天界論』II-14, 296a24-b3.

＊3　歳差運動の変化を説明するために使用される理論的仕組みについては、次の第XII章で詳しく説明される。

＊4　本章注1を参照。

＊5　たとえば、プトレマイオス『アルマゲスト』XIII-1, および同巻の随所。

＊6　「斜向し、かつ、傾斜する」のギリシャ語原語は〈λοξεύται καὶ ἐγκλίνει〉、そのラテン語訳「反転し、かつ、傾斜する」の原語は「reflectitur et declinat」。現代的に言えば、後者の「傾斜」は黄道面に対する惑星軌道面の傾斜角（日心緯度、heliocentric latitude）を指し、前者は地球が公転軌道のどこに位置しているかに由来するもの（地心緯度、geocentric latitude）を指す。

＊7　コペルニクスにおいて天体は自由にその軌道上を回転するのではなく、伝統的な観念に従って、天体は天球に付着し、その天球が自由に回転すると考えられている。すると、地球の天球（「偉大な天球」）に地球が付着したまま天球が回転すると、地軸の方向がその回転に伴って変化してしまう。ということは、北極の示す方向（つまり、北極星の位置）が刻々変化することになってしまい、これは明らかに経験事実に反している。そうならないためには、天球の回転角と同じ角度で地軸を逆方

しかしプトレマイオスは金星の観測データを説明するために、周転円の中心は導円上を運行するにもかかわらず、導円中心の周りではなく、そこからずれた点（エカント点という）の周りを一定の角速度で回転するとした。その結果、周転円の中心は導円上を一定のスピードで回転せず、速くなったり遅くなったりすることになった。厳密な意味での「一様円運動の原理」の否定だとして、多くの批判を招くことになった。

＊13　太陽を「光の源」と見なす考えはコペルニクスに見られるとしても（たとえば、『天球回転論』I-10)、「運動の源」とする考えは見られない。後者の意想は後にケプラーにおいて大々的に展開される。

＊14　正しくは「88日」。奇妙なことにコペルニクスも水星の周期を「80日」としており（『天球回転論』I-10)、レティクスはそれを鵜呑みにしたのだろう。

＊15　ある数の約数の和がその数自身になるものを完全数と言うが（エウクレイデス『原論』VII-定義23)、数6は最初の完全数である（1+2+3=6になる)。数秘主義的な思想に基づく。また神の宇宙創造が6日間でなされたとする「創世記」の記事を踏まえてもいるだろう。

＊16　古代ギリシャ以来、惑星は恒星に対して動く天体を指したので、水星・金星・火星・木星・土星の五惑星の他に、月も太陽も惑星の一員であり、伝統的に惑星天球は7つあった。しかしコペルニクスの太陽中心説の宇宙においては、地球が太陽と入れ替わり、月は惑星から脱落した（後のケプラーの表現では「衛星」になった）ので、惑星は1つ減って6つになった。

＊17　プトレマイオスの地球中心説は諸惑星の個別理論の寄せ集めであり、厳密な意味で宇宙体系は提示されなかったのに対し、コペルニクスの太陽中心説において宇宙の体系的構造が初めて提示された。レティクスはコペルニクス説の最大の特徴を見事にとらえている。

＊4　イタリアのヒューマニスト詩人であるジョヴァンニ・ジョヴィアーノ・ポンターノ（1426-1503年）の『ウラニア、あるいは、星について』（フィレンツェ、1514年）I-240~241からの引用の由。

＊5　プリニウス『博物誌』II, 1-2の抜粋。

＊6　地球が宇宙の中心ではなくなったことにより、人間中心主義が崩れたとする解釈が皮相的であることを、この一節は示しているだろう。

＊7　レティクスは、『天球回転論』I-10のコペルニクスの表現をほぼ踏襲している。

＊8「遅い運動」とは、歳差を説明するために導入された恒星の東進運動であり、「速い運動」とは日周回転運動のことである。

＊9　プラトンのアカデメイア門下の数学者・天文学者（前408頃-前355年頃）。その天文理論の概要は、アリストテレス『形而上学』XII-8, 1073b17-26に伝えられる。

＊10　金星と水星と太陽の位置関係については、古来、様々な見解があった。プラトンは金星と水星は太陽の上にあるとしたが、プトレマイオス（および彼を踏襲する天文学者たち）は太陽の下にあるとし、アルペトラギウスは両者の間に太陽があるとした。詳しくはコペルニクス『天球回転論』I-10を参照。

＊11　プトレマイオスの地球中心説では、各惑星に対して導円の大きさを一律に60と設定したうえで、周転円の大きさや離心値が決定されている。つまり、導円、周転円、離心値などの相対的大きさのみが決定され、その絶対的な大きさは与えられていない。しかし次の段落で明言されるように、コペルニクスの太陽中心説において初めて、惑星の絶対距離を決定するための「共通尺度」（今日言うところの天文単位）が与えられるのである。

＊12　古代ギリシャ以来、天文理論は「一様円運動」を原理として構成されてきた（あるいは、構成すべきとされてきた）。

ギリシャの数学者で天文学者のことではなく、サモトラケ出身の著名な文献学者（前216頃-前143年頃）のこと。アレクサンドリア図書館の司書を務め、とりわけホメロスの詩のテキスト編纂での貢献は大きく、疑わしい詩行は断固として拒絶する学問的態度を堅持し、その厳正・厳格さは諺になるほどだった。

＊5　スペインのコルドバ生まれのイブン・ルシュド（1126-98年）のラテン名。アリストテレスの注釈者として名高い。アリストテレスの哲学を純化・徹底する作業を遂行。天文学では同心天球を使った理論のみが自然学的に許容されるとし、離心円や周転円を使用するプトレマイオス等の数学者の伝統を厳しく批判した。「現在の天文学〔＝プトレマイオス説〕は実在的には無意味だが、実在しないものを計算するには好都合である」との評言を残している。コペルニクスが留学した当時（1501-03年）のパドヴァ大学は、アヴェロエス主義者の根城となっていた。

＊6　プトレマイオス『アルマゲスト』IX-2.

＊7　『ニコマコス倫理学』1094b23-25.

＊8　たとえば、『天界論』I-2~4, II-3, II-13~14,『自然学』VIII-8~9.

＊9　プラトンの真作中に哲学者アリストテレスへの言及はない。

＊10　幾分か変更されているが、『国家篇』VII-13, 533B~C.

＊11　おそらくレティクスは、計画中の『第二解説』を念頭に置いているのであろうか。

〔X〕

＊1　『天球回転論』I-10におけるコペルニクスの宇宙体系図も参照されたい。

＊2　『形而上学』II-1, 993b26-27.

＊3　ウェルギリウス『アエネイス』III-192~193.『天球回転論』I-8における『アエネイス』からの引用箇所も参照。

I-10を参照。

＊8　偽アリストテレス『宇宙論』VI, 397b10以下の「宇宙を統括する神的原因」についての議論を参照。

＊9　コペルニクスの「数学は数学者のために書かれているのです」という自負（『天球回転論』、「パウルス3世宛ての序文」）を思い起こさせる。

＊10　「今まで非とされてきた統治方法」とはコペルニクスの提示する方法、つまり、不動の太陽が宇宙全体を統治するという太陽中心説であるが、「広く受け入れ是認されたもの」とは太陽の運動を認める伝統的な地球中心説のことであり、これにも一定の役割を認めておこうというやや譲歩した物言い。しかし次の文章における「皇帝」や「心臓」の例が示唆するように、太陽は不動であるという主張に紛れはない。

＊11　コペルニクスが自説の最大の長所を「あらゆる星と天球の順序と大きさ、および天そのものが、そのどの部分においても、他の諸部分と宇宙全体の混乱を引き起こさずには、何ものも決して移しえないほど〔緊密〕に結合されている」（『天球回転論』、「パウルス3世宛ての序文」）と述べたことに対応するレティクスの表現である。宇宙の体系的構造の提示はコペルニクス説において初めて可能となった。

〔IX〕

＊1　アリストテレス『自然学』II-2, 193b23以下。

＊2　アリストテレス『天界論』II-5, 287b34~288a1.

＊3　カリポスはキュジコス出身の天文学者・数学者（前370頃-前300年頃）。同じ天球説の創始者エウドクソスの弟子で、太陽と月について師の説を整備し、その成果はアリストテレス『形而上学』XII-8, 1073b32~1074a5に収録されている。また太陽年と朔望月が76年周期で一致すること、いわゆる「カリポス周期」を提唱した。

＊4　ここで言及されたアリスタルコスは、サモス出身の有名な

方向に回転している。

＊4　『第一解説』において「偉大な天球（orbis magnus）」という訳語は76回使われている。その初出であるこの箇所では、地球の公転というコペルニクスの天文理論の要となる概念が述べられている。公転運動を実現する天球を「偉大な」と称した理由については、更に、惑星の経度運動における三つの有用性についての第XIV章、および緯度運動についての第XV章を参照するとよいだろう。また「大きな球」と「小さな球」の対比をきわだたせるために使用した可能性もある。というのも、後の第XI章の終わりから2番目の段落に「大地の球体を包み込む小天球に（in orbiculo globum terrae continente）」という表現があり、通常の意味での「地球」の方を指してorbisの縮小辞orbiculusを使っているからである。それはおそらく「公転天球」と「自転天球」の混同を避けるためだったろう。

〔VIII〕

＊1　プリニウス『博物誌』II-77.

＊2　コペルニクス『天球回転論』I-10を参照。

＊3　ガレノス『身体諸部分の用途について』X-14.

＊4　ガレノス『身体諸部分の用途について』X-15.

＊5　惑星の変則的な運動現象が、地球の公転運動に由来する見かけ上の現象であること、言い換えれば、地球の公転運動がその原因であることをはっきりと述べている。

＊6　コペルニクスが彫像のメタファーを用いたのに対し（『天球回転論』、「パウルス3世宛ての序文」、本書所収）、レティクスは音楽のメタファーを用いている。この音楽のメタファーは、後に、ケプラーにおいて、もっと明瞭に表現されることになる（『宇宙誌の神秘（*Mysterium Cosmographicum*）』1596年（邦訳は『宇宙の神秘』）および『世界の和声（*Harmonices Mundi*）』1619年（邦訳は『宇宙の調和』））。

＊7　コペルニクス自身の太陽賛歌については、『天球回転論』

〔VII〕

＊1　古代の天文学者の観測データは信用できないとしたヨハン・ヴェルナーをコペルニクスは批判したことがあったが(「ヴェルナー論駁書簡」1524年、『完訳 天球回転論』所収)、この箇所でレティクスも批判の対象者としてヴェルナーを想定しているのであろう。

＊2　コペルニクスによれば、角度で約30分（『天球回転論』IV-2)。

＊3　コペルニクスによる月理論のモデルは図ivのようになる。

地球Oは平均太陽$\overline{S}$の周りを公転し、そのOを中心として導円（半径R=10000）がある。第一周転円（半径r_1=1097）はその中心C_1を導円上にもち、第二周転円（半径r_2=237）の中心C_2を運んでいる。月Mはこの第二周転円上を回転する。$\overline{\alpha}$の周期は近点月、$\overline{\eta}$の周期は朔望月であって、図の各点は矢印の

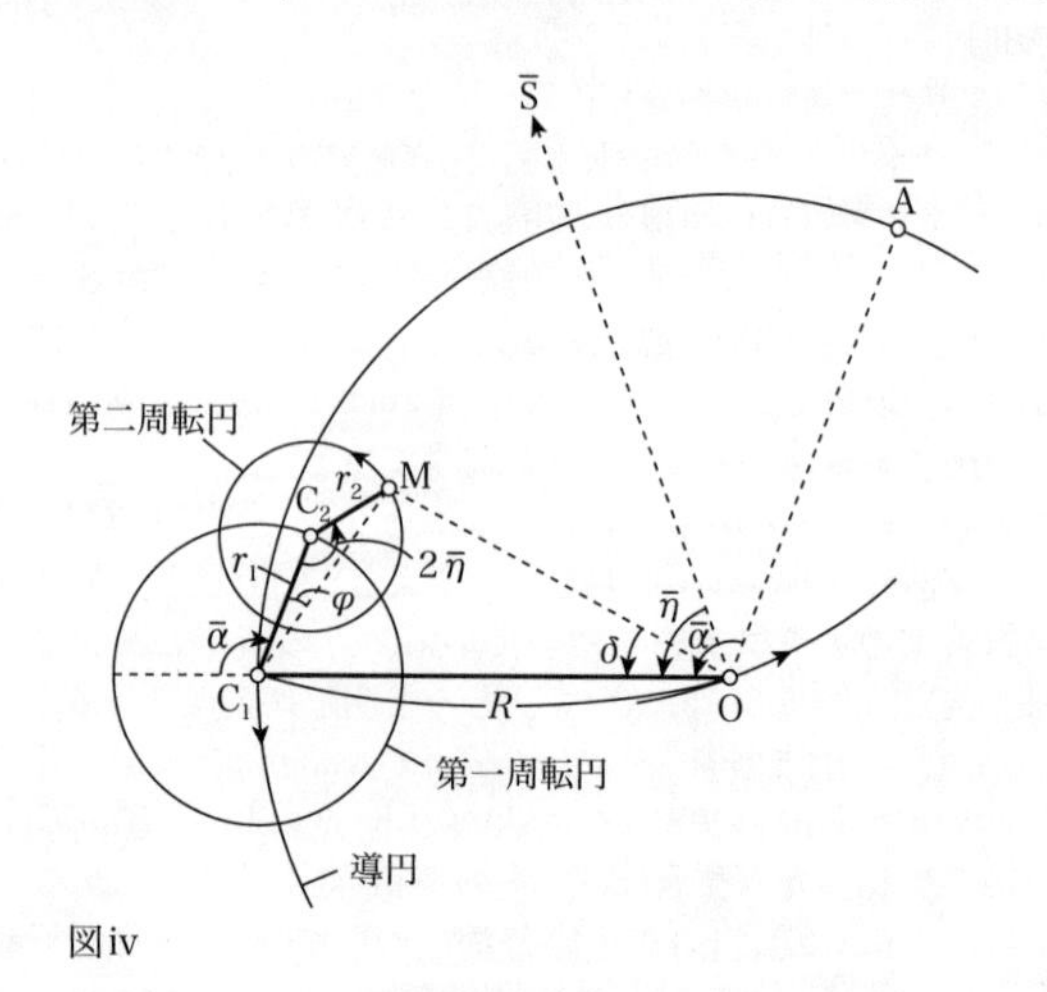

図iv

$(2;6)^{\text{日}}-(1;9)^{\text{日}}=(0;57)^{\text{日}}$。

＊7　以上の計算を式で表せば次のようになる。

$1/4^{\text{日}/\text{年}}\times 743^{\text{年}}-(0;14,34)^{\text{日}/\text{年}}\times 743^{\text{年}}=(185;45)^{\text{日}}-(180;14)^{\text{日}}=(5;31)^{\text{日}}$

＊8　本段落の残りの計算は以下の通り。

$(180;14)^{\text{日}}-(1;30)^{\text{日}}=(178;44)^{\text{日}}$

$(5;31)^{\text{日}}+(1;30)^{\text{日}}=(7;1)^{\text{日}}$

＊9　「王国をその境界を定めずに」という表現は、ウェルギリウス『アエネイス』I-279を踏まえた表現らしい。

＊10　レティクスが『第二解説（*Narratio secunda*）』の構想を抱いていたことを示すもの。

＊11　『第一解説』冒頭の「序言」部分を参照。

＊12　偽アリストテレス『宇宙論』I-391a15.

＊13　オウィディウス『恋愛指南』（岩波文庫、沓掛良彦訳、2008年）III-397. 引用文の前後を示せば、「隠れたままのものは知られないままである。知られないものを欲しがる者はいない。美貌も、それと見て認める人がいなければ益するところはない」。

＊14　プトレマイオスの天文理論の概要は、中世以来、初歩的な教科書を通して知られていたが、レティクスが言うように、彼の主著『アルマゲスト』そのものが広く知られるようになったのは16世紀になってからだった。その最初の印刷本は1515年にヴェネツィアで出版され（中世のクレモーナのゲラルドゥス訳に基づく。コペルニクスも所蔵）、1528年にはトラペヅンティウス（トレビゾンドのゲオルグ）によるギリシャ語からのラテン語訳が出版され、ギリシャ語原典そのものは、レギオモンタヌス所蔵の写本よりシモン・グリュナイオスとヨアキム・カメラリウスの手によって1538年にバーゼルで刊行された。コペルニクスの主著『天球回転論』の出版が1543年であるから、その直前の頃まで『アルマゲスト』そのものは忘れられていたのである。

の位置「5;32°」(『天球回転論』III-11) と歳差の年平均運動「0;0,50,12,5°」(同III-6の表) から、次の計算で求める。

5;32° − 147 × 0;0,50,12,5° ≒ 5;32° − 2;3° = 3;29°

*3　(365;15,24)日 − (0;0,50)日 = (365;14,34)日

*4　本文の数値で計算すれば、(0;14,34)日/年 × 285年 = (69;11,30)日となる。しかし奇妙なことに、レティクスは(69;9)日としている。「約50秒」の詳しい数値で計算した結果を示せば、(0;14,33,47,55)日/年 × 285年 = (69;10,28)日

*5　1/4日/年 × 285年 = (71;15)日　(71;15)日 − (69;9)日 = (2;6)日

*6　本段落と次の段落の議論の見通しを良くするために、図iiiを加えておく。

ここでAの星マークは牡羊座の第一星の位置(恒星座標の原点)を示す。ABは黄道で、平均春分点の$\bar{\gamma}$はB方向へ(つまり、西向きに)一様運動している。γ_1はヒッパルコスの時の真春分点、γ_2はプトレマイオスの時の真春分点、γ_3はアルバテグニウスの時の真春分点を示す。観測データは$\bar{\gamma}\gamma_1$が21分、$\bar{\gamma}\gamma_2$は47分、$\bar{\gamma}\gamma_3$は22分。したがって、$\gamma_1\gamma_2$は1度8分、$\gamma_2\gamma_3$は1度9分になる。

$\gamma_1\gamma_2$にアノマリ角1分を加えると(1;9)日分、更にそれに(69;9)日分を加えると、(70;18)日分になる。したがって、

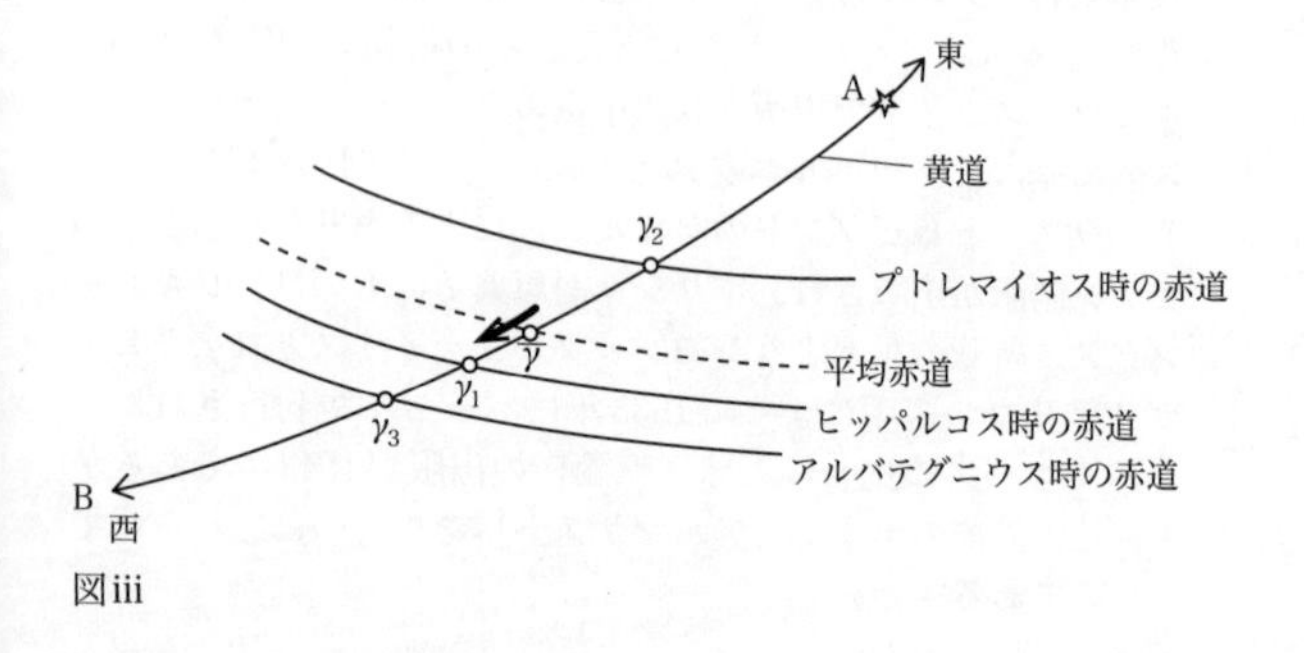

図iii

論』III-20を参照。

＊12　カスティーリヤ王国（現スペイン）のアルフォンソ（10世）王の命令で1272年頃に作成された天文表。14世紀前半にラテン語訳され、それ以降コペルニクスの時代まで数世紀にわたり、ヨーロッパ全体に広く普及した。

＊13　4世紀後半に活躍したビザンツ出身の天文学者・数学者。アレクサンドリアの学術研究所ムセイオンで教え、『アルマゲスト』注釈や『原論』の注釈を書いた。

＊14　ジョヴァンニ・ピーコ・デッラ・ミランドラ（Giovanni Pico della Mirandora）（1463-94年）の『判断占星術論駁（*Disputationes adversus astrologiam divinatricem*）』（全12巻）は、1496年に死後刊行された。内容目次によれば、第8巻は「天球の個数が不確実であること、および、占星術師たちの誤謬が確実であることがどれほど多く立論されるか。さらに、星座と12宮の違いに関する誤謬について、さらに、見えない星座について」を扱い、第9巻は「誕生時間とその他の開始時間の不確実性について、および、家・12宮・場所・惑星・第八天球・方向の区分の誤謬について」論じている。

〔VI〕

＊1　セレスティン修道会士（1465頃-1524年以後？）。ボローニャのドメニコ・マリア・ノヴァラ・ダ・フェラーラのもとで天文学を学んだらしい。コペルニクスも彼のもとで天文学を学んだから（1497-1500年）、両人には個人的な交友関係があったかもしれない。彼は『第八天球運動論』（出版地と刊行年代は不明）を刊行し、パリの神学者アルベルトゥス・ピグヒウス・カンペンシスと論争を展開したことで知られている。

＊2　この「3度29分」という数値は、レティクスがコペルニクスの理論から引き出したもの。

　ヒッパルコスの秋分点観測は「第三カリポス周期の第32年（＝紀元前147年）」になされているから、紀元0年の平均分点ている（同書、p. 49）。

＊2　コペルニクスには占星術への関心が見られないのに対し、この段落でレティクスは占星術への関心を露わにしている。この当時、天文学者が占星術師であるのは通常のことであり、コペルニクスのほうこそ例外的であった。しかし名宛人のシェーナーにも占星術への関心があり、またその著作もあるので（『判断占星術入門』1539年、『誕生判断について』1545年）、名宛人の関心を引くために、議論の本筋から脱線しても、レティクスは太陽離心値の変動が占星術的意義をもつことに触れておきたかったのだろう。

＊3　コペルニクス『天球回転論』III-22を参照。

＊4　この数値はコペルニクスの『天球回転論』III-24の「太陽のプロスタファイレシスの表」から得られるもの。しかしコペルニクスは本文では、「7度半」（III-24）や「7度28分」（III-21）とも述べている。

＊5　アルバテグニウスとアルザヘルの間の数値の差は、夏至点からの太陽の遠地点経度が前者では7度43分、後者では12度10分とされたことによるもの。

＊6　『アルマゲスト』III-2を参照。

＊7　三つの蝕を利用するこの方法は、3点で円の位置が決定されてしまうということに基づいているからである。

＊8　レギオモンタヌス『綱要』第III巻命題13。「402回の観測云々」は、レティクスがラテン語テキストの「4回」の省略記法（4or）を「402回」と読み間違えたもの（“r”の筆記体が「2」に似ていることから）。

＊9　コペルニクス『天球回転論』III-16およびIII-22を参照。

＊10　25秒（太陽の遠地点経度運動分）プラス50秒（歳差運動分）で、計75秒（1分15秒）。

＊11　凡例に掲げた仏訳の注56によれば、古代および中世における太陽の遠地点の位置は、レティクスによって計算されたものであるらしい。コペルニクスの言及については、『天球回転

したがって、コペルニクスのいう3434年周期は、観測上の証拠に欠けていた。

＊2　この値の半分が黄道傾斜角εにあたるので、ε＝23;51,20°になる。

＊3　プロファティウス・ユダエウス（1236頃-1304年頃）は、プロバンスで活躍したユダヤ人の天文学者で医学者のヤコブ・ベン・マキル・イブン・ティボンのラテン語名。アラビア語の科学および哲学の著作を多数翻訳したことで知られる。彼自身の著作で知られているのは、四分儀と天文表（記載年代は1300年3月1日以降）の二つがあり、後者はラテン語訳され評判を博した。

＊4　この振動運動の詳しい説明は、『第一解説』の第XII章で与えられる。

〔IV〕

＊1　プトレマイオス『アルマゲスト』III-4を参照。

＊2　コペルニクス『天球回転論』III-16.

＊3　春分点の運動を二つの成分、つまり一様運動と非一様運動に分解して考察するということ。

〔V〕

＊1　エリヤのこの預言は、旧約聖書にはない。しかし、世界の存続年数を6000年とするエリヤの預言伝説が存在したことは確かであり、レティクスの周辺にもそれを見出すことができる。たとえば、マルティン・ルターの『世界の年数の計算』（ウィッテンベルク、1541年）、レティクスの後援者フィリップ・メランヒトン（1497-1560年）の「オリオン賛歌」（『宗教改革叢書（*Corpus Reformatorum*）』vol. XII, C. A. Schwetschke, 1844, pp. 46-52）にそれを見ることができる。特に後者はエリヤに帰されるものとして、「世界は6000年、その後に大火災。2000年は無明、2000年は律法、2000年はメシアの時」と伝え

＊5　古代エジプト暦の1年は、均等に365日から成っている。30日から成る12ヵ月の後に余剰の5日が加えられ、それは「追加日（エパゴメナイ）」と称される。ユリウス暦のように4年に1度の閏日が設けられていないので、暦日と季節が徐々にずれていくことになるが、均等年であることが時間の計算に便利なので、天文計算でよく用いられた。

＊6　真の歳差の値として、『第一解説』の初版は12度37分、第二版のバーゼル版はそれを訂正して19度37分としているが、初版の度数は「21度」の単純な誤植であるとする仏訳（凡例参照）の説得的な示唆に従っておく。

＊7　スペインで活躍したアラビアの天文学者アル・ザルカーリー（al-Zarqālī）（1029-87年）。ラテン語への転写は通常は「アルザケル（Arzachel）」であるが、レティクスは「アルザヘル（Arzahel）」と転写しているので、そのままにしておく。以下同様。

＊8　サービト・イブン・クッラはサービア教徒の学者（836-901年）。ギリシャの科学書をアラビア語に翻訳したことで知られ、天文学では恒星の第八天球に第九天球を加えることによって春分点の変動を説明しようとした。

＊9　レティクスもコペルニクスもこのデータを、レギオモンタヌスの『綱要』第III巻命題22から引用しているらしい。

〔III〕

＊1　以下本章でレティクスが説明しているように、コペルニクスは先人のデータに基づいて3434年周期を主張できるとしているが、プトレマイオスから彼の時代まで黄道傾斜角が連続的に変化してきたと主張できるだけである。天文学史家N・M・スワードローによれば、そのためには次の三つの前提が仮定されねばならない。(1) 傾斜角は一定の限界値の間で変化する、(2) 傾斜角の変動周期は歳差の変動周期の2倍である、(3) 傾斜角の変動サイクルは歳差の変動サイクルと同時に始まった。

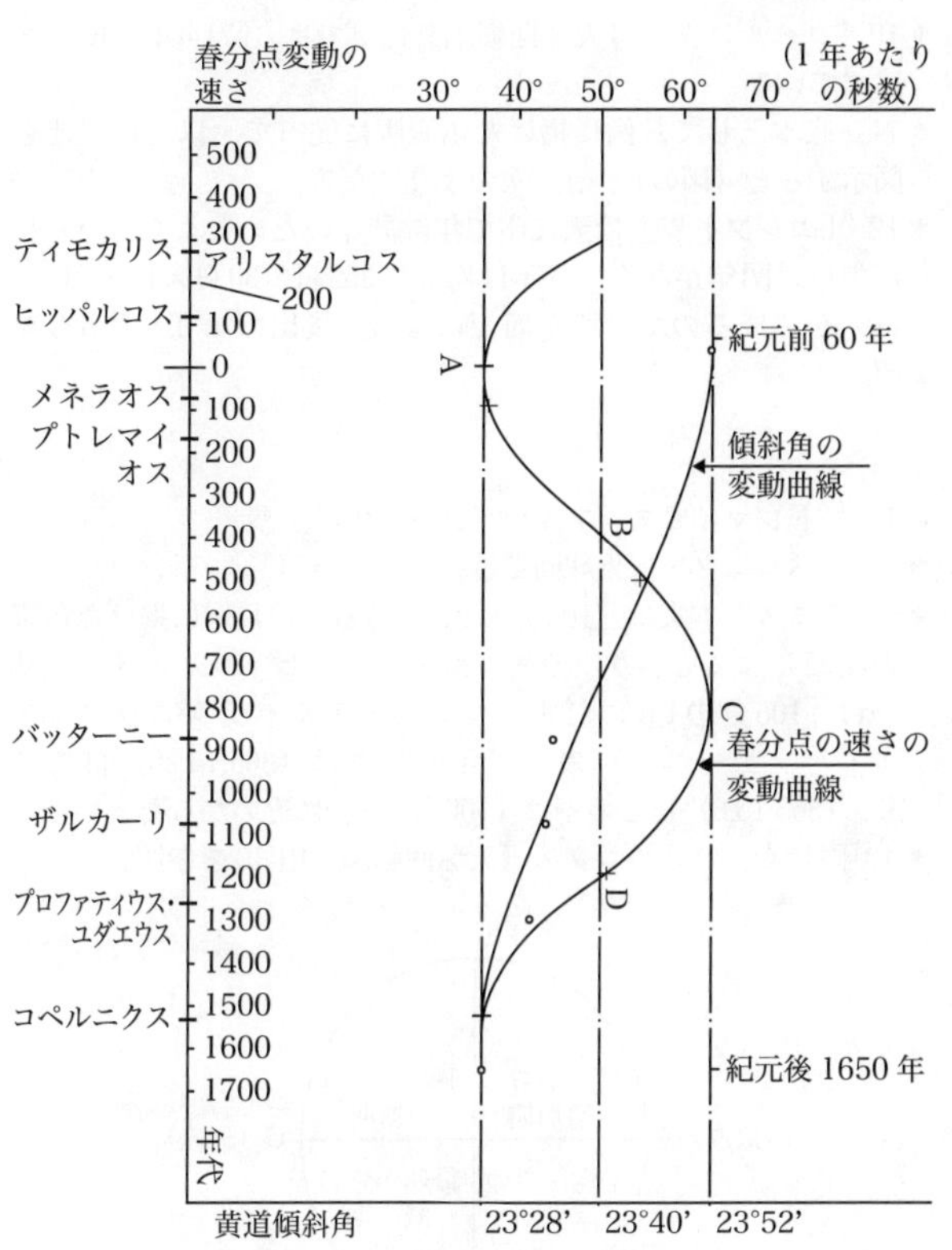
春分点変動の
速さ
30°
40°
50°
60°
70°
(1 年あたり
の秒数)
500
400
300
ティモカリス
アリスタルコス
200
ヒッパルコス
100
0
メネラオス
100
プトレマイオス
200
300
400
500
600
700
800
バッターニー
900
1000
ザルカーリ
1100
1200
プロファティウス・ユダエウス
1300
1400
コペルニクス
1500
1600
1700
年代
A
B
C
D
紀元前 60 年
傾斜角の
変動曲線
春分点の速さの
変動曲線
紀元後 1650 年
黄道傾斜角
23°28'
23°40'
23°52'

図ii

「アル・バッターニー（al-Battānī）」（858頃-929年）のラテン語転写。

＊10　コペルニクス『天球回転論』III-2では、「71年に1度」と述べている。

＊11　底本として凡例に掲げた仏訳版に従って、以上の記述を図示すると（図のiとii）、次のようになる。

＊12　「エジプト年」は天文学で年数計算のためによく用いられた単位。閏年がなく、各年は均等に365日（30日×12ヵ月＋5日）から成るので計算が簡便になる。後出の第II章注5も参照。

〔II〕

＊1　プトレマイオス『アルマゲスト』III-2を参照。

＊2　コペルニクス『天球回転論』III-13.

＊3　テキスト本文は「105分の1」であるが、凡例に掲げた仏訳の注22によると、ケプラーの師であるミヒャエル・メストリンは「106分の1」に訂正している。アルバテグニウス（アル・バッターニー）の回帰年の長さは（365;14,26）日であり、（365;15,0）日との差は「106分の1」に近いからだという。

＊4　同じく、コペルニクス『天球回転論』III-13を参照。

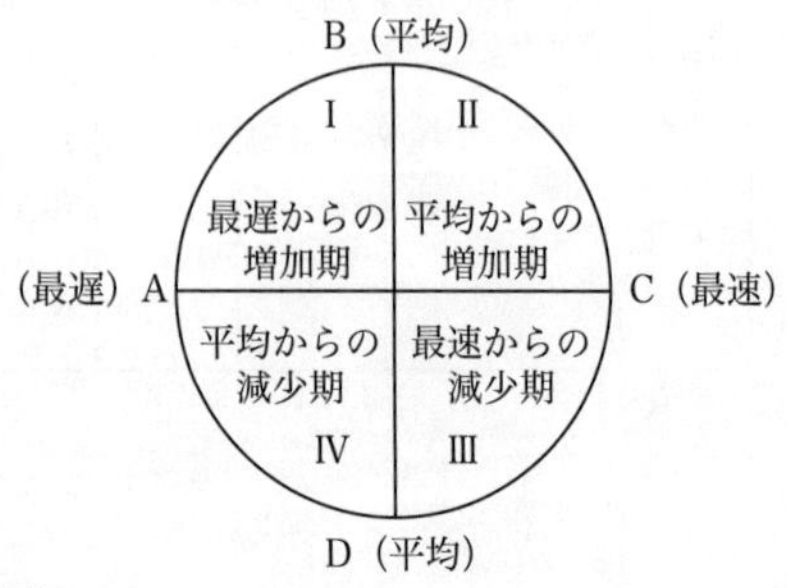

図i

年）はボローニャ大学の天文学教授。1483年に就任してから没するまで同大学の教授であった。地中海のさまざまな地域の緯度が、プトレマイオスの『地理学』のものよりも1度10分大きいことを見出し、プトレマイオスの権威を疑問視し、地軸の微小運動を考えたといわれている。

＊2　ポーランド語の地名はフロンボルク。ワルミア司教区の聖堂参事会の所在地。コペルニクスは生涯の大半をこの地で過ごした。「コペルニクス時代のプロシャの地図」を参照。

＊3　コペルニクスのこの観測データは、『天球回転論』III-2（III巻の第2章を指す。『完訳 天球回転論——コペルニクス天文学集成』高橋憲一訳、みすず書房、2017年、新装版2023年を参照。以下同様）に記載されている。

＊4　ティモカリスは、紀元前300年頃から前265年頃にかけてアレキサンドリアで活動した天文学者。その天文観測データは、プトレマイオスの『アルマゲスト』VII-1と3, X-4に引用されている。

＊5　ヒッパルコスは、紀元前140年頃から前120年頃にかけて活躍したニカイア出身の天文学者、占星術師、地理学者。バビロニア天文学の成果をギリシャの数理天文学に組み込み、プトレマイオスの先行者のなかでもっとも傑出した人物といわれる。彼の月と太陽の理論はその骨格が『アルマゲスト』の理論に取り入れられている。

＊6　メネラオスは、紀元後90年から100年頃にかけて活躍した数学者、天文学者。球面三角法における「メネラオスの定理」で名高い。

＊7　『第一解説』初版（グダニスク、1540年）でも本書が採録された『天球回転論』第二版（バーゼル、1566年）でも「86年」となっているが、レティクスの記述する数値からすると、「96年」とすべきもの。

＊8　プトレマイオス『アルマゲスト』VII-3を参照。

＊9　アルバテグニウス（Albategnius）はアラビアの天文学者

オスの惑星理論における太陽の位置の重要性の指摘、およびプトレマイオスの月理論の欠陥の指摘など、レギオモンタヌスの批判精神には注目すべきものがある。
＊6　プトレマイオス（100頃-170年頃）は地球中心の天文理論（いわゆる天動説）を集大成した大学者で、彼の理論は古代・中世を通じて標準的理論として学び継がれ、天文学のパラダイムとして機能した。その天文学書『数学的総合』は、アラビア世界では「最大の〔書〕」と尊称され、それがそのままラテン語に転写されて『アルマゲスト』となった。
＊7　1471年以降、ニュルンベルクに居を定めたレギオモンタヌスは、渉猟したさまざまな天文学と数学の文献を出版するために自ら印刷所を経営し、また天文台ももっていた。彼は学問革新の雄大な構想をもっており、それは1474年に印刷された出版予告リストから窺える。自らの著述23点、他の人の著述29点、天文観測用器具などを網羅している。師のゲオルク・フォン・ポイヤーバッハ（1423-61年）と同じように早逝してしまったため、レギオモンタヌスは自らの手で学問革新を実現しえなかった。レティクスがその早世を惜しんだ所以である。それと同時に、後代の人々に与えた刺激と指針がいかに大きかったかを物語っている。
＊8　最初の2巻の内容を考慮すると、ここでレティクスの言う「特別な計画」というのは、三角法の理論を指していると思われる。コペルニクスの主著『天球回転論』の出版（1543年）に先立って、レティクスは1542年の早い時期に三角法の部分（『天球回転論』I巻の第12-第14章）をやや詳しくし、独立した一書『三角形の辺と角について』として、ウィッテンベルクで刊行している（執筆予定の『第二解説』を指すとする通常の解釈は採らない）。

〔I〕
＊1　ドメニコ・マリア・ノヴァラ・ダ・フェラーラ（1454-1504

『第一解説』

〔序　言〕

＊1　ヨハン（ヨハネス）・シェーナー（1477-1547年）は博識のカトリック司祭。当時の用語でいえば「数学者」であるが、その学問的関心は広く、天文学（占星術も含む）、地理学、地図製作、各種の科学器具の製作に及ぶ。1526年にニュルンベルクに新設されたギムナジウムの数学者として招聘され、死の前年までその職にとどまった。レティクスは1538年にシェーナーを訪ね、彼のもとにしばらく逗留した際に、フロンボルクにいるコペルニクスを訪問するよう勧められたらしいと推測される。本書がシェーナーを名宛人にして執筆されているのも、こうした事情によるものだろう。

＊2　ポーランド西部の大都市、現在の名称はポズナン。レティクスの出発地ウィッテンベルクから目的地のフロンボルクまでの旅程のほぼ中間地点に位置する。出発地から直線距離でほぼ280キロメートル。

＊3　ティーデマン・ギーゼ（1480-1550年）はワルミア（ドイツ語ではエルムラント）司教区におけるコペルニクスの同僚の聖堂参事会会員。コペルニクスの親友で、レティクスのフロンボルク訪問時にはヘウムノ（クルム）の司教（1538年に就任）。後出のレーバウは、ヘウムノ司教の居城の所在地。

＊4　もちろん、コペルニクスの主著となる『天球回転論』の直筆原稿を指す。

＊5　レギオモンタヌス（ドイツ名、ヨハン・ミュラー）（1436-76年）はルネサンスを代表する天文学者。コペルニクスは彼の著『〔プトレマイオスの〕アルマゲスト綱要』（1496年、死後刊行）（以下、『綱要』と略す）から大きな影響を受けた。その書は『アルマゲスト』の内容を解説するばかりでなく、後代の観測・計算法の改訂・批判的考察を加えている。プトレマイ

え、CDがBDに等しくなる同じ100単位で、CF自体も与えられる。しかるに、BEDとGFDは等角三角形である。というのは、両者に共通の〔角〕FDGは円弧ABによって与えられており、両者のEとFのところの角は直角だからである。したがって、それらは辺の比例するものであり、その結果、BD・対・BEはDG・対・FG, DE・対・BEはDF・対・FG.しかるに、残りの角EBGとFCDが与えられているゆえに、BDあるいはCDを100とするのと同じ単位で、EDとDFも与えられる。そしてEDとFGによって囲まれる長方形〔積ED×FG〕は、DFとEBによって囲まれる長方形〔積DF×EB〕に等しい。それゆえ、CFが与えられたのと同じ単位で、FGも与えられる。そのゆえに、残りの辺DGも与えられる。したがって、三角形DCGにおいて2辺DGとDCが、与えられた円弧BCのゆえに角CDGとともに与えられるので、平面三角形の第IIII〔定理〕により、第三辺CGも与えられるだろう。ここから、すでに辺の与えられた三角形CGFの角CFGも、平面の最後の〔定理〕により与えられることになる。そしてそれが諸円ABCの交角である。そこから帰結するが、本書の第VI〔定理〕によって残りの諸角が見出されよう」。

＊11　自筆原稿*Ms*（24v6-13）では次の文章が続いていたが、それは削除された。

「三角形について以上軽く触れたことで、われわれの課題——足早とはいえわれわれはそこから道を外れてしまったが——にとっては十分であるとしよう。そして以上、球面三角形についても簡潔な方法でしかも単純な計算により、われわれによって説明された。プトレマイオスが乗除計算によって追求した事柄は、この学術〔＝天文学〕におけるのみならず、地理誌〔Cosmographia〕においても、場所間の無数の距離と位置を説明するのに有益である」。

＊12　原文のper aequam rationemをそのまま訳したが、内容的には「比の合成により」が正しい。

＊4　初版本*N*のFBEを訂正した。

＊5　エウクレイデス『原論』I-公理2.

＊6　自筆原稿*Ms*（23v26-30）では次の文章が続いていたが、それは削除された。

「しかしこの証明は別の側からは進めない。すなわち、もし等しい角のそれぞれに面していた2辺が等しいと仮定されると、ANDとGHN、MEC、MKLは四分円ではないので（角Aと角Cは直角ではないので)、それらの円弧は大きくも小さくもなりうる」。

＊7　本定理の最後の段落は、第13章注4で述べたのと同じ理由により、正しくない。

＊8　自筆原稿*Ms*（26r37-38）では次の文章が続いていたが、それは削除された。

「球面三角形について以上軽く触れたことで、われわれの課題――足早とはいえわれわれはそこから道を外れてしまったが――にとっては十分であるとしよう」。

＊9　本章注7と同じ理由により、本定理の最後の段落は正しくない。

＊10　自筆原稿*Ms*（22v25-23r5）では次の文章が（おそらく定理XIIIとして）続いていたが、それは削除された。

「13：ついに〔ここまできたが〕、三角形のすべての辺が与えられると〔原文はdatisではなくsatis［十分に］と誤記〕、〔すべての〕角は与えられる。球面上の三角形ABCのすべての辺が与えられているとする〔本文中の図27を参照〕。私は言う、すべての角もまた見出される。というのは、球の中心Dが仮定され、それらの円の共通切片AD, BD, CDが引かれたとする。そしてADと直角にBE, CFが立てられたとする。そしてさらにFGはBEに対して〔平行で〕あり、CGが結ばれたとする。以上のように準備をすると、次のことは明らかである。BDを100と仮定する単位で、EBはABの2倍の円弧の半分〔の弦〕である。同様に、FCもACの2倍の弦の半分である。それゆ与えられているが、コペルニクスでは10分ごとの「半弦の表」が与えられる。スワードローによれば、全540項目のうち約10％は不正確であるという（末位の桁が−1のものは47例、＋1のものは2例（前者の例は前注19、後者の例は、われわれも本章注6で見たとおりである））。

＊21　初版本*N*の数表の構成は、コペルニクスの自筆原稿*Ms*に忠実に従っており、空欄が残されている。円弧の度数は6度の途中まですべて書かれているが、それ以降は空欄が続き、後は1度ごとに記されている。また半弦の値は18度10分以降、数値の位が変わらないときは下3桁のみが記され、差の値も下1桁が記され、同様に処理されている。

第13章

＊1　コペルニクスの本来の計画では「第II巻の第2章」になる。

＊2　コペルニクスの使用したザンベルティ版『原論』（1505年）では命題（Propositio）が作図問題（Problema）の場合には、命題番号と問題番号が併記されていた。

＊3　初版本*N*のABを訂正した。

＊4　本定理はコペルニクスの不注意によるミスである。2辺ABとAC,それに夾角ではない角Bが与えられても、三角形ABCの形状は決定されないからである。

＊5　初版本*N*はsuper estであるが、superest（「残っている」）と読む。

＊6　初版本*N*はaliterで、その直訳は「別様に」。

＊7　第12章注11で述べたように積FA×ADを表わす。以下同様。

第14章

＊1　コペルニクスの本来の計画では「第II巻の第3章」になる。

＊2　『アルマゲスト』I-13（Heiberg版（Ptolemy 1898-1903), p. 74; Toomer 1984の英訳、p. 68).

＊3　初版本*N*のlatus（辺）を訂正して、「円弧」とする。

＊14　定理IIを利用して、次式より求める。

$$crd(180-(\alpha+\beta))=crd(180-\alpha)\,crd(180-\beta)-crd(\alpha)\,crd(\beta)$$

＊15 『アルマゲスト』I-10.

＊16　α＞βのとき、次式が成り立つことをいう（本章注6で述べたように、*arc*と*crd*の記号はそれぞれ円弧と弦を表わす）。

$$\frac{arc\,\alpha}{arc\,\beta}>\frac{crd\,\alpha}{crd\,\beta}$$

＊17　自筆原稿*Ms*（15r11-15）では次の文章が続いていたが、それは削除された。

「しかし扇形DEI・対・扇形EDHの比は、三角形EDF・対・扇形EDHよりも大きい。そして三角形EDF・対・扇形DEHの〔比は〕、三角形ADEに対するよりもさらに大きい。したがってなおさら扇形DEI・対・扇形EDHの比は、三角形EDF・対・三角形EDAよりも大きい」。

＊18　以下の数表を作成するために、1度に対する弦の長さを求めるのが課題である。そのためには、半角に対する定理IIIIを反復して使い、3度、3/2度、3/4度に対する弦をまず求める。それから線形補間法によって、1/4度、1度、1/2度、1/3度を求めていく。

＊19　本章の定理IIII.なお、定理IIIおよび後出の数表では、1度30分の弦は2617となっているが、ここの本文では2618としている。それは、半角に対して定理VIを適用すれば、「弦の比＜2（＝円弧の比）」のはずだが、そうならないので、数値を1増やしたのである。参考までに、3度、1度30分、45分の弦長をやや詳しく記せば（括弧内はコペルニクスの値）、5235.38（5235）、2617.91（2617）、1308.98（1309）。

＊20 「二倍の円弧に対する線〔＝弦〕の半分」の表は、現代的にいえば、三角関数sinθの数表を作成することにあたる。プトレマイオスの『アルマゲスト』では30分ごとの「弦の表」が

は、整数に満たない部分を表現するのにscruplumが使用されている。本書の数表で後に頻出するように、60^{-1}の位はscr. 1^{a}（分）、60^{-2}の位はscr. 2^{a}（秒）、60^{-3}の位はscr. 3^{a}（本訳書では「毛」とした）等々と表記される。本書の凡例（8）を参照。

＊6　円の半径をR, 弦を記号crdで表わすと、本定理の内容は次のように表される。

$R=100,000$とすると、

$crd\,60°=R=100,000$　$crd\,90°=\sqrt{2}R=141,422$（末位が1ズレ）

$crd\,120°=\sqrt{3}R=173,205$　　$crd\,36°=\frac{1}{2}*(\sqrt{5}-1)R=61,803$

$crd\,72°=\frac{1}{2}*\sqrt{10-2\sqrt{5}}R=117,557$

＊7　『原論』I-47, IV-7.

＊8　本訳書では凡例（6）で述べた通り『原論』の命題表示を略記する。巻数をローマ数字で、命題番号を算用数字で示す。

＊9　ピュタゴラスの定理を使い、

$crd(180-\alpha)=\sqrt{(2R)^2-crd^2\alpha}$　より

$crd\,144°=190,211$　　　　$crd\,108°=161,803$

＊10　プトレマイオスの定理（トレミーの定理）と呼ばれるものである。

＊11　現代的には積AC×DBを意味している。以下同様。

＊12　現代的には

$crd(\alpha-\beta)=crd(\alpha)\,crd(180-\beta)-crd(180-\alpha)\,crd(\beta)$

ただし、$\alpha>\beta$

の関係より求める。

これで12°（=72°−60°）が求められる。$crd\,12°=20,905$

＊13　現代的には

$crd^2\frac{1}{2}\alpha=2R\{R-\frac{1}{2}crd(180-\alpha)\}$

の関係より求める。これにより、12度の値から、6度、3度、2分の3度、4分の3度の弦に対する値が求められる。

す」」。

第12章

＊1　現在の第I巻の第11章末尾と第12章の関係は錯綜している。コペルニクスの本来の意図では、第11章注13のリュシスの手紙に次の文章が続き、第I巻が終わる予定であったと思われる。

「自然哲学の観点から、原理や仮説としてわれわれの企図にとって必要だと思われた事柄を、すなわち〔1〕球状の世界は無限ともいえるほど広大であること、〔2〕そして万物を包み込む恒星天球は不動であること、〔3〕しかしその他の諸天体は円状に動くことを、われわれは要約して列挙した。またわれわれは、地球がいくつかの回転で運動していると仮定し、それをいわば隅の親石として、星の学問全体を建て上げようと努めているのである」。

そして現在の第12章の第2段落から「第II巻の第1章」となるはずだったが、自筆原稿*Ms*では削除されていた一文「本書のほとんどすべてで……扱われていない」が冒頭に置かれ、次の文章「角はそれに対する……明らかになるだろう」が、初版本*N*の第1段落として組み直された。

＊2　『アルマゲスト』I-9.

＊3　原語はpartes.直訳すれば「部分」。しかし以下では、長さに言及しているのが明らかな場合には「単位」とし、角の場合には「度」とする。

＊4　原語はincommensurabilisであるが、本訳書では『エウクレイデス全集』（東京大学出版会、2008年―）の訳語に倣った。伝統的な訳語では「通約不能」。

＊5　原語はscruplumで、直訳は「微量」だが、ここでは意をとって「小数部」とする。厳密に言えば小数の概念はシモン・ステヴィン（1548-1620年）の提唱になるので、コペルニクスの時代にはまだ確立していない。60進法を採用する天文文献で

です。理性を食い尽くし、取り囲み、そして決してそれが前進するのを許さないようなあらゆる種類の悪徳がこの森に潜んでいるのです。さて、これら侵入者〔悪徳〕の二人の母をわれわれはまず不節制および貪欲と名づけることにしよう。いずれもきわめて多産です。なぜなら、不節制は淫乱・暴飲・強姦・自然に反した快楽を生み、それらの勢いが強まってしまうと、死と破滅の淵へと駆りたてます。というのは欲望はすでにある人々を母や一族の者たちから遠ざけるほどに燃え上がらせてしまい、さらには法律・故郷・国家・王に対して反旗を翻させ、囚われた者たちを極刑へ至らしむるほどの罠を投げ込んでしまったほどです。他方、貪欲からは、強奪・親殺し・瀆聖・毒殺およびその他同類の姉妹たちが生まれました。したがって、こうした欲情が徘徊するこの森の諸々の隠れ家を火と銃剣とあらゆる攻撃で根絶せねばなりません。気品ある理性をこうした欲情から解放したとわれわれが理解したときにこそ、実を結ぶ最も良い穀物をわれわれはそこに蒔くべきです。ヒッパルコスよ、たしかに君は以上のことを少なからぬ熱心によって学び知りました。しかし、良き友よ、君はシチリア風の放蕩に染まってしまい、それを少しも遵守しなかった。このゆえに君は何ひとつ後に残しておくべきではなかったのです。さらに、多くの者が言っていることですが、君は公けの場で哲学している。これはピュタゴラスが禁じたことです。あの方はその娘ダーマに遺言として小論集を遺し、一族以外の誰にもそれを伝えてはならないと命じました。それを大金で売ろうとすればできましたが、彼女はそうしようとせず、むしろ貧困と父の命令を金銀よりも価値のあるものと見なしていました。人々の言うところでは、ダーマは死ぬときに、約束に従ってその娘ウィターリアに同じ委託を残したそうです。しかるにわれわれ男どもは師に対して義務を果たさず、むしろわれわれの誓いに違犯してしまっている。だから、もし君が改めるならば、私はそれを良しとします。もしそうでなければ、私にとって君は死んでいるのですこと、また魂の純化を夢見たこと〔さえ〕もなかった人々に哲学の良き事柄を伝えないことは、敬虔なことなのです。というのは、あれほどの労苦によってわれわれが獲得したものをすべての人に与えるのはふさわしいことではないからです。それはちょうど、エレウシス〔＝アッティカの古都〕の女神たちの秘密を世俗の人々に洩らしてはならないのと同じです。これをなすならばいずれの人も敵対する者・不敬な者と見なされるでしょう。われわれの胸の裡に巣食う汚濁を清めるのにどれほど多くの時を費やし、5年の歳月を経てやっとあの方の教えを受け入れ得るようになったかを思い起こすことは無駄ではありません。というのは、それはちょうど、洗い清めた後に染物師たちが衣服の染色を何らかの酸で固定して、洗い落とせない色を吸い込ませ、その後に色が容易には褪(あ)せてゆかないようにするのと同じです。ですからあの神のごときお方は、〔弟子の〕ある人物の徳に関して懐いた望みによって欺かれることが決してないようにと、哲学を愛する者たちに備えさせたのです。というのも、あの方は教えを金銭ずくのものとして売ったこともなかったし、またソフィストたちの多くが〔そうであったように〕若者たちの精神を巻き添えにし、かつ有用性を欠くような罠を仕掛けることもなかった。むしろあの方は神的および人間的な事柄の〔真の〕指導者でした。たしかに、あの方を真似て幾人かは数多くの偉大なことを為していますが、順序を逆にしたために、若人を適切に教えてはおりません。そのゆえに、彼らは聴講する者たちを厄介者・鉄面皮にしているのです。というのは、その者たちは哲学の崇高な教えを混乱した不純な慣習と混同しているのです。ですから、あたかも泥水で満ちた深い井戸に純粋で透明な水を注ぎ込むようなものです。なぜなら、それは泥水をかき混ぜ、水を台無しにするからです。それと同じことが、このように教えまた教えられる者たちに起こるのです。つまり、正しい方法で開始しなかった人々の身心を深く暗い森が覆っており、魂のあらゆる従順と理性とを妨げているのて語る手紙は、主著の出版に同意したコペルニクスにはもはや不適切だからである。

「たとえ太陽と月の巡回が地球の不動性においても論証可能であるとわれわれが認めるにしても、他の諸惑星においてはそれ〔＝地球の不動性〕は少しも適切ではない。これら、およびそれに類する理由から、ピロラオスは地球の可動性を主張したのだと信ずべきである。アリストテレスが述べ立てまた非難した根拠に心を動かされなかった幾人かの人々が、サモスのアリスタルコスも同じ見解であったと伝えているからである。しかしそれらの理由は、鋭敏な知性と長年の研鑽によるのでなければ把握しえない類のものであるから、〔1〕当時多くの哲学者には隠されてしまったこと、および〔2〕星々の運動の理論をその時代に理解した人はごくわずかしかなかったこと、がプラトンによって黙過されてはいない。たとえもしそれらの理由がピロラオスや誰であれピュタゴラス派の人に理解されていたとしても、後世の人々に継承させなかった可能性が強い。というのは、哲学の諸々の秘密を文書で伝えず、またそれを万人に公表もせず、むしろただ友人たちや身近な者たちの信頼に委ねて手ずから伝える〔＝口伝する〕ことがピュタゴラス派の人々の慣例だったからである。このことの実例はヒッパルコス宛てのリュシスの手紙によって明らかになる。尊重すべき諸々の見解のゆえに、また彼らがいかに貴重な哲学を自らのうちにもっていたかが明らかになるために、〔それを〕ここに挿入し、もってこの第I巻の終わりとするのが良いだろう。さて、これがその手紙の写しであり、われわれはそれをギリシャ語から次のように翻訳する。

「リュシスよりヒッパルコスへ一筆啓上、ピュタゴラスの死後、あの方の弟子たちの結社が散り散りになるだろうとは、私は自らに一度も言い聞かせておりませんでした。しかし希望に反し、難破したごとく、われわれは互いに漂流し追い散らされてしまった後となっても、あの方の神のごとき教えを思い起こ方向に保つ運動が必要とされることになる。この箇所は、コペルニクスにおいて、伝統的な天球概念がまだ残存していることを明白に示している。なお第10章注22も参照。

この第三運動は地球の自転軸の定方向性を説明するためばかりではない。本文のすぐ後で述べられるように、この運動は公転運動と方向は逆だが、速さは同じではなく、「ほぼ（fere）」等しいとされている。歳差運動を説明する機能もまた負っているのである。本章注10に対応する本文も参照。

＊7　第10章注38で述べたように、コペルニクスの宇宙において、太陽系はその中心付近のごく狭い領域に局限されている。ここでコペルニクスが記しているように、彼の宇宙はある意味で依然として地球中心の宇宙とも言いうるのである。したがって、「宇宙の中心から地球を追い出した結果、地球中心主義ないし人間中心主義が崩れた」とする主張をコペルニクス自身に帰す根拠はない。

＊8　*N*ではHFと誤植。*Ms*の読みを採る。

＊9　コペルニクスは平面的に描いているので、このままでは前図と符合しない。円DGFIを紙面と直角になるように回転すればよい（Gを手前に、Iを後ろに）。

＊10　本章注6に対応する本文の二つ後の文章を参照。

＊11　『天球回転論』III-1では、歳差運動を説明するのに、第九、第十天球でも十分ではなく、「今では11番目の天球すら日の目を見始めた」（1522年に出版されたヨハン・ヴェルナー（1468-1522年）の「第八天球の運動についての2論考」への言及）と述べている。また『完訳 天球回転論』第III部の「ヴェルナー論駁書簡」も参照。

＊12　『完訳 天球回転論』第II部「コメンタリオルス」の注37を参照。

＊13　*Ms*ではこの文章の後に次の長い文章が続いていたが、それは削除されている。ヒッパルコス宛てのリュシスの手紙が削除されたのは当然であろう。哲学の奥義を守秘する義務につい

表ii　最大・平均・最小の日心距離

	土星	木星	火星	地球	金星	水星
M	11073^{tr}	6233^{tr}	1902^{tr}	1179^{tr}	862^{tr}	516^{tr}
μ	10477	5960	1736	1142	822	408
m	9881	5687	1569	1105	782	300

方、伝統的な地球中心説では各天球が互いに隣接するように設定されている。例えば表iのバッターニーの場合、中心に近いほうの下位天球の数値Mは、そのすぐ上位の天球の数値mに常に等しくなっている（例えば、水星のMの値は金星のmの値に等しい。以下同様）。

＊39　ローマ教皇庁は「至高至善……巨大である」を削除するよう命じている。神への言及を禁ずることによって、天文学が神学の領域に立ち入らないようにさせている。

第11章

＊1　ローマ教皇庁はこの第11章のタイトルを「地球の三重運動の仮説とその〔＝仮説の〕論証」と訂正するよう命じている。地動説は仮説にすぎないというわけである。

＊2　本書I-4.

＊3　ゲミノス（Geminus）（前70年頃活躍）『天文学序説』I-11, II-41を参照。

＊4　本書I-10.

＊5　コペルニクスは、本書I-6を考えているらしい。そこではまだ静止太陽をめぐる地球の運動が主張されていなかったので、巨蟹宮と磨羯宮が獣帯上の正反対に位置していることを述べたにとどまる。

＊6「したがって……でなければならず」という論理の運びに注意。伝統に従って、不可視の天球に天体が固着していると考えるかぎり、地球天球の回転に伴って地軸の方向は変化してしまう。これは明らかに経験事実に反しているので、地軸を一定

$\fallingdotseq 7{,}851{,}815^{tr}$

一方、伝統的な天動説では、土星の最大地心距離M（表では18094^{tr}）の直後に恒星は位置していたから、その距離は約$19{,}000^{tr}$である。コペルニクスの宇宙がいかに膨大なものとなったかは明らかであろう（逆に、土星までの距離μを表で比較すれば、それぞれ10477, 15509であるから、コペルニクスにおいては伝統的な値より約3分の1小さくなっていることに注意してほしい）。

その結果、コペルニクスの宇宙では、土星と恒星の間に星一つない膨大な空間が介在することになった。いま、S♄を土星の平均日心距離とすれば、

$$\frac{\mathrm{SA}}{\mathrm{S}♄}=\frac{7851815}{10477}\fallingdotseq 750$$

となってしまうのである。

コペルニクスによる宇宙の拡大は、年周視差という「反証」を事前に回避するために導入されたアド・ホックな仮説の性格をもつ。しかしこの仮説を認めても、さらに、当時の人々にとって「不合理な帰結」をもたらしたことを銘記しておくのは無駄ではない。恒星1個がとてつもない大きさをもってしまうのである。たとえば、一等星の直径は、一等星の視直径に対する当時の見積りを前提とすると、1874^{tr}にもなってしまい、それは太陽と火星の距離（1736^{tr}）よりも大きいのである。コペルニクスの宇宙体系図が与える印象とは逆に、いかにその宇宙体系がバランスを欠いたものと当時の人々に映ったかは容易に想像できるだろう。

なお蛇足ながら、コペルニクスの定量的理論では、隣接天球の概念が維持されていないことも指摘しておきたい。コペルニクスの惑星モデルとそのパラメータを使って、最大・平均・最小の日心距離（それぞれ順にM, μ, mとする）を試算すると表iiのようになり、惑星天球間に大きな隙間が残るからである。一

＊37　エウクレイデス『オプティカ』命題3。

＊38　恒星の年周視差が検出されないほどに、コペルニクスの宇宙は膨張せざるをえなかった。どの程度膨張したかを見るために、まずアル・バッターニー（天動説）とコペルニクス（地動説）による惑星距離の比較表を掲げておく（表i参照。出典は、N. M. Swerdlow and O. Neugebauer, *Mathematical Astronomy in Copernicus's De Revolutionibus*, 2 parts, New York-Berlin-Heidelberg-Tokyo, Springer, 1984, p. 559の表12）。

表i　惑星距離の比較

惑星	アル・バッターニー				コペルニクス	
	m	M	μ	$\mu/\mu_{\odot}$	$\mu/\mu_{\odot}$	μ
水星	$64;10^{tr}$	166^{tr}	115^{tr}	0;6,14	0;22,35	430^{tr}
金星	166	1070	618	0;33,28	0;43,10	822
太陽または地球	1070	1146	1108	1;0,0	1;0,0	1142
火星	1146	8022	4584	4;8,14	1;31,11	1736
木星	8022	12924	10473	9;27,8	5;13,9	5960
土星	12924	18094	15509	13;59,50	9;10,27	10477

m：最小地心距離，M：最大地心距離，μ：平均地心距離，$\mu_{\odot}$：太陽〔または地球〕の平均距離，距離の単位（tr）は地球半径を1としたもの。

コペルニクス以後の最良の天文観測家ティコに倣って（*Astronomiae Instauratae Progymnasmata*, II, 7）、肉眼観測による検出角度の限界を1分〔図viiの角OAO'〕とすれば、恒星までの平均距離SAは、

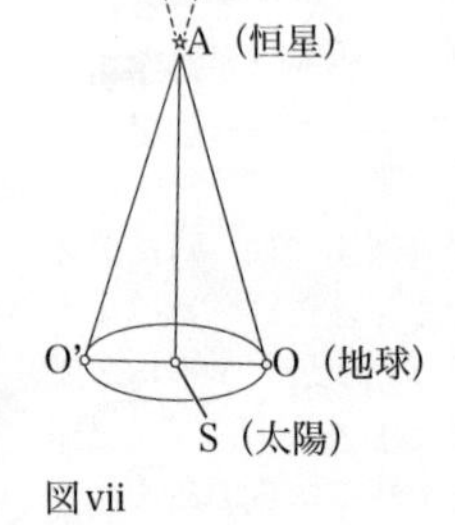

図vii

$$tan(\angle OAS) = \frac{SO}{SA} より$$

$$\frac{1}{2} \times \frac{1}{60} \times \frac{\pi}{180} = \frac{SO}{SA}$$

〔$\theta \ll 1$ のとき $tan\theta \fallingdotseq \theta$〕

$$\therefore \quad SA = 1142 \times \frac{2 \times 60 \times 180^{tr}}{\pi}$$

るいは宇宙を指して、「多くの哲学者たちは、それを見える神と呼んだ」と記述していることからも首肯されよう。要するに、ヘルメスへの言及は、太陽中心説の由来を解明する鍵ではなく、（天体運動を注意深く分析して得られた）太陽中心説を当時の思想潮流に受け入れやすくするための戦術であったと解すべきであろう。

＊34　ソポクレス（Sophokles）（前497/6-前406/5年）はアテナイ三大悲劇詩人の一人。出典は『エレクトラ』（174-175行、823-826行参照）というよりも、『コロノスのオイディプス』869行が適切の由。

＊35　アリストテレス『動物発生論』IV-10, 777b24-778a2は、月を「いわばもうひとつのより小さい太陽」と述べているので、出典はむしろアヴェロエス『天球実体論（*De substantia orbis*）』第2章と推測される。

＊36　本文の〔1〕と〔2〕の2点こそコペルニクスの理論がもたらす革新的論点である。その重要な原語を引用しておこう。〔1〕admiranda mundi symmetria,〔2〕certum harmoniae nexum motus et magnitudinis orbium.

また、以下で列挙される三つの論点は、もちろんプトレマイオス説でも説明されてはいた。しかしその説明は、天文現象がたまたまそうなっていること、つまり経験事実に立脚していること以外には何もなかった。だがコペルニクス説によれば、天文現象がなぜ今あるように現象しなければならないか、つまり経験事実の「なぜ（cur）」が、太陽の静止と（地球を含む）惑星の運動から解明されるのである。ケプラーが太陽中心説に魅せられ、熱烈なコペルニクス主義者となった主たる動機もここにある。下記の論点への解答および地動説の一般的利点については、ケプラー『宇宙誌の神秘』（1596年）の第1章「コペルニクスの諸仮説はどんな根拠と合致しているか、およびコペルニクス諸仮説の解説」を参照されたい。また『完訳 天球回転論』所収の「コメンタリオルス」の注94, 97の図も参照。

れた宇宙体系図を提示しているが、実はそれは現実の大きさをそのまま縮小したモデルになっていないことである。土星と恒星の天球の間には膨大な空間が生じてしまい、それは新たな論争の火種となるものであった。本章注38を参照。

＊31　金星の公転周期は約225日（＝7×30日＋15日）だから、9ヵ月ではなく8ヵ月が正しい。不思議なことに「コメンタリオルス」でも同じ数値になっている。

＊32　プリニウス『博物誌』II, 4, 13には「宇宙の精神（mundi mens）」、「天空の支配者（caeli rector）」なる表現が見受けられるが、「宇宙の灯火（lucerna mundi）」なる表現はない。

＊33　コペルニクスが名前を不正確に記述していることに注意（*Ms*も同様）。「トリメギストス（Trimegistus）」は、正しくは、「ヘルメス・トリスメギストス（Hermes Trismegistus, 三重に偉大なヘルメス）」である。

コペルニクスの太陽中心説という画期的なアイデアの形成に働いた要因として、ルネサンスのヘルメス主義や新プラトン主義を強調することはできないと思う。ヘルメス文書にコペルニクスが親しんでいたとすれば、ギリシャ語に堪能であったはずの彼が名前を誤記するはずはないし、また新プラトン主義の影響も根拠づけることが困難だからである（たとえば、ドメニコ・マリア・ノヴァラ・ダ・フェラーラ（Domenico Maria Novara da Ferrar）（1454-1504年）を新プラトン主義者と見なすことはできないし、フィチーノ（Marsilio Ficino）（1433-99年）の『太陽論』に太陽中心説の萌芽を見ることもできない。Cf. E. Rosen, *op.cit.*（本章注30）, pp. 66-69）（なお、『完訳 天球回転論』訳者解説の5.1節も参照）。

「見える神（visibilis Deus）」という表現は、ヘルメス文書にはなく、他の表現「最も偉大なる神」（V-3）、「造物主（デーミウールゴス）」（XVI-5, 18）がある（『ヘルメス文書』荒井献・柴田有訳、朝日出版社、1980年を参照）。コペルニクスが不確かな記憶に頼っていたであろうことは、本来の序文（第1章注1を参照）で、天あに見えるかもしれないが、実は天球概念に関わる大問題である。つまり、*N*では円で表示されたものが天球であるかの印象を与えるが、*Ms*では2円で挟まれた領域が天球（正しくは、天球殻）であることになる。*N*の方が不正確であることは、IVとVの間に空虚な空間が残ってしまうことに示されている。*Ms*の方にこそ、隣接天球が整然と並んでいる様がよく表現されているであろう。次に、Vの部分の図と説明句の違いである。*N*では地球と月とその円が書き加えられ、Telluris cum orbe lunari annua revolutioと説明されているのに対し、*Ms*では他の惑星と同様にそのようなものは一切なく、ただ説明句Telluris cum Luna an [nua] re [volutio]（月を伴った大地の年周回転）が付いているだけである。注意すべきは、*Ms*では「月の天球」とは述べていないことである（したがって、*N*の図を根拠にして、ローゼンのように「コペルニクスの天球は相互浸透的である」と主張することはできない。Cf. E. Rosen, *Copernicus and the Scientific Revolution*, Malabar, Fla., Krieger, 1984, p. 63）. *N*の図がたとえコペルニクスの了解を得てのことだとしても（その可能性は低いと訳者は考えるが、今となっては証拠づける史料が残っていない）、それは妥協の産物ではなかったかと推測する。古来、月は（太陽と共に）地球をめぐるものとして五惑星と同等の権利をもっていたのに対し、コペルニクスの新宇宙ではその地位を奪われ、格下げされた。現代的に言えば、月は惑星ではなく衛星であるという革新的主張が込められていたのであり、*Ms*の図ではそれと気づかれないような形でその革新が遂行されていた。しかし*N*の図のようになれば、月をめぐって無用な議論を招きかねなかったし、また事実招くことになった（それが消失するのは、ガリレオが木星の四衛星を発見してから以降である）。*Ms*の図は、こうした議論に巻き込まれないための慎重さを示しているのではないだろうか。

さらに*Ms*, *N*に共通して見られることで、コペルニクスの（戦術的な）慎重さを指摘しておきたい。両図はバランスのととその体系』有賀寿訳、すぐ書房、1977年、243頁以下、注9を参照〕)、伝統的な天動説とあまり違わないのである。したがって、使用天球数から見れば、両理論ともその複雑性においてはほぼ同じレヴェルであった。

＊29　本章の冒頭部分、注1に対する本文を参照。

＊30　コペルニクスの宇宙体系図に対する注釈。初版本*N*では、自筆原稿*Ms*通りに印刷されていない。*Ms*（fol. 9v）の図を掲げる（図vi参照)。両図を比較してみると、数字表記（*Ms*では算用数字、*N*ではローマ数字）などの瑣末な違いは除いたとしても、いくつかの重要な相違がある。第一に、*N*では最外円の外側から説明句を書き始めているのに対し、*Ms*ではその内側から書き始めていることである。これは細かなことのよう

図vi

るいはその近く（in Sole vel circa ipsum）にあると初めにわれわれは曖昧に語ったので」、宇宙の中心が太陽なのか、それとも地球軌道の中心なのかについて疑問が出ることをコペルニクスは予期している（彼の解答は実質的に後者）。

＊27　ローマ教皇庁は「それはむしろ（potius）……真とされること」を次のように修正するよう命じている。真理ではなく、仮説からの論理的帰結にすぎない、というわけである。
「それは論理的帰結として（consequenter）地球の可動性において真とされること」。

＊28　コペルニクスは「コメンタリオルス」の末尾に次の言葉を配して結語とした。「かくして、水星は全部で七つの円でめぐっている。金星は五つ。地球は三つ。その周りを月が四つ。最後に、火星・木星・土星はそれぞれ五つ。したがって、以上の次第であるから、全部で34個の円で十分であり、それらによって宇宙の全構造（tota mundi fabrica）および星々の輪舞全体（totaque syderum Chorea）が説明されることになる」。ここからある天文学史家が「80-34症候群」（the “80-34 syndrome”）と評した誤解を生むことになった。つまり、現象と合わせるために天動説は屋上屋を架さざるをえなくなり、宇宙の全運動を説明するのに80個もの円を必要とするようになったが、コペルニクスはそれを34個へと単純化したのである、と。しかしこれは二重の意味で間違っている。天動説（とくにプトレマイオスの周転円説）はそれほど多くの円を必要としたわけではないし（『完訳 天球回転論』第IV部表2.4を参照）、またコペルニクスも34個というわずかな円で済ませたわけではない（スワードローによれば少なくとも38個必要。『完訳 天球回転論』所収「コメンタリオルス」の注160を参照）。定量的に太陽中心説を展開した『天球回転論』になると使用天球数はさらに増加することになり（コペルニクスは、「コメンタリオルス」におけるように天球数を数え上げて自負してはいないが、48個にもなる〔アーサー・ケストラー『コペルニクス――人

＊23　原文は、quod canonica illorum motuum ratio declarat. この訳は本章注22の解釈と関連している。canonicaを「天文表使用規則の」と試訳したが、中世天文学の伝統ではcanonesがthe rules for the use of astronomical tablesを意味したことを踏まえている（F. S. Benjamin, Jr. & G. J. Toomer, *Campanus of Novara and Medieval Planetary Theory: Theorica Planetarum*, Madison, University of Wisconsin Press, 1971, p. 391, n. 38を参照）。この種の理論では、天体位置を予測するための数学的理論の性格が強いことを念頭に置き、本章注22に対応する本文の条件句が数学的にであれば問題とならない、と述べていると解釈した。参考までに諸家の訳を以下に記しておく。"as is shown by the regular pattern of their motions"（Rosen 1978), "as the table of ratios of their movements makes clear"（Wallis 1952), "this is shown by the ratio of their motions in the tables"（Duncan 1976), "ainsi que le prouve l'ordre canonique de leurs mouvements"（Koyré 1934).

＊24　「したがって……思わない」までの文章を次のように訂正することをローマ教皇庁は求めている。

「したがってわれわれは次のことを仮定して（assumere）も恥ずかしいとは思わない」。

＊25　『天球回転論』における「偉大な天球（orbis magnus, the Great Sphere)」の初出箇所。なお『完訳 天球回転論』所収「コメンタリオルス」の注29も参照。

＊26　厳密すぎる言い方をすれば、コペルニクスの説は太陽中心説（the heliocentric theory）ではなく、太陽静止説（the heliostatic theory）である。歳差率の変化、黄道傾斜角の減少を説明するために、地球軌道の中心は太陽そのものにあるのではなく、太陽の「近く（circa)」にある。ここではcircaを強調して訳したが、「〜に」「〜の周りに」ほどの意味で使われることもあり、一義的ではない。しかしコペルニクスがこの区別を意図していたことは確かである。『完訳 天球回転論』III-15では、本書I-9や本章を念頭に置いて、「宇宙の中心が太陽に、あ

の人が……と考えさえすれば（dummodo......intelligat)」をどう解釈するかが問題になると思われる。コペルニクスはこの条件の真理性を肯定するだろうか、それとも否定するだろうか。あくまでも推測する以外にないのだが、数学的には肯定し、自然学的には否定するのがコペルニクスの態度ではなかったろうか。ということは、数学的虚構としてではなく実在的真理性の主張を込めて地動説を提示したコペルニクスにとって、この条件の真理性は否定されるべきものであったということだ。これには天球概念がからんでいる。ティコの体系図に即して言えば、太陽の天球と火星の天球は交差せざるをえない。ここがコペルニクスにとって最大の障害だったのではないだろうか(「水星と金星の天球も太陽の天球と交差しているではないか」というのは、よくある誤解である。詳しくは『完訳 天球回転論』第IV部5.2節の議論を参照)。交差する二つの天球が自然学的に言って自由に回転しうるとは想定し難いからである（コペルニクスが「堅い天球（sphaera solida)」を想定したとする証拠はないとローゼンは主張するが、その根拠は説得的とは言い難い。また、天球の交差を否定するのに必ずしも「堅い」という規定が必要ではなく、天球が何らかの「物体（corpus)」であると認めるだけで十分である)。換言すれば、天球概念を保持していたがゆえにコペルニクスは太陽中心説を採り、天球概念を廃棄したがゆえにティコは地球中心説に舞い戻ってしまった、と言えるかもしれない。Uppsala Univ. Bibl. 34. VII. 65, f. 284vの書込みに基づく同趣旨の詳細な議論が天文史家のN・M・スワードローによってすでに提出されている（『完訳 天球回転論』第IV部第5.2節を参照)。N. M. Swerdlow, “On Establishing the Text of ‘De Revolutionibus’,” *Journal for the History of Astronomy* 12 (1981), pp. 35-46および “The Derivation and First Draft of Copernicus’s Planetary Theory: A Translation of the *Commentariolus* with Commentary,” *Proceedings of the American Philosophical Society* 117(1973), pp. 423-512を参照。

the fixed stars〕"(Wallis 1952), "have their spheres turned the other way"(Duncan 1976), "ont des absides converses"(Koyré 1934).

＊22　この一節はまことに注目すべき主張を含んでいるように思われる。コペルニクスの記述は、ティコ・ブラーエの体系（図v参照）と同じ、あるいはそれに限りなく近いものとなっているからである。なぜなら、カペッラによれば、水星・金星は太陽をめぐり、その太陽は地球を中心に回転していたのだから、「この機会を捉え」て、火星・木星・土星を太陽の周りに回転させれば、それはティコの体系そのものに他ならないからである。

もしわれわれの解釈が正しければ、それはさらに興味深い歴史的問題を提起する。もしコペルニクスがティコの体系の可能性に思い到ったのであれば、なぜそれを採用せず（本文の次の段落を参照）廃棄したのか？（もしこの問いが正しければ、これは歴史の皮肉に他ならない。コペルニクスが捨てたものを後にティコが拾うのだから）。その場合、挿入された条件句「そ

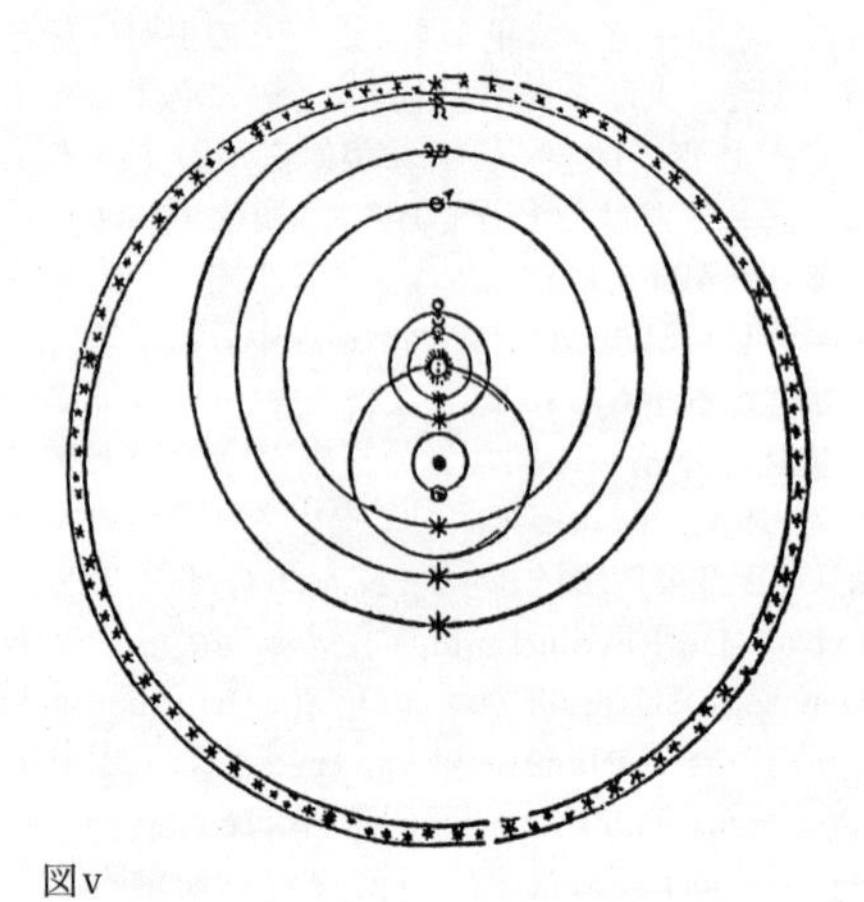

図v

まったことになる。
＊14　アヴェロエス（Averroes）はアリストテレス注釈家として著名なアラビアの学者イブン・ルシュド（Ibn Rushd）（1126-98年）。言及された書物はラテン語に訳されなかったが、1231年ナポリのヤコブ・アナトリ（Jacob Anatoli）によってヘブライ語に翻訳された。ヘブライ語を解したジョヴァンニ・ピーコ・デッラ・ミランドラ（Giovanni Pico della Mirandola）（1463-94年）の没後出版物『判断占星術論駁（*Disputationes adversus astrologiam divinatricem*）』（全12巻）（1496年）はこの書を利用しているので、コペルニクスの情報源はピーコと推定される。
＊15　プトレマイオス『アルマゲスト』V-13.
＊16　「52より大」は*Ms*では「49より大」となっていた（「より大」とは小数位のあることを示すのに用いられたと考えられるので、「52より大」とは52~53の値をとる）。コペルニクスの月の理論による最小地心距離52;17（IV-17）は、直前の章（IV-16）でなされた二つの観測データ（1522年9月27日、1524年8月7日）に基づいて算出されるので、「49より大」とする*Ms*のI-10は1522年9月以前に執筆されたと考えられる。
＊17　火を四元素の一つと見る伝統的見解への疑念を示している。第8章注20も参照。
＊18　「読者へ」注3を参照。
＊19　プトレマイオス『アルマゲスト』IX-1.
＊20　マルティアヌス・カペッラ（Martianus Capella）（5世紀前半に活躍）は、ポントスのヘラクレイデスに帰される部分的太陽中心説（本文で後述）について、その百科全書的著作『フィロロギアとメルクリウスの結婚』（VIII-857）の中で触れている。『完訳 天球回転論』第IV部2.3節の図2.9も参照。
＊21　原文は、absidas conversas habent. 一応本文のように訳したが、いまひとつピンとこないところがある。ちなみに諸家の訳を以下参考までに記しておく。“have opposite circles”（Rosen 1978), “have perigee and apogee interchangeable〔in the sphere of

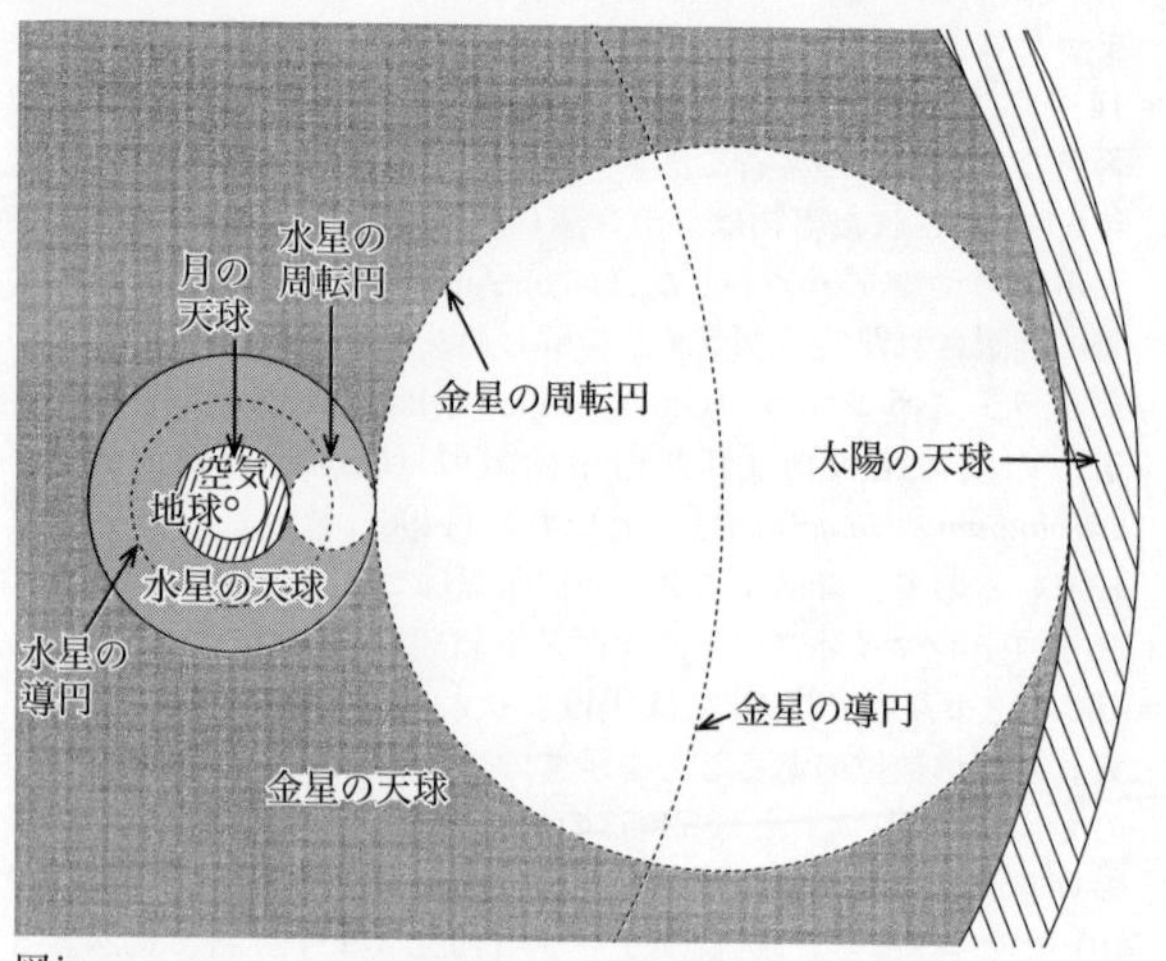

図iv

は、『完訳 天球回転論』第IV部の図3.2を参照)。

＊11 「彼らは……認めず」*Ms*のNon fatenturを採る。*N*ではNon fatemur（われわれは認めず）と誤植されている。

＊12 プトレマイオス『アルマゲスト』IX-1を参照。

＊13 マコメトゥス・アレケンシス（Machometus Arecensis, 人名の一部Muhammad......al-Raqqiをラテン語に転写したもの）は、『天球回転論』の諸版でさまざまに転写されている（Machometus Aratensis, ...Aracensis, ...Aractensis）が、*Ms*ではこの前にAlbategniusと書き、それを削除している。アラビア世界の代表的天文学者の一人、アル・バッターニー（al-Battānī）（858頃-929年）のことである。コペルニクスの情報源の一つであるレギオモンタヌスの『綱要』によれば、「アル・バッターニーによると古代人たちの意見であった」ものを、コペルニクスがアル・バッターニー自身の意見へ変えてし

1217年にラテン語訳（マイケル・スコット）、1259年にヘブライ語訳（モーゼス・ベン・ティボン）が出たが、コペルニクスの利用するところとはならなかった。コペルニクスの情報源は、レギオモンタヌス『プトレマイオスのアルマゲストの綱要（*Epitome in Almagestum Ptolemaei*）』（ヴェネツィア、1496年。以下『綱要』と略す）、IX-1.

＊5　プラトン『ティマイオス』39Bを参照。

＊6　水星と金星の太陽面通過の観測はコペルニクスの死後のことである。

＊7　隣接天球（contiguous spheres）を入れ子型にして惑星距離を計算し、宇宙の体系化をなす企ては、プトレマイオス『惑星仮説』（『アルマゲスト』より後の著作）をもって嚆矢となす。この書はアラビア語、ヘブライ語には訳されたが、ラテン語には翻訳されなかった。しかしこの書をギリシャ語で知っていた新プラトン主義者プロクロス（Proclus）（412-485年）の著作『天文仮説概要（*Hypotyposis*）』はヴァッラ（Giorgio Valla）（1447-1500年）によって部分的にラテン語訳され、彼の百科全書的著作『追求すべきものと回避すべきものについて（*De expetendis et fugiendis rebus*）』（ヴェネツィア、1501年）に収録された。コペルニクスの知識はこの百科全書に負っており、以下本文で述べられる惑星距離の数値はヴァッラのものである。

＊8　$64\frac{1}{6}\times18=1155\fallingdotseq1160$

$1160-64\frac{1}{6}=1095\frac{5}{6}\fallingdotseq1096$

＊9　「長軸両端点の間隔から」は、ex apsidum intervallisの直訳である。内容的には、各惑星の近地点距離と遠地点距離の差のことである。

＊10　水星の遠地点＝$64\frac{1}{6}+177\frac{1}{2}=241\frac{2}{3}$

金星の遠地点＝$241\frac{2}{3}+910=1151\frac{2}{3}\fallingdotseq1160$［＝太陽の近地点］

地球半径を1として、月・水星・金星・太陽の隣接天球の相対的大きさを図示すれば次のようになる（図iv. 離心円中心やエカント点を無視して単純化してある。各天球の詳細な構造というのが必然なのである」（山田道夫訳『天界について』（『アリストテレス全集』第5巻）岩波書店、2013年、134頁）。更に同書のIV-3（310b3-5）では、「大地を月が今存在する場所に移しても、その部分のそれぞれはその場所にではなく、今大地の存在する場所へと運動することだろう」（同書、189頁）とすら述べている。したがって宇宙万有の中心から大地（＝地球）を引き離そうとするコペルニクスの企ては、重さの概念の再考を要求するのである。

＊3　重さの中心の単一性（アリストテレス）を否定して、その複数性をコペルニクスは主張する。ここでいわれている「重さ」は近代的な引力概念などではなく、「部分に生得的な、全体と一緒になろうとする自然的欲求（appetentia quaedam naturalis）」である。しかしこの重さの概念の修正は、ad hocな修正ととられても致し方ないものであろう。革新的な理論の提出が、常にある種のad hoc性を伴わざるを得ないことの一例であろう。

＊4　惑星配列の順序の根拠（ratio ordinis）と宇宙全体の調和（mundi totius harmonia）こそ、コペルニクスの革新的理論の核心を構成する。同様の表現については、「序文」注12と第10章注36の直前の本文を参照。

第10章

＊1　エウクレイデス『オプティカ』命題54。またアリストテレス『天界論』II-10とウィトルウィウスの『建築書』IX-1-14も参照。

＊2　プラトン『ティマイオス』38D.なお惑星配列については『国家』X-14, 616B-617Dも参照。

＊3　プトレマイオス『アルマゲスト』IX-1.

＊4　アルペトラギウス（Alpetragius）は、1190年頃にスペインで活躍したアラビアの天文学者アル・ビトルージー（al-Biṭrūjī）のラテン名。1185年以降に著された『天文書』は、

クスは、円運動がそれ自身の中心に対して一様でさえあればよいとするのである。この方法論的規範を遵守することが、第II巻以降で述べられる定量的理論の展開の目標となる。なお「序文」注11も参照。

＊27　本章の結論である「したがって……見て取られるであろう」を、ローマ教皇庁は（修正ではなく）削除するよう要求している。

なおこの後に*Ms*では「問題の前半については以上で十分である、と私は考える」という文が加えられていた。したがって、この第8章は第5章の表題および冒頭に提出された二つの問いに対する部分的解答を構成していたことになる（問題の後半については、次章で答えられる）。

第9章

＊1　第9章の冒頭の一文をローマ教皇庁は次のように修正するよう求めている。それは、地動説の仮説性の強調と地球を惑星視することの実質的否定から成っている。

「そこで地球が動くことを私は仮定したのであるから、今や見て取らるべきであると私が思うのは、複数の運動がそれに適合しうるかである」。

＊2　アリストテレスは、単純物体の重さあるいは軽さを、その物体の自然本性（ピュシス）に即して「宇宙万有の中心へ向かうか、あるいは離れるか」で定義したから（第7章注2参照）、宇宙万有の中心は必然的に重さの中心でなければならない。『天界論』II-14（296b7以下）ではこう述べている。「大地の部分も全体もその自然本性的な運動は宇宙万有の中心に向かうものである。それゆえに現在ちょうど中心点に置かれてもいるのである。だが宇宙と大地の中心は同一であるから、重さをもつものや大地の部分は自然本性的にはどちらを目指して運動するのか困惑する人もいるだろう。そこが宇宙万有の中心だからなのか、それとも大地の中心であるがゆえになのか。宇宙万有の中心を目指して

観測から確立したのはティコ・ブラーエ（1546-1601年）である（1577, 80, 85, 90, 97年の彗星観測）。

＊15　プリニウス『博物誌』II, 44~114を参照。

＊16　本書I-7でコペルニクスが述べたように、アリストテレスは地上界の四元素には直線運動を、天上界のエーテル（第五元素）には円運動を割り振っていた。地動説と整合するように運動論を構築せねばならないので、コペルニクスは伝統的なアリストテレス運動論から必然的に逸脱せざるをえないのである。なお本章注22も参看。

＊17　アリストテレス『生成消滅論』II-4,『気象論』IV-9を参照。

＊18　アリストテレス『天界論』I-7を参照。

＊19　アリストテレス『自然学』VIII-9を参照。

＊20　火を四元素の一つとし、その自然本性的場所を月の天球の直下に置くアリストテレスの見解への疑念表明であろう。なお第10章注17も参照。

＊21　*N*のillaではなく、*Ms*のilleを読む。

＊22　『天界論』II-14で、アリストテレスは、部分の運動、即、全体の運動と主張していた。コペルニクスはアリストテレスのこの原理を廃棄する。

＊23　原語animal（動物）を意訳した。

＊24　アリストテレス『天界論』I-2, 特に268b22-24. また本書I-7でのコペルニクスの議論も参照。

＊25　ローマ教皇庁はこの一文を次のように修正するよう命じている。

「含むものよりもむしろ、含まれ場所づけられるもの、つまり地球、に運動を帰属させることがさほど困難なことではないことをさらに付け加えよう」。

＊26　一様円運動の原理を厳格に適用して、伝統的なアリストテレス自然学では、唯一の中心〔＝宇宙の中心＝地球の中心〕の周りの回転のみが理論的に許容されていた。しかしコペルニ

二分する考え方は、アリストテレス自然学における伝統であり、コペルニクスもそれを踏まえている。

＊3　インペトゥス（impetus, 勢い）は、14世紀中葉のパリ大学教授ジャン・ビュリダンによって、投射体運動の持続を説明するために導入され、中世スコラ運動論の術語の一つとなった。

＊4　プトレマイオス『アルマゲスト』I-6を参照。

＊5　アリストテレス『天界論』I-5, 7を参照。

＊6　アリストテレス『天界論』I-9および『自然学』IV-5を参照。

＊7　ローゼンは「第八天つまり恒星天の下側の面」を指すと注釈しているが、むしろ「月の天球の下側の面」を指すのだと思う。

＊8　アリストテレス『天界論』I-7, 特に274b30を参照。

＊9　ローマ教皇庁は「したがって……『アエネイス』がいうごとくである」までの文を次のように修正するよう命じている。「したがって、その境界がわからず、また知られる可能性もない宇宙全体が揺れ動くということよりもむしろ、その形そのものに可動性をなぜわれわれは認めることができないのであろうか。そして天に現われるものは、あたかもウェルギリウスの『アエネイス』がいうごとくになっている」。

＊10　ウェルギリウス『アエネイス』III, 72. この文の後に*Ms*では「彼はこう述べている」が続いていたが、*N*では削除された。

＊11　プトレマイオスも、空気が地球と同じ速さで運ばれる可能性を一度は想定したことがある。『アルマゲスト』I-6の末尾を参照。

＊12　アリストテレス『気象論』I-3, 7を参照。

＊13　プリニウス『博物誌』II, 22, 89を参照。

＊14　アリストテレス派にとって、天上界は不生不滅の領域とされたから、彗星は地上界上方における気象現象と見なされた。『気象論』I-7を参照。彗星が天文現象であることを視差の

る。その刊行は1528年である。これは主著の執筆時期を決定するための重要な事実である。

プトレマイオスは『アルマゲスト』I-4で地球を宇宙の中心にあるとしたので、同I-6「地球は何らの位置変化もしない」で論じているのは、地球の自転の可能性であって、公転の可能性ではない（したがって、一部の論者が言うような太陽中心説と地球中心説の関連はプトレマイオスにおいてまったく問題になっていない）。また自転説について、藪内訳『アルマゲスト』では「星自体について見える限りでは、一層簡単となるから、事実そうであっても恐らく差支えないことは明白である。しかし我々のまわりや空気中で起ることを考えれば、これらの人々の意見が如何に滑稽なものであるかを感じる」となっているが、最新の英訳（Toomer, G. J., *Ptolemy's Almagest*, trans. and annot. G. J. Toomer, London, Duckworth, 1984）によればニュアンスはやや異なり、「少なくともちょっと考えるだけでは、あの仮説〔＝地球自転〕に反するようなことは天界現象には何もないけれども、この地上と空気中で起こるはずのことからして、そうした考えがまったく馬鹿げていることが見て取られる……」となっている。

第8章

＊1　第8章は、ローマ教皇庁の検邪聖省が最も嫌悪した章である。公布文書（『完訳 天球回転論』付録2に訳出）は言う、「本章全体は抹消の対象となりうる。地球の運動の真理性について公然と取り扱い、その静止を証明する古えの伝統的諸論拠を破壊しているからである。しかし学者たちの満足がゆくほどに、疑問（プロブレーマティケー）の余地あるものとして常に語っているようにも思われ、また本巻の全体的な連関と順序がそのままであるとすれば、以下のように訂正さるべきである」。この後、本章の3ヵ所につき訂正を求めている。

＊2　運動を、強制的（violentus）と自然本性的（naturalis）とに

るかに容易であった。またコペルニクス自身にとって、本書I-8で述べられるように、地球の回転の根拠づけを球という数学的立体のもつ自然本性的運動に帰していたので、その球が大きかろうと小さかろうと回転の有無には関係せず、天の回転を禁ずる積極的な理由を提出できたわけではない。本書I-8の議論を参照。

＊8　原語はindefinita caeli ad terram magnitudo. 使われた単語はindefinitaであって、infinitaではない。なお本章の注1, 6を参照。

＊9　自筆原稿*Ms*ではさらに次の文章が続いていたが、それは削除されている（削除の仕方が*Ms*の他の箇所でのコペルニクスの流儀と異なるので、ローゼンはこの箇所の削除を本人によるものではないと推測している。しかし決定的というにはほど遠い推測である。いずれにせよ、原子論への言及は興味深い）。「反対に、原子と呼ばれている微小の分割不可能な小物体においては、それは感覚不可能であるので、2倍あるいは数倍にされても見える物体をただちには構成しないが、結局は見られる大きさに凝集するには十分であるほどに何倍かされることは可能である。地球の場所についても、ちょうどそれと同じである。それが宇宙の中心になかったとしても、〔宇宙の中心からの〕距離そのものは、特に惑わない星々〔＝恒星〕の天球と比べると、依然として比較不可能〔な小ささ〕なのである」。

第7章

＊1　アリストテレス主義者によれば、四元素にはそれぞれその本性に適した場所（自然本性的場所、natural place）があり、そこに至ると元素はおのずと静止するのである。

＊2　アリストテレス『天界論』I-2, 268b17-24を参照。

＊3　プトレマイオス『アルマゲスト』I-6を参照。なお、ローゼンの推測によれば、コペルニクスはトレビゾンドのゲオルギウス（Georgius de Trebizond）によるラテン語訳を使用してい

＊3　エウクレイデス『オプティカ』命題51参照。
＊4　もってまわった表現だが、要するに、地球は動かないという伝統的了解は自明ではないということ。その詳細な検討と議論は本書I-7とI-8でなされる。
＊5　正しくはヒケタス。「序文」注14を参照。
＊6　アリストテレス『天界論』II-13, ディオゲネス・ラエルティオス『ギリシア哲学者列伝』VIII-84を参照。
＊7　ディオゲネス・ラエルティオス、前掲書III-6を参照。ローゼンによれば、コペルニクスの資料源はベッサリオン（Bessarion）枢機卿の*In calumniatorem Platonis*, I, 5, 1（ヴェネツィア、1503年）との由。
＊8　たとえばプトレマイオス『アルマゲスト』I-4~6を参照。

第6章
＊1　広大性の原語はimmensitas.無限性infinitasの主張ではないことに注意されたい。コペルニクスの宇宙は膨大になったとはいえ（第10章注38を参照）、あくまでも有限宇宙である。
＊2　以下の議論は、プトレマイオス『アルマゲスト』I-5をやや詳しく展開したものである。
＊3　dioptra, horoscopium, chorobatesはいずれも測量用水準器と考えてよい。プリニウス『博物誌』II, 69, 176, ウィトルウィウス『建築書』VIII-5-1~3を参照。
＊4　*N*のcontinetの読みを採らず、*Ms*のcontinentを採る。
＊5　エウクレイデス『オプティカ』命題3参照。
＊6　無限に対する言及は感覚判断上のことであり、事実判断ではないことに留意。
＊7　たしかに素朴に驚くだろう。しかしその「素朴な驚き」を学問的に説得力あるものとするには困難がある。まず論敵のアリストテレス主義者にとって、天はエーテル（重くも軽くもない第五元素）から構成されているから、地という四元素中最も重いものからなる地球が回転するよりも、天が回転する方がは

年）にちなんでアメリカと呼ぶことを提唱したことで知られる。彼の世界図は、新大陸を除けば、基本的にマルテルスのものを踏まえている。

＊11　アリストテレス『天界論』II-14を参照。

＊12　本文で言及されたギリシャ人の見解については、偽プルタルコス『モラリア』III-9~11, アリストテレス『天界論』II-13等を参照。

第4章

＊1　天体運動が円状でなければならないというドグマはギリシャ以来のものであり、コペルニクスもその伝統を踏襲している（このドグマを崩壊させるのは、1609年『新天文学』におけるケプラーである）。ただし円運動を適当に組み合わせれば、楕円（『完訳 天球回転論』III-4の削除部分、III-注22を参照）、直線（「トゥーシーの対円」の使用例は同書III-4, V-25に見られる）、その他の曲線を作り出すことができる。一様円運動の組み合わせがかなり融通性に富んだ技法を提供していることも銘記しておく必要があろう。

＊2　プトレマイオス『アルマゲスト』I-7参照。

＊3　同趣旨の議論が、アリストテレス『天界論』II-6にある。

＊4　エウクレイデス『オプティカ（*Optica*）』命題5参照。

第5章

＊1　本書I-2.

＊2　ローマ教皇庁は1620年発布の文書（『完訳 天球回転論』第I部付録2）の中で「しかし、……であろう」までの文を次のように修正するよう命じている。

「しかし、もしわれわれが物事をいっそう注意深く考察してみるならば、諸天界運動の現象を救おうとするかぎり、地球が宇宙の真中にあると考えようが、真中からずれたところにあると考えようが、どうでもよいのである」。

派にとってもこれは認め難い想定となろう。水の体積が地の体積の7倍と仮定してさえ矛盾が生ずるのだから、10倍も大きくなることはなおさらありえないことになる。

＊6　プリニウス『博物誌』II, 68, 173参照。プリニウスの報告では、アラビア湾とエジプト海の間の距離は115マイルとなっている。コペルニクスは二つの間違いを犯している。（i）100の位を落として15とし、（ii）距離の単位をマイルからスタディアへと変えてしまったことである。1マイルは約8スタディアであるから、スエズの海峡を115マイルから約2マイルへと激減させることになった。

＊7　プトレマイオス『地理学』VII-5, とくに同章13-14を参照。アレクサンドリアの子午線を基準にすると、東限（「シナ」）は東へ119° 30', 西限（「カナリー諸島」）は西へ60° 30'であり、あわせて180°になる。西限は海で囲まれているのに対し、東限の海岸線は示されておらず、未知の陸地がさらに続いていると見なされていた。

＊8　たとえば1490年頃イタリアで活躍したドイツ人地図製作者マルテルス（Henricus Martellus Germanus）による世界図では、プトレマイオスの東限の大陸に海岸線が書き込まれ、さらに60度東に及んでおり、海上をさらに20度進んだところにマルコ・ポーロのいう“Cipangu（日本）”が付け加えられている(イェール大学図書館所蔵の地図による。ただし大英博物館蔵のものはやや異なり、日本は示されていない)。

＊9　地「球」の裏側の地、あるいはそこに住む人々のこと。古人の驚きについては、たとえば、アウグスティヌス『神の国』XVI-9を参照。

＊10　英訳者のE・ローゼンによると、アメリカについてのコペルニクスの情報源はヴァルトゼーミュラー（Martin Waldseemüller）（1470-1518年頃）の『世界誌序論（*Cosmographiae introductio*）』（St. Dié, 1507年）である。新大陸をアメリゴ・ヴェスプッチ（Amerigo Vespucci）（1451/4-1512

認めていることに注意。

＊3　たとえば、リストロ・ダレッツォ（Ristoro d'Arezzo）は『宇宙の構成について（*Della composizione del mondo*）』（1282年）の中で、「水は地よりも10倍大きく、空気は水よりも10倍大きく、火は空気よりも10倍大きい」と述べていた。

＊4　tripla ratioを直訳した。中世ヨーロッパ以来の比例論の伝統において、一般に「n倍比」は量を対象とするときは文字通りの意味で、比を対象とするときは「n乗比」の意味で使われていた。われわれには「混同」と見える事態は、17世紀の、それもニュートンに至るまで続いた。

＊5　以上の議論を要約する。水地球（水と地を一緒にした球）と地球の体積をそれぞれV, vとし、半径をそれぞれR, rとする。$V : v = R^3 : r^3$. $V : v = (7/8 + 1/8) : 1/8 = 8 : 1$と仮定すると、$R : r = 2 : 1$つまり$r = \frac{1}{2}R$となる。地球の内部に宇宙の中心（＝重さの中心）Oが存在するかぎり、地球が水面上に現われることはない（図iii（a）参照）。図iii（b）のような配置になれば水面上に陸地が現われるが、その場合「大地の全体が重さの中心を水に明け渡して」しまうことになる。アリストテレス

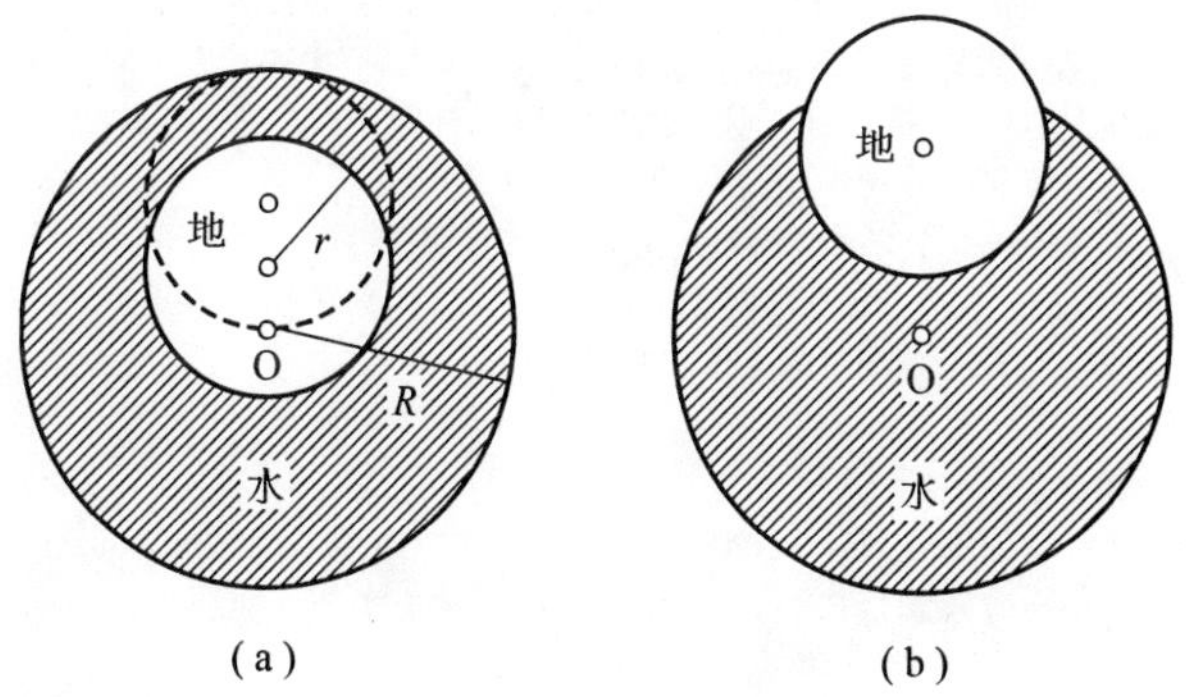

図iii

だからである。【しかしこの困難を口実として私が怠惰を包み隠してしまったと思われないために】、他の星々についても同じように、神の加護により――それなしにわれわれは何ひとつなしえない――、それらについて幅広く探求しようと私は試みるであろう。なぜなら、この学術を築き上げた人々とわれわれとを隔てる時間間隔が大きいほど、われわれの企ての助けとなるはずの手段をますますたくさん手にすることになるからである。〔また〕彼らの発見したものと、新たにわれわれによって発見されたものとを比較することができるであろう。さらに、事柄自体の門をはじめて開いたのが彼らなのだから、彼らの成果に負っているとはいえ、多くの事柄を私は先人たちとは違った仕方で扱うことになるだろう、と自認している」。

＊2　この主張はすでにギリシャ天文学の初期において述べられており、古代・中世を通じて支配的な観念であった。

＊3　「天体」caelestibus corporibus. *Ms*では「神聖なる物体」divinis corporibusとなっていた。

第2章

＊1　本章での議論はすべて古代より知られていた。アリストテレス『天界論（*De caelo*）』II-14, プトレマイオス『アルマゲスト』I-3（章番号は、藪内清訳（恒星社厚生閣、復刻版、1982年）に従う）を参照。

＊2　プリニウス『博物誌』II, 71, 178参照。

＊3　前掲書II, 72, 180参照。

＊4　前掲書II, 65, 164-165参照。

第3章

＊1　陸と海をあわせた全体の形が球であること（terraqueous sphereの観念）については、プトレマイオス『地理学』I-2~7を参照。

＊2　コペルニクスも、他の同時代人と同様に、目的論的説明を

る。そしてもし仮に誰かが（と彼は言うのだが）、最善の諸学科のどれであれとにかく習得しようとする人に対して、天文学が必須であることを否定するならば、その人はこの上なく愚かな考えであろう。プラトンの考えでは、太陽・月・その他の星々について必須の知識をもたない人が神のようになったり称されたりするなどまったくできないことなのである。他方、至高なるものを探求するこの学問は人間的というよりは神的なものであり、それには諸々の困難がないわけではない。ことに、ギリシャ人たちが基礎定立〔hypotheses〕と呼んでいるその原理および仮説に関して、それらを考究しようとしてきた多くの人々が〔見解において〕一致しておらず、またそれゆえに同一の理論に基づいていなかったことがわれわれには見て取れるからである。それに加えて、時の経過および以前になされた数多くの観測――これが後世にそれ〔＝星々の進路や回転の知識〕をいわば手渡すことになるのだが――を伴うのでなければ、星々の進路と星々の回転が確定した数で定義され得ず、また完全なる知識へと導かれ得なかったからである。なぜなら、驚くべき巧智と熱心さによって他の人々に遥かに抜きんでているアレクサンドリアのC・プトレマイオスが、40年余の観測により、彼の達成しなかったものはもはや何ひとつないと思われるほど完全にこの学術全体を完成させてしまったにせよ、それにもかかわらず、多くの事柄が、彼の教えた通りになっているはずだった事柄にも、さらに彼にはまだ知られず〔後代に〕発見されたいくつかの運動にも一致していないことをわれわれは見て取っているからである。それゆえ、プルタルコスも、太陽のめぐってくる1年〔＝回帰年〕について論述している箇所で、「今までのところ、星々の運動は数学者たちの熟達を打ち負かしている」と言っている。というのも、その1年〔＝回帰年〕を例にとると、諸々の見解が常にそれについていかに異なっていたかを私は明白なことと考えており、多くの人々はその確実な理論が発見されうるとはもはや望まなくなってしまったほどている。後者は純粋性と装飾とから呼称され、前者は浮き彫り細工飾り（カエラートゥム）から呼称されているのである。この上ない卓越性のゆえに多くの哲学者たちは、それを見える神と呼んだ。同様に、もし仮に学術の価値がその取り扱う題材に関して評価されるとするならば、人さまざまに天文学とか、占星術とか、あるいは古人の多くが数学の極致と呼んでいるものこそ、遥かに秀でているであろう。それはたしかに自由民の学術の頭であり、自由なる人間に最もふさわしく、数学のほとんどあらゆる部門によって支えられている。算術・幾何学・光学・測地学・機械学・その他何かあるとしても、すべては天文学に身を捧げているのである。そしてあらゆる良き学術の務めが、悪徳を避け、人間精神をより良きものへと駆りたてることであるとすれば、天文学は魂の信じ難い楽しみに加えてそれをこの上なく豊かに提供することができる。なぜなら、最善の秩序において構成されたものが神の摂理によって導かれているのが見て取れるようなものに関わりつつ、それらを熱心に観想し幾分か慣れ親しんだのに、一体誰が最善のことへ駆りたてられなかったり、またあらゆる至福とあらゆる善を内在させている万物の制作者を賛嘆しないことがあろうか。あの神聖な歌い手〔＝『詩篇』作者〕が「神の創り給いしものを喜び、その御手の業に心躍らせる」〔『詩篇』第92篇第5節参照〕と言ったところで、もしこれらの手段によって、いわば車によって〔おのずと運ばれる〕ように、至高善を観想することへとわれわれが導かれるのでないならば、無益ではなかったろうか。だが、それがどれほど大きな有用性と威光を国家にもたらすか（個々人にとっての数えきれない有益さをわれわれは省いたとしても）、このことに最もよく心を向けているのはプラトンである。だから彼が『法律』第7巻〔809C-D, 818C-D〕で〔天文学を〕最もよく追求すべきものと見なしているのは、祭礼や供犠のために、天文学によって日々を秩序立てて月と年とに時を区分すれば、それは国家を活力に満ち、気をひきしめたものにしてくれるからであ

＊23　第5回ラテラノ公会議は1512-17年にわたって開催された。改暦問題について神学および天文学の専門家の意見をひろく聴取しようとしたレオ10世は、1514年7月21日神聖ローマ皇帝に書簡を送り、協力を要請した（帝国内の専門家たちが「公会議に出て意見を述べるか、あるいは然るべき理由でローマに来られないときには書簡をしたためるよう」命ずること）。3日後には他国政府と全大学の長に同様の覚書が送付され、それはさらに1515年6月1日、1516年7月8日にも繰り返された。本文後出のセンプローニア（またはフォッソンブローネ（Fossombrone））司教パウルス（Paul von Middelburg）（1455-1534年）はレオ10世宛ての報告書（secundum compendium correctionis calendarii, Rome, 1516）の中で、書簡を寄せた人物の一人としてコペルニクスに言及している。コペルニクスの書簡は残念ながら残っていない。

第1章

＊1　初版本*N*のタイトルは「ニコラウス・コペルニクスの諸回転の第I巻」となっているが（第II巻以降も同様）、自筆原稿*Ms*にこのタイトルはない。本書では全集版*G*の形式に従う。*Ms*ではコペルニクス自身が最初に起草した序文で始まっている。「パウルス3世宛て序文」が*N*用に新たに起草されたため(「序文」注1参照)、差し替えられた。*Ms*の序文は次の通り。「人々の才能を奮い立たせている学問技芸のさまざまな数多くの研究の中で、最も麗しく最も知るに価する事柄に従事しているものこそ、特に重んずべきもの、最も熱心に追求さるべきものと私は考える。宇宙の神聖なる諸回転・星々の運行・大きさ・距離・出と没・その他天に現われるものの諸原因を取り扱い、ついには〔宇宙〕全体の姿を説明するようなものこそ、そのようなものである。天、すなわち、麗しいものすべてを含んでいるもの、これより一層麗しいものが何か〔他に〕あるだろうか。天(カエルム)と宇宙(ムンドゥス)という名前そのものが、それを明瞭に知らせ

頃-前310年頃）も自転する地球を唱えた。さらに、地球の周りを回転する太陽を中心として水星・金星は回転するという「部分的太陽中心説」を唱えたとも解釈されるが、この解釈は最近疑問視されている（『完訳 天球回転論』第IV部第2.3節を参照）。しかし、コペルニクスが第10章で述べているように、マルティアヌス・カペッラなどのラテン百科全書家たちにはそのように解釈されていた。

＊17　コペルニクス自身の観測例（約60）のうち『天球回転論』で引用されたものは27例あり、最古のものは1497年（アルデバランの星食）、最新のものは1529年（金星と木星）である。

＊18　「残りの諸惑星」という表現が、地球も惑星の一つであると暗に主張していることに注意。また本書I-9の冒頭部分も参照。

＊19　*N*のconnectatを採らず、*PG*に従いconnectanturと読む。

＊20　コペルニクスの主著は1616年ローマ教皇庁により「訂正されるまで」との留保条件のもとに禁書目録に載せられ、削除および訂正を要求する文書が1620年に公布された。以下訳注においてその箇所を指摘してゆく（公布文書の全文は『完訳 天球回転論』付録2を参照）。この箇所「おしゃべり屋ども……書かれているのです。……これらの苦労が」は全部削除し、「さらにわれわれのこの苦労が」と書き直すよう要求されている。

＊21　地球の静止あるいは太陽の運動を示すと解釈された『聖書』の箇所は多々ある。代表的なものでも『詩篇』19:5-6, 93:1, 104:5,『伝道の書』1:4-5,『ヨブ記』26:7,『列王紀下』20:9-11,『歴代志上』16:30. とりわけ、『ヨシュア記』10:12-14はガリレオが「クリスティーナ母公妃宛ての手紙」（1615年）で論じたことで著名。

＊22　ラクタンティウス（Lactantius）（250頃-325年頃）、*De divinis institutionibus*, III, 24.

いと述べられている。
＊11　原語prima principia de motus aequalitate. ギリシャ以来いわれていた「一様円運動」の原理（『アルマゲスト』III-3, IV-2および「コメンタリオルス」の冒頭部分を参照）を指す。プトレマイオスは現象を説明する必要上、惑星理論に「エカント」を導入するなど、ときに原理から逸脱せざるをえなかった（『アルマゲスト』IV-5などを参照）。同趣旨の批判はすでに天文学の処女論文「コメンタリオルス」でも述べられていた。ギリシャ以来の原理を遵守するというかなり復古主義的な考えがコペルニクスの動機のうちにあったことを看過してはならないであろう。
＊12「姿（forma）」と「均斉（symmetria）」こそコペルニクスの新理論がもたらす特質であった。本書I-10に見られる同様の表現と自負とを参照。また第10章注36および『完訳 天球回転論』第IV部第5.1節も参照。
＊13『アルマゲスト』は個々の惑星についての理論を集積したものであり、厳密な意味で宇宙の「体系」は存在しない。つまり、部分の精緻と全体の猥雑。本文の表現はプトレマイオス説への評言ととれば、まさに至言であろう。
＊14　正しくはヒケタス（Hicetas）。出典は、Cicero, *Academica Priora sive Lucullus*, II, 123. この書物はフロンボルクの参事会図書館の蔵書中にあり、初期印刷本の通例として、HがNと誤植されていた。コペルニクスの誤りはこれに由来する。
＊15　プルタルコス（Plutarchus）（正しくは偽プルタルコス）、『モラリア』III-13による。後出の引用文はギリシャ語のままひいてある。コペルニクスは1509年のヴェネツィア版を使用しているとのこと。
＊16　ピロラオス（φιλόλαος）（前5世紀中頃）は、中心火の周りを地球は1日で1回転すると考えた。同じ派のエクパントス（Ἔκφαντος）（前4世紀）では中心火が消失し、自転する地球に変わった。ポントスのヘラクレイデス（Ἡρακλείδης）（前390

が、一度発した言葉は取り返しができないから」を踏まえた表現。したがって「第4・9年期」(28-36年間)は文学的修辞であり、それを文字通りに受け取ることはできないが、序文執筆の1542年からその期間を引けば、一応1506-14年の間となる。太陽中心説(地動説)という新理論を最初に著した「コメンタリオルス」は1510年頃に執筆されたと推定されるので、コペルニクスはこの書のことを念頭に置いているのかもしれない。

*7　主著出版に最大の貢献をなしたレティクス(Georg Joachim Rheticus)(1514-74年)は当然そのうちの一人に数えられよう。出版をためらうコペルニクスを説得するうえで、彼はギーゼ以上の働きをした。反教皇のルター派の拠点ウィッテンベルク大学の数学教授であった彼の名が挙げられていないのは、教皇宛ての献辞においてはやむをえないことであった。

*8　1539年5月にフロンボルクにコペルニクスを訪ねたレティクスは、主著の原稿を読む機会を与えられ、その要約を1540年『第一解説(*Narratio Prima*)』としてダンツィヒ(グダニスク)で出版した。翌年にはバーゼルで再版されるほど好評を博した。主著出版への機運は熟しつつあったのである。

*9　地球中心説(天動説)には二つのタイプがあった。アリストテレスおよびアリストテレス主義者は地球を中心とする同心天球説(クニドスのエウドクソス(前400頃-前350年頃)の手になる)を奉じ、プトレマイオスは離心円-周転円説を奉じていた。すぐあとの本文に見られるように、コペルニクスの批判は興味深い。批判の基準は、(i)理論構成の原理的妥当性、(ii)理論のもつ現象予測能力の二つからなる。同心天球説論者は(i)のみを満たし、周転円説論者は(ii)を満たすにすぎないとして、伝統的な両説へ裏腹の評価を下していることに注意。

*10「コメンタリオルス」によれば、同心天球説論者(カリポスとエウドクソスの名を挙げている)は、同心天球説をとるかぎり、地球と惑星の間の距離が変化している事実を説明しえな

ン（Sigismund von Herberstein）に送っており（1535年10月15日）、太陽・月・諸惑星の運動計算に必要なパラメータをコペルニクスはすでに導出していたはずだからである。
＊3　レーデンのテオドリク（Theodoricus a Reden）はコペルニクスと同僚のフロンボルク聖堂参事会員であり、1536年当時にワルミア司教区のローマ駐在員であった。

最も聖なる主・教皇パウルス３世宛て回転論諸巻へのニコラウス・コペルニクスの序文

＊1　この序文は1542年6月にプロシャのフロンボルクで記された。レティクスの友人A・P・ガッサー（Achilles Pirmin Gasser）（1505-77年）が版元のペトレイウスから1543年9月に献呈された本にそう書き込みをしていることによる。
＊2　地球に複数の運動を与えていることに注意。自転と公転のみではないことについては、本書I-11（『天球回転論』第I巻第11章を指す。以下同様）を参照。
＊3　*Ms*では、第11章末尾にこのリュシスの手紙のラテン語訳が収められていたが、*N*では削除された。この手紙は同章の訳注で訳出する（第11章注13）。なお、ここにいうヒッパルコスを前2世紀の同名の天文学者と混同してはならない。
＊4「企てた著述（institutum opus）」であって、「とうに完成している著述」ではない。
＊5　ティーデマン・ギーゼ（Tiedemann Giese）（1480-1550年）は、1504年以来コペルニクスの同僚参事会員。1537年9月22日にクルム（ヘウムノ）司教に、1549年5月20日にはワルミア司教に選出された。コペルニクスの親友の一人であり、コペルニクスの病死（脳内出血）後、主著の無記名序文のスキャンダルをめぐってニュルンベルク市会へ提訴するなどいろいろと尽力した（レティクス宛て1543年7月26日付書簡）。
＊6　ホラティウス『書簡詩』388-390行「筐底に9年間隠しておくがよい。汝の公表しなかったものを消し去ることはできる

前の肉眼観測による「経験事実」であることに注意。

＊5　地球Oを中心とする導円（半径R=60）上にCが回転し、そのCを中心とする周転円（半径e=2;30）上に太陽Sがあり、Cとは逆向きに等角速度で回転すると仮定する（図ii参照)。これが太陽運動の周転円モデル（実線で図示）である。この複合運動の軌跡が、M（OM=eとする）を中心とする半径Rの円となることは幾何学的に容易に証明される。この円を使用するのが離心円モデル（点線で図示）である。同一の運動に対し二つの幾何学的表現が可能であることは天文学の初歩的知識であるが、この知識が確立したときに「現象を救う（salvare apparentias)」ことが真に問題化するのである（プトレマイオス『アルマゲスト』III-3参照)。

カプアの枢機卿ニコラウス・シェーンベルク〔の書簡〕

＊1　ニコラウス・シェーンベルク（Nicolaus Schonbergius）(1472-1537年）が個人的に送った書簡。1533年、ときのローマ教皇クレメンス7世に「地球の運動についてのコペルニクスの理論」を教皇庁秘書官ヴィドマンシュタット（Johann Albrecht Widmanstadt）(1506-57年）が述べたことが知られている（『完訳 天球回転論』第IV部第4節に抄訳)。教皇が没した翌年にあたる1535年、そのヴィドマンシュタットはシェーンベルク枢機卿の秘書官となった。彼を通して枢機卿はコペルニクスの「宇宙の新理論」を知ったのである。

シェーンベルクが教皇パウルス3世の意を受けて、出版をすすめたとの説は歴史的事実に基づくものではない。

＊2　シェーンベルクのこの記述はおそらく伝聞に基づくものであり、史的事実ととるわけにいかないかもしれない。ただし、コペルニクスの研究が1535年頃までには大きな進展を見たことは確実であろう。著名な地図製作者B・ワポウスキ（Bernard Wapowski）が、新天文表に基づくコペルニクスの天体位置推算暦を、ウィーンのジギスムント・フォン・ヘルバーシュタイ

ならない。

＊2　自由学芸（disciplinae liberales）は伝統的に七つの学科を擁し、天文学はその内の数学的な四学科の一つとされていた。

＊3　オジアンダーの数値は次のようにして導かれる。金星の単純周転円モデルは図iのようになる。OPが周転円に接するときの最大離角が40度だとすると、

$$r/R = \sin 40° \fallingdotseq 0.6$$

$$\therefore \quad \frac{\text{遠地点距離}}{\text{近地点距離}} = \frac{R+r}{R-r} = \frac{1+(r/R)}{1-(r/R)} = \frac{1+0.6}{1-0.6} = 4$$

プトレマイオスの最終的モデルでは導円を地球から離心させ（離心値$e=1;15$）、$r=43;10$、$R=60$としているので（数値の表記については、凡例（8）を参照）、遠地点距離は$R+r+e=104;25$、近地点距離は$R-r-e=15;35$となり、距離の比はさらに大きく、約6.7倍になる。プトレマイオス理論の図式はコペルニクス理論に幾何学的に変換できるので、この「難点」はコペルニクス説にも等しくあてはまることに留意されたい。

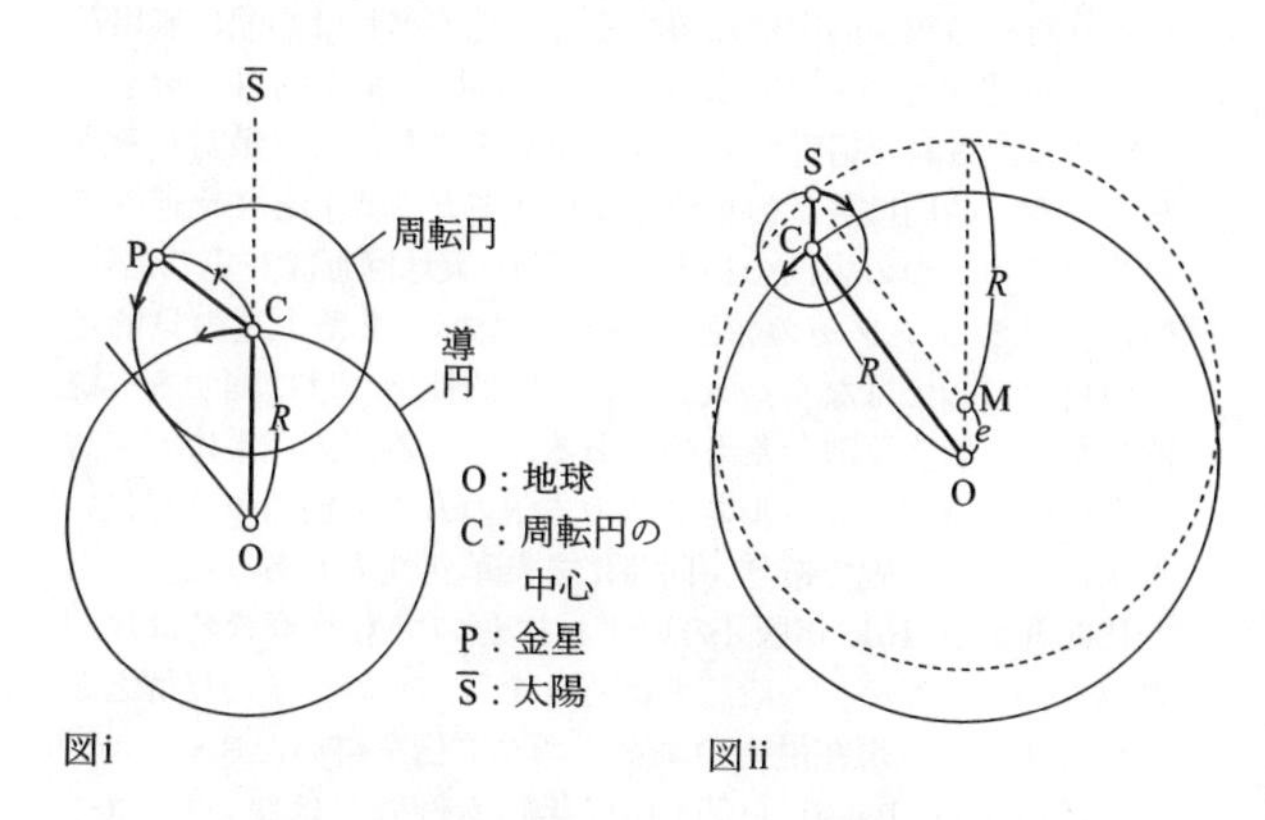

図i　図ii

＊4　望遠鏡による天体観測がなされる（ガリレオ、1609年）以

ニクス自身によるものではなく、印刷監督をレティクスから引き継いだルター派の神学者オジアンダー（Andreas Osiander）(1498-1552年）の手になるものであることが確かめられている(1543年7月26日付レティクス宛てのギーゼ書簡、ケプラーの『ウルススを駁しティコを弁明す』、『新天文学』等を参照)。ケプラーの情報源はその師メストリンであり、それはさらにアピアヌス（P. Apianus）(1495-1552年）に遡る。オジアンダーはアピアヌスに、あの序文は自分の書いたものだ、と認めていたという。

地動説の実在的真理性を主張するコペルニクスの意図とは反対に、この序文は地動説をも含めた天文学理論一般の道具的妥当性を主張している。しかしそれはオジアンダーがコペルニクスの真意を悪意をもって歪曲したことを意味するものではないであろう。アリストテレス主義者や神学者の側から出される敵対的な反応を心配してコペルニクスが出した書簡（1540年7月1日付、散佚）に答えて、オジアンダーは、天文学理論は現象を救うための数学的虚構に留まることを述べれば心配は無用だとの旨を述べている（1541年4月20日付)。また同日レティクス宛てに出された書簡でも同様の見解を繰り返し、敵対しそうな人々も「結局は著者の見解を支持するだろう」とさえ述べている（この二つの書簡の抄訳は『完訳 天球回転論』第IV部第4節)。オジアンダーの善意に疑いはない。また上述の見解は彼独自のものではなく、天文学の学問的性格づけに関する伝統的見解を色濃く反映したものである。むしろ、天文学に実在的真理性を要求するコペルニクスの主張の方こそ根拠づけを欠いた伝統からの逸脱であり、同時にまた革新性でもあった。

1566年版*B*, 1617年版*A*のいずれにおいても執筆者名は注記されなかったため、一般読者はそれをコペルニクスの見解ととってしまった（現在最古のコペルニクス伝を書いたB・バルディ（Bernardino Baldi）(1553-1617年）も例外ではない)。コペルニクス説の受容過程はこの事実を念頭に置いて考察されねば

訳注

『天球回転論』

〔タイトルページ〕

＊1　書名『天球回転論（*De revolutionibus orbium coelestium*）』について一言しておく。*N*のこの書名がコペルニクス自身によるものかは疑問視されている（*Ms*にタイトルはない）。orbium coelestiumは*N*の印刷に携わった人々が付け加えたものとの解釈が有力である。コペルニクス自身は、「教皇パウルス3世宛ての序文」で自著に言及して、「宇宙の諸球の回転について（de revolutionibus sphaerarum mundi）」書いた、と記している。書名中のorbium coelestiumがコペルニクス自身に帰しえないことが判明したためであろうか、禁書処分を講じたローマ教皇庁は1620年の文書（『完訳 天球回転論——コペルニクス天文学集成』高橋憲一訳、みすず書房、2017年、新装版2023年（以下、『完訳 天球回転論』と略す）付録2に訳出）で本書を“De mundi revolutionibus”と称している。しかし、伝統的な天球の概念をコペルニクスが認めていたことは、本巻第10章の表題「天球の順序について（de ordine caelestium orbium）」や序文中の表現in revolutione orbium caelestium（本訳37頁）などからも明らかであり、*N*の書名についてあれこれ詮索しても意味はない。ただし、矢島訳のように『天体の……』とすることはできない。

読者へ　この著述の諸仮説について

＊1　『天球回転論』の冒頭におかれたこの無記名序文がコペル

ニコラウス・コペルニクス
(Nicolaus Copernicus)

1473-1543年。ポーランドの天文学者、医師、法学博士。フロンボルクの聖堂参事会員として司教区の司法・行政・立法の全般に関与し、その余暇を天文研究に捧げ地動説を提唱。天文学以外では、文芸書の翻訳、貨幣論の著述などがある。

高橋憲一（たかはし　けんいち）

1946年生まれ。1979年東京大学大学院理学研究科単位取得退学。九州大学名誉教授。主な著書に *The Medieval Latin Traditions of Euclid's Catoptrica*, 『ガリレオの迷宮』,『コペルニクス』, 訳書にコペルニクス『完訳 天球回転論』など。

＊本書のコペルニクス『天球回転論』第I巻は、『完訳 天球回転論――コペルニクス天文学集成』（みすず書房、二〇一七年）を原本としました。レティクス『第一解説』は講談社学術文庫のための新訳です。

KODANSHA

定価はカバーに表示してあります。

天球回転論（てんきゅうかいてんろん）
付（ふ） レティクス『第一解説（だいいちかいせつ）』

ニコラウス・コペルニクス

高橋憲一（たかはしけんいち） 訳

2023年7月11日　第1刷発行

発行者　鈴木章一
発行所　株式会社講談社
東京都文京区音羽 2-12-21 〒112-8001
電話　編集（03）5395-3512
販売（03）5395-4415
業務（03）5395-3615
装　幀　蟹江征治
印　刷　株式会社ＫＰＳプロダクツ
製　本　株式会社国宝社
本文データ制作　講談社デジタル製作

ISBN978-4-06-532635-0

「講談社学術文庫」の刊行に当たって

これは、学術をポケットに入れることをモットーとして生まれた文庫である。学術は少年の心を養い、成年の心を満たす。その学術がポケットにはいる形で、万人のものになることは、生涯教育をうたう現代の理想である。

こうした考え方は、学術を巨大な城のように見る世間の常識に反するかもしれない。また、一部の人たちからは、学術の権威をおとすものと非難されるかもしれない。しかし、それはいずれも学術の新しい在り方を解しないものといわざるをえない。

学術は、まず魔術への挑戦から始まった。やがて、いわゆる常識をつぎつぎに改めていった。学術の権威は、幾百年、幾千年にわたる、苦しい戦いの成果である。こうしてきずきあげられた城が、一見して近づきがたいものにうつるのは、そのためである。しかし、学術の権威を、その形の上だけで判断してはならない。その生成のあとをかえりみれば、その根は常に人々の生活の中にあった。学術が大きな力たりうるのはそのためであって、生活をはなれた学術は、どこにもない。

開かれた社会といわれる現代にとって、これはまったく自明である。生活と学術との間に、もし距離があるとすれば、何をおいてもこれを埋めねばならない。もしこの距離が形の上の迷信からきているとすれば、その迷信をうち破らねばならぬ。

学術文庫は、内外の迷信を打破し、学術のために新しい天地をひらく意図をもって生まれた。文庫という小さい形と、学術という壮大な城とが、完全に両立するためには、なおいくらかの時を必要とするであろう。しかし、学術をポケットにした社会が、人間の生活にとってより豊かな社会であることは、たしかである。そうした社会の実現のために、文庫の世界に新しいジャンルを加えることができれば幸いである。

一九七六年六月

野間省一

自然科学

2580
西洋占星術史
科学と魔術のあいだ
中山　茂著（解説・鏡リュウジ）

「星占い」の起源には紀元前一〇世紀頃、現在のバグダッド南方に位置するバビロニアで生まれた技法がある。紆余曲折を経ながら占星術がたどってきた長大な道のりを描く、コンパクトにして壮大な歴史絵巻。
電 P

2586
脳とクオリア
なぜ脳に心が生まれるのか
茂木健一郎著

ニューロン発火がなぜ「心」になるのか？「私が私であることの不思議」、意識の謎に正面から挑んだ、茂木健一郎の核心！人工知能の開発が進み人工意識が現実的に議論される時代にこそ面白い一冊！
電 P

2600
形を読む
生物の形態をめぐって
養老孟司著

生物の「形」が含む「意味」とは何か？　解剖学、生理学、哲学、美術……古今の人間の知見を豊富に使って繰り広げられる、スリリングな形態学総論！　形を読むことは、人間の思考パターンを読むことである。
電 P

2605
暦と占い
秘められた数学的思考
永田　久著

古代ローマ、中国の八卦から現代のグレゴリオ暦まで古今東西の暦を読み解き、数の論理で暦と占いのつながりを明らかにする。伝承、神話、宗教に迷信や権力欲も取り込んだ知恵の結晶を概説する、蘊蓄満載の科学書。
電 P

2611
ガリレオの求職活動 ニュートンの家計簿
科学者たちの生活と仕事
佐藤満彦著

「お金がない、でも研究したい！」〝科学者〟という職業が成立する以前、研究者はいかに生計を立てたのか。パトロン探しに権利争い、師弟の確執——天才たちの波瀾万丈な生涯から辿る、異色の科学史！

P

2646
物理学の原理と法則
科学の基礎から「自然の論理」へ
池内　了著

世界の真理は、単純明快。テコの原理から$E=mc^2$、量子力学まで、中学校理科の知識で楽しく読めて、エッセンスが理解できる名手の見事な解説。エピソード満載でおくる「文系のための物理学入門」の決定版！
電 P

自然科学

2315
数学の考え方
矢野健太郎著（解説・茂木健一郎）
数学とは人類の経験の集積である。ものの見方、考え方の歴史としてその道程を振り返るとき、眼前には見たことのない「風景」が広がるだろう。数えることから現代数学までを鮮やかにつなぐ、数学入門の金字塔。電P

2346
イヌ どのようにして人間の友になったか
J・C・マクローリン著・画／澤﨑 坦訳（解説・今泉吉晴）
アメリカの動物学者でありイラストレーターでもある著者が、人類とオオカミの子孫が友として同盟を結ぶまでの進化の過程を、一〇〇点以上のイラストと科学的推理をまじえてやさしく物語る。犬好き必読の一冊。電P

2360
天才数学者はこう解いた、こう生きた 方程式四千年の歴史
木村俊一著
ピタゴラス、アルキメデス、デカルト……天才の発想と生涯に仰天！　古代バビロニアの60進法からヒルベルトの「二〇世紀中に解かれるべき二三の問題」まで、数学史四千年を一気に読みぬく痛快無比の数学入門。電P

2370・2371
人間の由来（上）（下）
チャールズ・ダーウィン著／長谷川眞理子訳・解説
『種の起源』から十年余、ダーウィンは初めて人間の由来と進化を本格的に扱った。昆虫、魚、両生類、爬虫類、鳥、哺乳類から人間への進化を「性淘汰」で説明。我々はいかにして「下等動物」から生まれたのか。電P

2382
アーネスト・サトウの明治日本山岳記
アーネスト・メイスン・サトウ著／庄田元男訳
幕末維新期の活躍で知られる英国の外交官サトウ。彼は日本の「近代登山の幕開け」に大きく寄与した人物でもあった。富士山、日本アルプス、高野山、日光と尾瀬……。数々の名峰を歩いた彼の記述を抜粋、編集。電P

2410
星界の報告
ガリレオ・ガリレイ著／伊藤和行訳
月の表面、天の川、木星……。ガリレオにしか作れなかった高倍率の望遠鏡に、宇宙は新たな姿を見せた。その衝撃は、伝統的な宇宙観の破壊をもたらすことになる。人類初の詳細な天体観測の記録が待望の新訳！電P